TURING 图灵程序设计丛书

[美] Jonathan Chaffer　Karl Swedberg　著　李松峰 译

Learning jQuery Fourth Edition

jQuery基础教程

（第4版）

人民邮电出版社

北　京

图书在版编目（CIP）数据

jQuery基础教程：第4版 /（美）查弗
（Chaffer, J.），（美）斯威德伯格（Swedberg, K.）著 ；
李松峰译. -- 北京：人民邮电出版社，2013.10（2022.7重印）
（图灵程序设计丛书）
书名原文：Learning jQuery, Fourth Edition
ISBN 978-7-115-33055-0

Ⅰ. ①j… Ⅱ. ①查… ②斯… ③李… Ⅲ. ①
JAVA语言－程序设计－教材 Ⅳ. ①TP312

中国版本图书馆CIP数据核字(2013)第220337号

内 容 提 要

本书是 jQuery 经典技术教程的最新升级版，涵盖 jQuery 1.10.x 和 jQuery 2.0.x。本书前 6 章以通俗易懂的方式讲解了 jQuery 的核心组件，包括 jQuery 的选择符、事件、动画、DOM 操作、Ajax 支持等。第 7 章和第 8 章介绍了 jQuery UI、jQuery Mobile 及利用 jQuery 强大的扩展能力开发自定义插件。随后的几章更加深入地探讨了 jQuery 的各种特性及一些高级技术。附录 A 特别讲解了 JavaScript 中闭包的概念，以及如何在 jQuery 中有效地使用闭包。附录 B 讲解了使用 QUnit 测试 JavaScript 代码的必备知识。附录 C 给出了 jQuery API 的快速参考。

本书注重理论与实践相结合，由浅入深、循序渐进，适合各层次的前端 Web 开发人员学习和参考。

◆ 著　　　[美] Jonathan Chaffer　Karl Swedberg
　 译　　　李松峰
　 责任编辑　刘美英
　 责任印制　焦志炜

◆ 人民邮电出版社出版发行　　北京市丰台区成寿寺路11号
　 邮编　100164　电子邮件　315@ptpress.com.cn
　 网址　http://www.ptpress.com.cn
　 北京天宇星印刷厂印刷

◆ 开本：800×1000　1/16
　 印张：21　　　　　　　　2013年10月第1版
　 字数：496千字　　　　　　2022年7月北京第28次印刷
　　　　　　　　著作权合同登记号　图字：01-2013-5149号

定价：59.00元
读者服务热线：(010)84084456-6009　印装质量热线：(010)81055316
反盗版热线：(010)81055315
广告经营许可证：京东市监广登字 20170147 号

版 权 声 明

第3版译者序

在众多JavaScript框架（或JavaScript库）中，jQuery一枝独秀早已是不争的事实。在Google Trends（http://www.google.com/trends/）中搜一下"jquery, prototype,dojo,yui,underscore"，你就会看到什么叫遥遥领先。为什么会这样呢？

jQuery是2006年1月14日诞生的，它的"父亲"是一位年轻帅气的80后小伙子，名叫John Resig。Resig在刚写出jQuery的时候，Dojo和Prototype等JavaScript库已经比较有名了。当时，"Aajx"这个新词儿刚刚发明不到1年，由Jesse James Garrett那篇名垂青史的文章（"Ajax: A New Approach to Web Applications"）引发的全球学习JavaScript的热潮还在持续升温。在这个大背景下，JavaScript框架如雨后春笋般纷纷破土而出。

为了快速开发时髦的Ajax应用，不少前端开发人员在日常工作中就选用Dojo、Prototype及Scriptaculous这样的JavaScript功能及效果库。这些库的主要特点是包装和扩展JavaScript核心及BOM和DOM已有的功能，为开发人员提供大量便捷的实用函数。从根本上说，这些库大都以功能为中心，而且处处迎合传统面向对象程序员的开发习惯。jQuery不然，它借鉴了很多脚本语言的动态特性，集多项创新于一身，开创了全新的编程风格。

尽管并不是第一个JavaScript框架，但jQuery后来居上；刚一发布，就"引无数英雄竞折腰"。很多其他框架的拥趸迅速迷上了jQuery，"弃暗投明"。用后来成为jQuery核心团队成员的Yehuda Katz[1]的话说："（看到jQuery的）第一眼我就喜欢上了这个框架。我想，这不就是我梦寐以求的编程方式吗！"

Katz所说的"梦寐以求的编程方式"，指的就是"以DOM元素为核心，一点一点地给它们添加新功能"（by centering on DOM Elements and tacking bits of functionality on top of them, jQuery made JavaScript fun again）。用今天jQuery开发人员的话说，jQuery的特色就是"面向集合和方法连缀"。闭上眼睛想一想，jQuery利用CSS选择符创建jQuery对象，为这些对象提供丰富的方法，批量操作其中的DOM元素，而且让所有方法尽可能再返回这个对象以实现方法连缀调用，这些绝妙的创意组合在一起，无异于重新发明了JavaScript（就像CoffeeScript和Sass现在所做的一样）。难怪Katz说完刚才那句话，紧接着又补充道："jQuery让写JavaScript代码变得妙趣横生！"

---

[1] Yehuda Katz也是Ruby on Rails团队核心成员、畅销书《jQuery实战》一书合著者。（下文脚注若无特别说明均为译者注。）

即便是6年后的今天，jQuery简洁、灵活的编程风格所具有的表达能力照样让人一见倾心。在前仆后继、强手如林的JavaScript框架社区中，jQuery依然是当之无愧的翘楚。今天，一名精通JavaScript的前端"攻城师"，很可能也是一位jQuery高手；一个JavaScript驱动的富Web应用，很可能完全是用jQuery代码写就的。简言之，学JavaScript，不能不学jQuery。

回到书的话题上。从2007年开始，介绍jQuery的书渐渐地多起来。人民邮电出版社图灵公司独具慧眼，率先在国内引进了本书（*Learning jQuery*）第1版，而我也有幸成为国内第一本jQuery中文图书的译者。不久后上市的《jQuery基础教程（第1版）》深受JavaScript及jQuery学习者欢迎。2009年11月，与时俱进的《jQuery基础教程（第2版）》问世，jQuery之父John Resig专门为之作序。时光荏苒，几度春秋。如今，本书第3版又要跟读者见面了。回想起几年来本书一版再版，长销不衰，心中不禁产生一种莫名的自豪感。根据已有的数字，应该说至少已经有近两万名读者通过这本书迈入了jQuery开发的殿堂。（当然，这个数字并未包含网络上广为流传的"扫描版"。对于"扫描版"，我绝不支持，只希望有能力购买正版的朋友不要在知识面前吝啬。）

jQuery赢在理念，本书同样不落俗套。鉴于jQuery已经成为最流行的JavaScript库，开发者队伍日益庞大、开发层次越来越高，在这个新版本中，作者重新规划了全书内容。全书总体上分为入门与提高两个部分，共包含13章3个附录。前8章是"从入门到精通"的基础部分，在上一版基础上做了很多增删改的工作，涵盖了选择元素、处理事件、样式动画、操作DOM、发送数据（Ajax），以及使用和开发插件。第9章至第13章是高级部分，每一章的章名均冠以"高级"二字：高级选择符和遍历、高级事件、高级效果、高级DOM操作和高级AJAX。不言而喻，这几章是前半部分内容的延伸和拓展，包括了各种高级应用和复杂技巧，比如优化遍历性能、使用事件委托、自定义动画效果、本地化数据和HTML5等。

另外，需要向读者说明的是，在翻译本书这一版的过程中，jQuery 1.7于2011年11月3日发布了。事实上，这个时间距jQuery 1.6.4的发布还不到两个月。虽然本书这一版的英文版基于jQuery 1.6.*x*，但jQuery 1.7相对于1.6.*x*的变化不大，而且完全向后兼容，所以本书内容同样适合jQuery 1.7，所有代码示例均可以1.7下正常运行。为了满足广大读者对jQuery 1.7的好奇心，同时也为了弥补图书出版滞后于库版本更新速度的缺憾，译者在征得英文版出版方同意的情况下，新增了附录D，简要介绍了jQuery 1.7的主要新特性和新API。

最后，感谢本书编辑丁晓昀，她认真负责的工作让本书得以完整无缺地呈现在读者面前（当然，如果再有缺失也全都是我一人的疏漏），也多亏了她的督促，才让这篇译者序得以写成。丁晓昀也是我即将出版的另一本译著《深入HTML5应用开发》的编辑，借此机会一并感谢。

最应该感谢的，还是我的妻子宋慧敏和儿子李嘉浩。妻子为家庭做出了难以想象的牺牲，分担了大部分责任，如果没有她的宽容和理解，我不可能每天沉浸在翻译的世界里。儿子则是我们俩最大的骄傲，除了时不时带给我们意外的惊喜，本书中有几句话也是他翻译录入的。

2012年2月

第1版译者序

2006年12月26日，中国南海附近发生7.2级地震，数分钟后又发生了6.7级地震。受强烈地震影响，中美海缆等多条国际海底通信光缆发生中断，造成附近国家和地区的国际和地区性通信受到严重影响。2007年1月29日，电信网通宣布，经过20多天的抢修，受地震影响中断的国际通信业务已全部恢复。在此期间，中国雅虎在邮箱主页顶部，发布了一个由于海缆中断可能会造成邮件收发有问题的通告。当时，通告是在页面加载完成大约1秒钟后，以渐变和动画形式出现在页面顶部的——跟jQuery官方网站首页那个"The quick and dirty"的演示效果很相似。而且，通告显示了大约几秒钟后又以动画形式自动消失，整个页面好像什么都没有发生过一样。这个动画效果深深地吸引了我。以前，我也试着写过像卓越亚马逊网站首页"所有20类商品"按钮那种鼠标悬停后动画展示品类列表的脚本，但使用了几十行代码，如今这个更酷的效果是怎么实现的呢？于是，我怀着强烈的好奇心开始查看它的源代码（这要感谢JavaScript天生的开源特性）。这一看不要紧，我惊奇地发现这个效果仅用了寥寥几行代码！惊讶之余，溯本求源，最后"认识"了精巧而美妙的jQuery，特别是它优雅的方法连缀能力，更令我如获至宝、兴奋不已！后来我查了很多jQuery的资料，发现它的文档没有汉化，就用一周的休息时间翻译了它的API（1.1版）文档。这份汉化文档在jQuery中文资料匮乏的时候为广大jQuery网友提供了一点帮助，也获得了大家的认可和好评。

JavaScript库和框架致力于解决的问题，无非就是（跨浏览器的）DOM操作、事件处理、样式更换和外部通信（Ajax）。但jQuery独特的集合对象、隐含迭代、方法连缀、自定义选择符和事件方法，加之只有不到20 KB的超轻巧和执行速度超快，赢得了众多JavaScript开发者的青睐。

jQuery不仅支持各式各样的CSS选择符表达式，而且还支持XPath和自定义的选择符表达式，这一点在JavaScript库和框架领域中无出其右者，使开发者找到要操作的元素或集合简单得难以置信；它细腻灵巧而又富有弹性的事件处理机制，包括事件注册、触发和自定义，特别是令JavaScript的Guru级人物都喜不自禁的`hover()`方法，使它在JavaScript库和框架之林中独树一帜、个性十足；它在操作DOM文档时的大处着眼，小处着手，提供的丰富而实用的各种遍历和操作DOM结构及元素的方法，令人耳目一新，简直"直逼每个JavaScript爱好者的心理防线"，那种令人怦然心动的感觉，历久弥新；它处理Ajax请求和响应的简洁明快，它的简单易用，它超级方便的扩展机制，它丰富的插件支持（Interface等），它背后的强大社区……所有这些，引无数JavaScript高手竞折腰！

事实上，因特网上的JavaScript库和框架数以百千计，为什么唯独jQuery对我们这些爱好者有如此大的吸引力呢？就是因为jQuery采取了与其他库和框架皆然不同的理念，处处匠心独运，别出心裁——具体细节，请参考本书第1章。

《jQuery基础教程》作为第一本全面、深入介绍jQuery库的图书，可以说是应运而生的。书中包含了jQuery教程、jQuery实例和JavaScript最佳实践。jQuery教程部分是本书第2章至第6章，分别介绍了jQuery中的选择符、事件处理、DOM操作、动画效果和Ajax方法。其中，第3章、第4章、第5章结尾，特别归纳了相应方法及适用情形，既简明又实用。jQuery实例部分是本书第7章、第8章、第9章，分别围绕Web开发中最常见的表格、表单和动画效果，详尽地探讨了使用jQuery的方方面面。这几章的实例，深入讨论诸多Web开发问题，深入浅出、娓娓道来，时不时令人拍案叫绝、感叹很多百思不得其解的问题，其实只有一层窗户纸！第10章介绍了jQuery强大的扩展能力，介绍了扩展jQuery或者编写自己的jQuery插件的方法。这一章深入到jQuery核心，把整个库的架构全部展现给了读者，并向读者揭示出jQuery库中的"陷阱"和"关键"，令人有豁然开朗、恍然大悟之感。

现代JavaScript开发的一个基准点就是最佳实践。为了让读者不走弯路、不浪费宝贵的时间，本书在介绍通过jQuery进行JavaScript开发的过程中，实践了"渐进增强"和"平稳退化"这两个不唐突的（unobtrusive）JavaScript开发原则。把抽象的概念形象化、具体化，字里行间，渗透着作者对这些先进理念的阐发与启示。

值得一提的是，本书附录C "JavaScript闭包"是名副其实的"压轴好戏"。这么举重若轻、浅显易懂地讨论JavaScript闭包，在译者看来还是头一次。几个精心设计的例子，读者跟着走下来，不知不觉中就能领略到JavaScript这一高级特性的精髓所在（也许没有说得那么容易）。

书是人类进步的阶梯，这话一点不假；但"尽信书不如无书"。要想学习jQuery不能不看jQuery的图书，但是，只看是不管用的，还要动手实践——打开文本编辑器和浏览器，亲手写jQuery代码！书中很多地方讲的只是要点，而动手实践才能收获书中没有讲到的东西。

最后，也是最重要的，我要感谢翻译此书过程中，傅志红老师给我提供的帮助和建议。感谢武卫东老师、刘江老师对译稿的指点。感谢图灵俱乐部"明月星光"网友的热心建言。不过，由于个人水平和能力，翻译中的错误和不当之处在所难免。如果读者发现了书中的问题，请在图灵社区本书主页提交勘误，或者通过电子邮件lsf.email@gmail.com联系我。

2008年2月于北京

序

得知Karl Swedberg和Jonathan Chaffer共同编写这本jQuery教程，我深感荣幸。作为第一本jQuery图书，它为其他jQuery——实际上，也为其他JavaScript——图书，树立了一个新标杆。第一版自面世以来，始终高居最畅销JavaScript图书榜首，究其原因，概源自其内在的高品质和对细节的关注。

我尤其高兴，是Karl和Jonathan共同执笔撰写了这本书，因为我对他们非常了解，知道他们是写这方面图书的最佳人选。作为jQuery开发团队的核心人员，我在过去的几年间对Karl有了充分的了解，特别是对他编写本书的情况十分熟悉。看看最终作品就会知道，作为开发人员和曾经的英文教师，由他来完成这个写书任务简直是老天的巧妙安排。

我还曾有机会与他们两位谋面——对于从事分布式开源项目工作的我们来说，这种见面机会算是极为难得的。当然，他们目前依旧是jQuery社区的中坚分子。

jQuery社区中有许许多多不同的人在使用jQuery，其中包括设计人员、开发人员、有编程经验的人和没有编程经验的人。即使是jQuery团队内部，也有很多不同背景的人为这个项目的发展提供各自的建议。来自五湖四海的jQuery用户都有着同一个目标，即我们这个由开发人员和设计人员组成的社区，其宗旨就是让JavaScript开发变得越来越简单。

此时此刻，重申开源项目是社区导向的，或者说开源项目的目标就是帮助新用户快速上手，好像总有几分陈词滥调的意味。然而，这个宗旨对jQuery而言绝非表面上做做姿态，其理念恰恰正是项目本身绵绵不绝的动力源泉。在jQuery团队中，除了维护核心代码的人，实际上还有更多的人在负责管理社区、撰写文档和编写插件。虽然库本身的稳定性至关重要，但代码背后的社区也绝对不容忽视。一个项目是等闲平庸、举步维艰，还是能处处满足甚至超出用户的期许，可以说完全取决于社区。

我们如何运营项目，用户如何使用我们的代码，是jQuery与大多数开源项目（以及大多数JavaScript库）的根本差异所在。jQuery项目及其社区是具有高度智慧的。我们深知是什么让jQuery带给了用户不同的编程体验，并且也在竭尽全力把这些知识和智慧传递给我们的用户。

袖手旁观永远不会理解jQuery社区，只有参与其中，潜心钻研，才能获得切身体验。我们衷心希望本书读者有朝一日都能够加入jQuery社区。无论是加入我们的论坛、邮件列表还是博客，jQuery社区都能为你更好地利用jQuery提供各方面帮助。

对我个人而言，jQuery绝不仅仅就是一些代码块那么简单，它是这几年来，为了让这个库更有价值，社区成员日积月累的所有经验的大汇聚。其中蕴涵着一次次惊心动魄的起起落落，一次次开发过程中的奋斗挣扎，当然还有看着它不断成长和成功带来的喜悦。它贴近用户和团队成员，反映他们的需求，并且日益成长完善。

我一开始看到这本书将jQuery作为一个统一的工具来讨论时，第一感觉是书中介绍的jQuery跟我印象中汇聚各种经验的jQuery不太一样，但吃惊之余，更多的还是心潮澎湃。能够看到别人通过学习、理解进而塑造出的jQuery，作为项目创始人而言，其创造之乐也莫过如此了！

我决不是唯一超越工具—使用者关系层面去欣赏jQuery的人。我不确定能否准确地罗列出原因，但我已经多次看到这样的场面——当用户恍然领悟到jQuery的效力时，他们的脸上会情不自禁地流露出会心的微笑。

还有一个特别的时刻，也只有jQuery用户才能体会到——有一天，他们会突然意识到自己使用的工具，实际上远远不是一个简单的工具，他们将顿悟原来可以彻底换个思维方式来编写动态Web应用程序。想想吧，那个时刻将会多么美妙，而我认为这绝对是jQuery项目最大的价值所在。

希望手捧本书的读者朋友，也能够体验到那美妙的时刻。

John Resig
jQuery创建人

前 言

2005年，受该领域的先驱人物Dean Edwards和Simon Willison等人的启发，John Resig编写了一套函数，利用这些函数能够以编程方式快速查找网页中的元素，并为这些元素指定行为。2006年1月，当他首次发布这个项目时，其中已经包含了DOM操作和基本的动画功能。他把这个项目命名为jQuery，意在强调其查找或"查询"网页元素，并通过JavaScript操作这些元素的核心用途。随着时间推移，jQuery的功能越来越丰富，性能逐步提升，同时也被因特网上一些最有名的站点广泛采用。尽管Resig后来不再领导该项目的开发，但jQuery作为一个真正开源的项目，已经拥有了一个足以傲视群雄的、由Dave Methvin领导的核心团队，以及成千上万名开发人员组成的活跃社区。

jQuery是一个强大的JavaScript库，无论你具有什么编程背景，都可以通过它来增强自己的网站。jQuery在一个紧凑的文件中提供了丰富多样的特性、简单易学的语法和稳健的跨平台兼容性。此外，数百种为扩展jQuery功能而开发的插件，更使得它几乎成为适用于各类客户端脚本编程的必备工具。

本书以通俗易懂的方式介绍了jQuery的基本概念。通过学习本书，即使曾经因编写JavaScript而受过挫折的人，也能够掌握为网页添加交互和动态效果的技术。本书将引导读者跨越Ajax、事件、效果及高级JavaScript语言特性中的各种陷阱，同时给出需要在实际开发中反复用到的jQuery库特性的简明参考。

本书内容

第1章将引领读者对jQuery有个大概的了解。这一章先简单介绍jQuery及其用途，然后涉及如何下载和设置jQuery库，同时也会指导你使用jQuery编写第一个脚本。

第2章讲述如何通过jQuery中的选择符表达式及DOM遍历方法，在页面中的任何地方找到想要的元素。这一章将展示如何使用各种选择符表达式为页面中的不同元素添加样式，其中一些是通过纯CSS方式做不到的。

第3章介绍如何通过jQuery的事件处理机制，在浏览器发生事件时触发行为。同时，还会介绍如何以不唐突的方式添加事件（甚至在页面加载完成之前）。此外，这一章还将深入更高级的主题，例如事件冒泡、委托和命名空间。

第4章介绍通过jQuery实现动画的技术，我们将学会隐藏、显示和移动页面元素，获得赏心悦目的效果。

第5章讲述如何通过命令改变页面。这一章讲述的是动态修改HTML文档结构及其内容的技术。

第6章讨论通过jQuery轻松访问服务器端功能的各种方法，而且不用像过去那样笨拙地刷新页面。在掌握了这个库的基本概念之后，接下来就可以探索如何根据需要来扩展这个库了。

第7章介绍如何查找、安装和使用插件，包括强大的jQuery UI和jQuery Mobile插件库。

第8章讨论如何利用jQuery强大的扩展能力，从头开发自己的插件。不仅包括创建自己的实用函数，还有添加jQuery对象方法，以及使用jQuery UI部件工厂。接下来的几章更加深入地探讨了jQuery的各种特性，在这几章里将学习到很多高级的技术。

第9章重温关于选择符和遍历的知识，讲解了如何优化选择符的性能，如何操作DOM元素栈，以及编写插件扩展选择和遍历功能。

第10章深入讨论委托、截流等大幅提供事件处理性能的技术。同时，还将介绍通过扩展jQuery创建自定义事件和特殊事件的内容。

第11章挖掘了jQuery效果特性的潜力，这一章不仅要讲解如何编写自定义缓动函数，还会介绍在动画的每一阶段执行操作，以及通过自定义队列提前将各种操作排队。

第12章介绍与操作DOM相关的更实用的技术，包括将任意数据附加到元素。此外，这一章也会讨论如何扩展jQuery处理元素的CSS属性的能力。

第13章将带领读者深入理解Ajax相关的概念，包括jQuery的延迟处理机制，从而实现等待数据在一段时间后可用时再对其进行处理。

附录A将帮助读者理解闭包——什么是闭包，怎么利用闭包。

附录B向读者介绍使用jQUnit库对JavaScript程序进行单元测试。这个库是开发和维护高度完善的Web应用所必须的工具。

附录C提供了jQuery的简明参考，包括所有方法和选择符表达式。在实际开发中，明确自己目标的情况下，通过这个简单明了的附录，能够方便快捷地找到正确的方法和选择符。

阅读本书要求

为了运行本书的示例代码，读者需要安装Chrome、Firefox、Safari或微软的Internet Explorer浏览器。

要尝试修改本书示例及完成每章末尾的练习，还需要：

一个文本编辑器；

浏览器中的Web开发工具，如Chrome开发者工具或Firebug（详见第1章1.5节）；

每章的源代码文件和一份jQuery库文件（见后面的“下载代码”部分）。

此外，要运行第6章及其后续章节的Ajax示例，还需要配置支持PHP的服务器。

本书读者对象

本书适合想在自己的设计中添加交互元素的Web设计者，也适合想在自己的Web应用中创建最佳用户界面的开发者。读者需要具备基本的JavaScript编程知识和HTML及CSS基础知识，并且应该熟悉JavaScript语法。但是，不需要有jQuery的知识，也不必拥有其他JavaScript库的使用经验。

通过阅读本书，读者能够由浅入深地掌握jQuery 1.10.*x*及jQuery 2.0.*x*版的功能及语法。

本书约定

在本书中，读者会发现针对不同信息类型的文本样式。下面是这些样式的示例和解释。

正文中提到的代码如下所示："此外，通过使用console.log()方法可以在代码中直接与控制台交互。"

代码段版式如下所示：

```
$(document).ready(function() {
  $('div.poem-stanza').addClass('highlight');
});
```

当需要读者特别注意代码块中的某一部分时，相关的代码行或项将以粗体印刷：

```
$('#switcher-narrow').bind('click', function() {
    $('body').removeClass().addClass('narrow');
});
```

新术语及**重要词汇**将以粗体字显示。

这里给出重要的注意事项。

这里给出提示和技巧。

读者反馈

我们始终欢迎来自读者的反馈意见。我们想知道读者对本书的看法，读者喜欢哪些内容或不喜欢哪些内容。读者真正深有感触的反馈，对于我们开发图书产品至关重要。

如有反馈意见，请将电子邮件发送到feedback@packtpub.com，不要忘记在邮件标题中注明你要评论的书名。

如果读者对某个主题有经验或者有兴趣，愿意撰写或参与撰写一本书，请查阅www.packtpub.com/authors页面中的作者指南。

客户支持

为了让你的付出得到最大的回报，请注意以下信息。

下载代码

访问http://www.packtpub.com/，可以下载本书及你所购买的所有Packt图书的示例代码[①]。如果你是从其他地方购买的本书英文版，可以访问http://www.packtpub.com/support并注册，以便通过电子邮件取得示例文件。

此外，访问http://book.learningjquery.com/可以在浏览器中以交互方式体验本书示例。

勘误

虽然我们会全力确保本书内容的准确性，但错误仍在所难免。如果你发现了本书中的错误（包括文字和代码错误），而且愿意向我们提交这些错误，我们会十分感激。这样一来，不仅可以减少其他读者的疑虑，也有助于本书后续版本的改进。要提交你发现的错误，请访问http://www.packtpub.com/submit-errata。

举报盗版

互联网上对受版权法保护的作品的盗版行为始终存在，涉及各种媒体。Packt对版权的保护和许可非常重视，如果读者在互联网上看到了我们出版物的盗版，无论什么形式，请告诉我们该盗版的具体链接或所在网站的名字，以便我们采取补救措施。

请把涉嫌包含盗版资料的链接发送到copyright@packtpub.com。

非常感谢你出手保护作者的权益以及我们继续为您提供有价值内容的能力。

疑难解答

如果你对本书的某些方面有疑问，请将电子邮件发送到questions@packtpub.com，我们会尽力解决。

---

① 读者可从图灵社区本书页面（http://ituring.cn/book/1169）下载示例代码、提交勘误。——编者注

目　　录

第1章

jQuery入门

今天的万维网是一个动态的环境，Web用户对网站的设计和功能都提出了高要求。为了构建有吸引力的交互式网站，开发者们借助于像jQuery这样的JavaScript库，实现了常见任务的自动化和复杂任务的简单化。jQuery库广受欢迎的一个原因，就是它对种类繁多的开发任务都能游刃有余地提供帮助。

由于jQuery的功能如此丰富多样，找到合适的切入点似乎都成了一项挑战。不过，这个库的设计秉承了一致性与对称性原则，它的大部分概念都是从HTML和CSS（Cascading Style Sheet，层叠样式表）的结构中借用而来的。这个库的设计让很多编程经验并不丰富的设计人员能够很快就掌握它，因为这些人对HTML和CSS要比对JavaScript更熟悉。实际上，在本书开篇第1章中，只需3行代码就能编写一个有用的jQuery程序。另外，经验丰富的程序设计人员也会受益于这种概念上的一致性，通过学习后面的更高级内容，你会感受到这一点。

本章将介绍如下内容：

❑ jQuery的主要特点；
❑ 建立jQuery编码环境；
❑ 简单jQuery脚本示例；
❑ 选择jQuery而不是纯JavaScript的理由；
❑ 常用JavaScript开发工具。

1.1 jQuery 能做什么

jQuery库为Web脚本编程提供了通用的抽象层，使得它几乎适用于任何脚本编程的情形。由于它容易扩展而且不断有新插件面世增强它的功能，所以一本书根本无法涵盖它所有可能的用途和功能。抛开这些不谈，仅就其核心特性而言，jQuery能够满足下列需求。

❑ **取得文档中的元素**。如果不使用JavaScript库，遍历DOM（Document Object Model，文档对象模型）树，以及查找HTML文档结构中某个特殊的部分，必须编写很多行代码。jQuery为准确地获取需要检查或操纵的文档元素，提供了可靠而富有效率的选择符机制。

```
$('div.content').find('p');
```

❑ **修改页面的外观**。CSS虽然为影响文档呈现的方式提供了一种强大的手段，但当所有浏览器不完全支持相同的标准时，单纯使用CSS就会显得力不从心。jQuery可以弥补这一不足，它提供了跨浏览器的标准解决方案。而且，即使在页面已经呈现之后，jQuery仍然能够改变文档中某个部分的类或者个别的样式属性。

```
$('ul > li:first').addClass('active');
```

☐ **改变文档的内容**。jQuery能够影响的范围并不局限于简单的外观变化，使用少量的代码，jQuery就能改变文档的内容。可以改变文本、插入或翻转图像、列表重新排序，甚至对HTML文档的整个结构都能重写和扩充——所有这些只需一个简单易用的API。

```
$('#container').append('<a href="more.html">more</a>');
```

☐ **响应用户的交互操作**。即使是最强大和最精心设计的行为，如果我们无法控制它何时发生，那它也毫无用处。jQuery提供了截获形形色色的页面事件（比如用户单击某个链接）的适当方式，而不需要使用事件处理程序拆散HTML代码。此外，它的事件处理API也消除了经常困扰Web开发人员浏览器的不一致性。

```
$('button.show-details').click(function() {
  $('div.details').show();
});
```

☐ **为页面添加动态效果**。为了实现某种交互式行为，设计者也必须向用户提供视觉上的反馈。jQuery中内置的一批淡入、擦除之类的效果，以及制作新效果的工具包，为此提供了便利。

```
$('div.details').slideDown();
```

☐ **无需刷新页面从服务器获取信息**。这种编程模式就是众所周知的Ajax（Asynchronous JavaScript and XML，异步JavaScript和XML），它是一系列在客户端和服务器之间传输数据的强大技术。jQuery通过消除这一过程中的浏览器特定的复杂性，使开发人员得以专注于服务器端的功能设计，从而得以创建出反应灵敏、功能丰富的网站。

```
$('div.details').load('more.html #content');
```

☐ **简化常见的JavaScript任务**。除了这些完全针对文档的特性之外，jQuery也改进了对基本的JavaScript数据结构的操作（例如迭代和数组操作等）。

```
$.each(obj, function(key, value) {
  total += value;
});
```

1.2　jQuery 为什么如此出色

随着近年来人们对动态HTML兴趣的复苏，催生了一大批JavaScript框架。有的特别专注于上述任务中的一项或两项，有的则试图以预打包的形式囊括各种可能的行为和动态效果。为了在维持上述各种特性的同时仍然保持紧凑的代码，jQuery采用了如下策略。

　　☐ **利用CSS的优势**。通过将查找页面元素的机制构建于CSS选择符之上，jQuery继承了简明

1

清晰地表达文档结构的方式。由于进行专业Web开发的一个必要条件是掌握CSS语法，因而jQuery成为希望向页面中添加行为的设计者们的切入点。

□ **支持扩展**。为了避免特性蠕变（feature creep）[1]，jQuery将特殊情况下使用的工具归入**插件**当中。创建新插件的方法很简单，而且拥有完备的文档说明，这促进了大量有创意且有实用价值的模块的开发。甚至在下载的基本jQuery库文件当中，多数特性在内部都是通过插件架构实现的。而且，如有必要，可以移除这些内部插件，从而生成更小的库文件。

□ **抽象浏览器不一致性**。Web开发领域中一个令人遗憾的事实是，每种浏览器对颁布的标准都有自己的一套不太一致的实现方案。任何Web应用程序中都会包含一个用于处理这些平台间特性差异的重要组成部分。虽然不断发展的浏览器前景，使得为某些高级特性提供浏览器中立的完美的基础代码（code base）变得不大可能，但jQuery添加一个**抽象层**来标准化常见的任务，从而有效地减少了代码量，同时，也极大地简化了这些任务。

□ **总是面向集合**。当我们指示jQuery"找到带有`collapsible`类的全部元素，然后隐藏它们"时，不需要循环遍历每一个返回的元素。相反，`.hide()`之类的方法被设计成自动操作对象集合，而不是单独的对象。利用这种称作**隐式迭代**（implicit iteration）的技术，就可以抛弃那些臃肿的循环结构，从而大幅地减少代码量。

□ **将多重操作集于一行**。为了避免过度使用临时变量或不必要的代码重复，jQuery在其多数方法中采用了一种称作**连缀**（chaining）[2]的编程模式。这种模式意味着基于一个对象进行的多数操作的结果，都会返回这个对象自身，以便为该对象应用下一次操作。

这些策略不仅保证了jQuery包的小型化，也为我们使用这个库创建简洁的自定义代码提供了技术保障。

jQuery库的适用性一方面要归因于其设计理念，另一方面则得益于围绕这个开源项目涌现出的活跃社区的促进作用。jQuery用户聚集到一起，不仅会讨论插件的开发，也会讨论如何增强核心库。用户和开发人员也对jQuery的官方文档给予了持续的帮助，该文档的地址为http://api.jquery.com。

jQuery为Web开发人员提供了灵活且健壮的系统，而且它对所有人都是免费的。这个开源项目遵循MIT License发布，任何站点和专有的软件都可以自由使用它。如果项目需要，还可以基于GNU Public License重新发布它，以便与其他基于GNU许可的开源项目整合。

1.3　第一个 jQuery 驱动的页面

了解jQuery能够提供的丰富特性之后，我们可以来看一看这个库的实际应用了。为此，我们需要下载一个jQuery的副本。

---

① 术语feature creep也有人译为特性蔓延，指软件应用开发中过分强调新的功能以至于损害了其他的设计目标，例如简洁性、轻巧性、稳定性及错误出现率等。

② 术语chaining可译为链接，但为避免与人们耳熟能详的超级链接混淆（如常见的"单击链接"等），所以才译为更贴切的连缀。

1.3.1　下载 jQuery

　　jQuery不需要安装，要使用它只需该文件的一个副本，该副本可以放在外部站点上，也可以放在自己的服务器上。由于JavaScript是一种解释型语言，所以不必担心编译和构建。什么时候需要使用jQuery，只要在HTML文档中使用<script>元素把它导入进来即可。

　　jQuery官方网站（http://jquery.com/）始终都包含该库最新的稳定版本，通过官网的首页就可以下载。官方网站在任何时候都会提供几种不同版本的jQuery库，但其中最适合我们的是该库最新的未压缩版。而在正式发布的页面中，则可以使用压缩版。

　　随着jQuery的日益流行，很多公司都通过自己的CDN（Content Delivery Networks，内容分发网络）来托管其库文件，让开发人员能更方便地使用它。最典型的就是谷歌（ https://developers.google.com/speed/libraries/devguide ）和微软（ http://www.asp.net/ajaxlibrary/cdn.ashx ）和jQuery项目自己的服务器（ http://code.jquery.com/ ），jQuery库文件被放在了强劲、低延时的服务器上，这些服务器遍布全球各地，无论用户在哪个国家，都能以最快速度下载到jQuery。虽然托管在CDN上的文件由于分布式和缓存的原因有速度优势，但在实际开发中还是使用本地副本更方便一些。本书中的所有示例都将使用一个保存在本地的jQuery库文件，这样即使不上网也可以运行代码。

1.3.2　本书使用 jQuery 的哪个版本

　　如果是以前，这个问题很容易回答。因为一般来说，最合适的版本就是jQuery的最新版本。可是，对于现有的jQuery 2.0版来说，问题就复杂一点了。为了确保在现代浏览器中速度更快，代码更简洁，jQuery从2.0版开始不再支持IE6、IE7和IE8。

　　jQuery开发团队知道，支持这些老版本浏览器也很重要。正因为如此，该团队还会继续维护jQuery 1.*x*版。本书出于讲解的需要使用jQuery 1.10 。不过，全书所有示例都能在jQuery 2.0下运行。

　　　如果项目中有针对jQuery 1.9之前的版本编写的代码，可以使用jQuery迁移插件（http://jquery.com/upgrade-guide/1.9/#jquery-migrate-plugin）实现与jQuery 1.10兼容。

1.3.3　在 HTML 文档中引入 jQuery

　　本书多数jQuery应用示例都包含以下三部分：HTML文档，为该文档添加样式的CSS文件，以及为该文档添加行为的JavaScript文件。在本书的第一个例子中，我们使用一个包含图书内容提要的页面，同时，该页面中的很多部分都添加了相应的类。这个页面中包含对最新版jQuery库的引用，我们将这个文件下载之后将它重命名为jquery.js，并放在本地项目文件夹下。示例的HTML文档如下。

```html
<!DOCTYPE html>

<html lang="en">
  <head>
    <meta charset="utf-8">
    <title>Through the Looking-Glass</title>

    <link rel="stylesheet" href="01.css">

    <script src="jquery.js"></script>
    <script src="01.js"></script>
  </head>

  <body>
    <h1>Through the Looking-Glass</h1>
    <div class="author">by Lewis Carroll</div>
    <div class="chapter" id="chapter-1">
      <h2 class="chapter-title">1. Looking-Glass House</h2>
      <p>There was a book lying near Alice on the table,
        and while she sat watching the White King (for she
        was still a little anxious about him, and had the
        ink all ready to throw over him, in case he fainted
        again), she turned over the leaves, to find some
        part that she could read, <span class="spoken">
        "&mdash; for it's all in some language I don't know,"
        </span> she said to herself.</p>
      <p>It was like this.</p>
      <div class="poem">
        <h3 class="poem-title">YKCOWREBBAJ</h3>
        <div class="poem-stanza">
          <div>sevot yhtils eht dna ,gillirb sawT'</div>
          <div>;ebaw eht ni elbmig dna eryg diD</div>
          <div>,sevogorob eht erew ysmim llA</div>
          <div>.ebargtuo shtar emom eht dnA</div>
        </div>
      </div>
      <p>She puzzled over this for some time, but at last
        a bright thought struck her. <span class="spoken">
        "Why, it's a Looking-glass book, of course! And if
        I hold it up to a glass, the words will all go the
        right way again."</span></p>
      <p>This was the poem that Alice read.</p>
      <div class="poem">
        <h3 class="poem-title">JABBERWOCKY</h3>
        <div class="poem-stanza">
          <div>'Twas brillig, and the slithy toves</div>
          <div>Did gyre and gimble in the wabe;</div>
          <div>All mimsy were the borogoves,</div>
          <div>And the mome raths outgrabe.</div>
        </div>
      </div>
```

```
    </div>
  </body>
</html>
```

文档中，紧随常规的HTML开头代码之后的是加载样式表文件的代码。在这个例子中，我们使用的样式比较简单。

```
body {
  background-color: #fff;
  color: #000;
  font-family: Helvetica, Arial, sans-serif;
}
h1, h2, h3 {
  margin-bottom: .2em;
}
.poem {
  margin: 0 2em;
}
.highlight {
  background-color: #ccc;
  border: 1px solid #888;
  font-style: italic;
  margin: 0.5em 0;
  padding: 0.5em;
}
```

下载示例代码

如同本书其他HTML、CSS以及JavaScript示例一样，上面的标记只是完整文档的一个片段。如果读者想试一试这些示例，可以从以下地址下载完整的示例代码：Packt Publishing网站http://www.packtpub.com/support，或者本书网站http://book.learningjquery.com/。

在引用样式表文件的代码之后，是包含JavaScript文件的代码。这里要注意的是，引用jQuery库文件的<script>标签，必须放在引用自定义脚本文件的<script>标签之前。否则，在我们编写的代码中将引用不到jQuery框架。

在本书的其他示例中，我们将只印出HTML和CSS文件的相关部分。书中提到文件的完整版可以在本书配套网站http://book.learningjquery.com中找到。

现在，这个示例页面的外观如图1-1所示。
接下来，我们就使用jQuery为页面中的诗歌文本添加一种新样式。

这个例子是为了展示jQuery的简单用法而设计的。在实际应用中，为页面中的文本添加样式可以通过纯CSS的方式来实现。

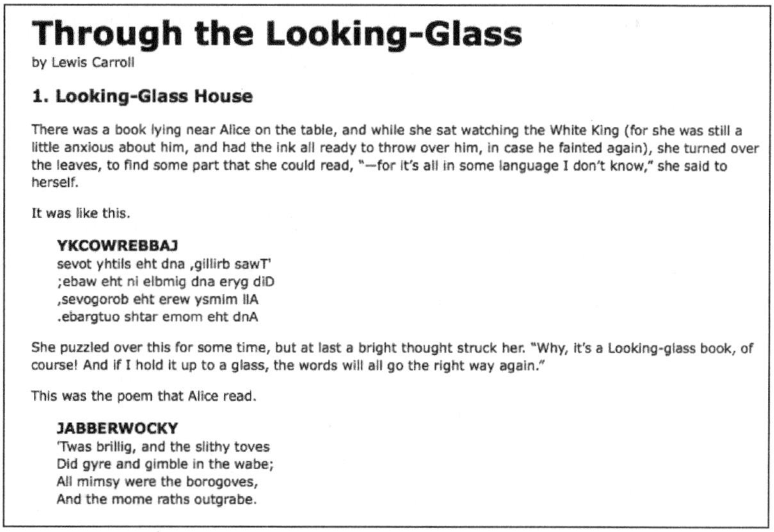

Through the Looking-Glass

by Lewis Carroll

1. Looking-Glass House

There was a book lying near Alice on the table, and while she sat watching the White King (for she was still a little anxious about him, and had the ink all ready to throw over him, in case he fainted again), she turned over the leaves, to find some part that she could read, "—for it's all in some language I don't know," she said to herself.

It was like this.

YKCOWREBBAJ

sevot yhtils eht dna ,gillirb sawT'
;ebaw eht ni elbmig dna eryg diD
,sevogorob eht erew ysmim llA
.ebargtuo shtar emom eht dnA

She puzzled over this for some time, but at last a bright thought struck her. "Why, it's a Looking-glass book, of course! And if I hold it up to a glass, the words will all go the right way again."

This was the poem that Alice read.

JABBERWOCKY

'Twas brillig, and the slithy toves
Did gyre and gimble in the wabe;
All mimsy were the borogoves,
And the mome raths outgrabe.

图　1-1

1.3.4　编写 jQuery 代码

我们自定义的代码应该放在HTML文档中第二个、使用`<script src="01.js"></script>`标签引入的空JavaScript文件中。对这个例子而言，我们只需编写3行代码：

```
$(document).ready(function() {
  $('div.poem-stanza').addClass('highlight');
});
```

接下来我们分析这几行代码。

1. 查找诗歌文本

jQuery中基本的操作就是选择文档中的某一部分，这是通过`$()`函数来完成的。通常，该函数需要一个字符串参数，参数中可以包含任何CSS选择符表达式。在这个例子中，我们想要找到带有`poem-stanza`类的所有`<div>`元素，因此选择符非常简单。不过，在本书其他章中，我们还会介绍很多更复杂的选择符表达式。在第2章中，我们要讨论的就是查找文档部分的不同方式。

这里用到的`$()`函数会返回一个新的jQuery对象实例，它是我们从现在开始就要打交道的基本的构建块。jQuery对象中会封装零个或多个DOM元素，并允许我们以多种不同的方式与这些DOM元素进行交互。在这个例子中，我们希望修改页面中这些部分的外观，而为了完成这个任务，就需要改变应用到诗歌文本的类。

2. 加入新类

本例中，`.addClass()`方法的作用是不言而喻的，它会将一个CSS类应用到我们选择的页面元素。这个方法唯一的参数就是要添加的类名。`.addClass()`方法及其反方法`.removeClass()`，为我们探索jQuery支持的各种选择符表达式提供了便利。现在，这个例子只是简单地添加了

highlight类，而我们的样式表中为这个类定义的是带边框和灰色背景的斜体文本样式。

我们注意到，无需迭代操作就能为所有诗歌中的节①添加这个类。前面我们提到过，jQuery在.addClass()等方法中使用了**隐式迭代**机制，因此一次函数调用就可以完成对所有选择的文档部分的修改。

3. 执行代码

综合起来，$()和.addClass()对我们修改诗歌中文本的外观已经够用了。但是，如果将这行代码单独插入文档的头部，不会有任何效果。通常，JavaScript代码在浏览器初次遇到它们时就会执行，而在浏览器处理头部时，还没有HTML来呈现样式。因此，我们需要将代码延迟到DOM可用时再执行。

通过使用$(document).ready()方法，jQuery支持我们预定在DOM加载完毕后调用某个函数，而不必等待页面中的图像加载。尽管不使用jQuery，也可以做到这种预定，但$(document).ready()为我们提供了很好的跨浏览器解决方案，涉及如下功能：

- ❑ 尽可能使用浏览器原生的DOM就绪实现，并以window.onload事件处理程序作为后备；
- ❑ 可以多次调用$(document).ready()并按照调用它们的顺序执行；
- ❑ 即便是在浏览器事件发生之后把函数传给$(document).ready()，这些函数也会执行；
- ❑ 异步处理事件的预定，必要时脚本可以延迟执行；
- ❑ 通过重复检查一个几乎与DOM同时可用的方法，在较早版本的浏览器中模拟DOM就绪事件。

.ready()方法的参数可以是一个已经定义好的函数的引用，如下面的代码清单1-1所示。

代码清单1-1

```
function addHighlightClass() {
  $('div.poem-stanza').addClass('highlight');
}


$(document).ready(addHighlightClass);
```

然而，正如原始的脚本中所示——代码清单1-2就摘自那里，这个方法也可以接收一个**匿名函数**。

代码清单1-2

```
$(document).ready(function() {
  $('div.poem-stanza').addClass('highlight');
});
```

这种匿名函数的写作在jQuery中十分方便，特别适合传递那些不会被重用的函数。而且，与此同时创建的**闭包**也是一种非常高级和强大的工具。但是，假如处理不当的话，闭包也会给我们带来意想不到的后果以及内存占用问题。附录A详细介绍了闭包。

---

① 即类为.poem-stanza的文档部分。

1.3.5 最终结果

在编写好JavaScript代码之后，现在的页面如图1-2所示。

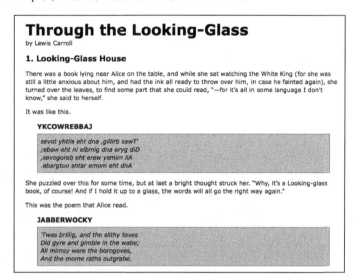

图　1-2

由于JavaScript插入了highlight类，页面中的两节诗歌文本变成了斜体，带有了灰色背景，并且被包含在方框中；这些样式来源于01.css样式表。

1.4　纯 JavaScript 与 jQuery

即便是像刚才那么简单的任务，如果不用jQuery而是我们自己手工写代码也会非常麻烦。若用纯JavaScript的话，可以通过下面的代码清单1-3达到同样的目的。

代码清单1-3

```
window.onload = function() {
  var divs = document.getElementsByTagName('div');
  for (var i = 0; i < divs.length; i++) {
    if (hasClass(divs[i], 'poem-stanza')
      && !hasClass(divs[i], 'highlight')) {
      divs[i].className += ' highlight';
    }
  }

  function hasClass( elem, cls ) {
    var reClass = new RegExp(' ' + cls + ' ');
    return reClass.test(' ' + elem.className + ' ');
  }
};
```

且不论这段代码有多长，就算这样它还是不能像代码清单1-2中的jQuery代码一样处理多种可能的情况，比如它并不能：

❑ 正确地处理其他`window.onload`事件处理程序；

❑ 在DOM就绪后马上执行；

❑ 利用较新的DOM方法来检索元素和执行其他任务，从而优化代码性能。

两相比较就会发现，jQuery代码不仅写起来省事，读起来简单，而且也比纯JavaScript代码的执行速度更快。

1.5　使用开发工具

通过上面代码的比较，我们知道jQuery代码与对应的纯JavaScript代码相比更短也更清楚。可是，这并不意味着我们写出的代码永远不会有bug，或者永远都能直观地理解页面中都发生了什么。如果能有一些标准的开发工具辅助，编写起jQuery代码来就会更轻松流畅。

现代浏览器中一般都内置了高质量的开发工具。我们可以从中选择自己觉得最方便的工具。下面列出了一些推荐工具：

❑ Internet Explorer Developer Tools（http://msdn.microsoft.com/en-us/library/dd565628.aspx）；

❑ Safari Web Inspector（http://developer.apple.com/technologies/safari/developer-tools.html）；

❑ Chrome Developer Tools（https://developers.google.com/chrome-developer-tools/）；

❑ Firefox插件Firebug（http://getfirebug.com）；

❑ Opera Dragonfly（http://www.opera.com/dragonfly/）。

上面列出来的这些工具都提供了类似的功能，比如：

❑ 探测及修改DOM；

❑ 研究CSS及页面表现之间的关系；

❑ 通过特殊的方法方便地跟踪脚本执行；

❑ 暂停脚本运行及检查变量值。

虽然这些功能在不同的工具中会有所变化，但大体上概念是相同的。本书中的某些示例需要用到这么一个工具，因此我们就以Chrome为例，不过使用其他浏览器的开发工具也没有什么问题。

Chrome 开发者工具

Chrome开发者工具的详细使用说明可以在它的主页上找到：https://developers.google.com/chrome-developer-tools/。要详细介绍这个工具实在有些复杂，不过在此介绍一些与本书关系最密切的功能还是有必要的。

关于屏幕截图

Chrome开发者工具是一个发展很快的项目，因此下面的屏幕截图不一定与你实际看到的完全一样。

打开Chrome开发者工具后，当前页面中会出现一个提供信息的新面板。在面板中默认的Elements（元素）标签页中，左侧显示的是当前页面的结构，右侧显示的是当前选中元素的详细信息（例如应用于它的CSS规则）。在研究网页结构，查找CSS问题的时候，这个标签页很有用，如图1-3所示。

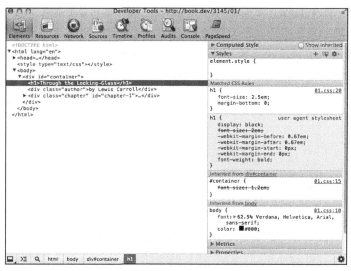

图 1-3

Sources（资源）标签页显示的是页面中加载的所有脚本，如图1-4所示。右键单击行号可以设置普通断点、条件断点，还可以让代码执行到当前行。断点是暂停执行脚本，然后一步一步观察执行情况的有效方法。在这个标签页的右侧，可以输入一些想要监控的变量和表达式，以便随时观察它们的值。

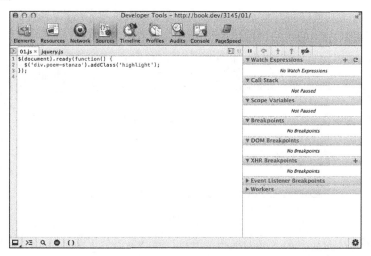

图 1-4

Console（控制台）标签页恐怕是学习jQuery的过程中用得最多的一个了，如图1-5所示。可以在里面输入JavaScript语句，按回车后，语句的执行结果就会显示在上方。

在这个例子中，我们使用了与代码清单1-2中相同的选择符，但并未对选中的元素执行操作。即便如此，这条简单的语句也给出了很有价值的信息。我们看到，这个选择符的执行结果是一个jQuery对象，包含页面中的两个`.poem-stanza`元素。随时都可以在浏览器中通过这个控制台快速地试验jQuery代码。

图　1-5

此外，还可以直接编写与控制台交互的代码，这就要用到`console.log()`方法了，参见代码清单1-4。

代码清单1-4

```
$(document).ready(function() {
   console.log('hello');
   console.log(52);
   console.log($('div.poem-stanza'));
});
```

这里的代码表明，可以向`console.log()`方法中传入任何表达式。字符串、数值等简单的值会被直接打印出来，而jQuery对象等复杂的值则会以容易理解的格式展示出来，如图1-6所示。

图　1-6

这个`console.log()`方法（我们提到的所有开发人员工具中都有这个方法）是对JavaScript的`alert()`函数的绝好替代，在测试jQuery代码时也会非常有用。

1

1.6　小结

　　本章，我们学习了怎样设置jQuery，以便在网页中通过JavaScript使用它；学习了使用`$()`工厂函数查找具有给定类的页面部分；学习了调用`.addClass()`为页面的这些部分应用额外的样式；还学习了调用`$(document).ready()`基于页面加载来执行代码。此外，我们也探讨了在编写、测试和调试jQuery代码时将会用到的开发工具。

　　经过对本章的学习，我们对开发者选择使用JavaScript框架，而不是从零开始编写代码（即使是最基本的任务）的原因有了一个概念。同时，也理解了jQuery作为一个框架，都有哪些值得称道的地方以及我们选择它而不是选别的框架的理由。我们也大体上知道了jQuery能够简化哪些任务。

　　本章中给出的示范如何使用jQuery的简单例子，在现实中并不是很有用。在下一章中，我们将在此基础上继续探索jQuery中高级的选择符使用方式，并介绍这一技术的实际应用。

第 2 章

选择元素

jQuery利用了**CSS选择符**的能力，让我们能够在DOM中快捷而轻松地获取元素或元素集合。本章将介绍如下内容：

- 网页中元素的结构；
- 如何通过CSS选择符在页面中查找元素；
- 扩展jQuery标准的CSS选择符；
- 让选择页面元素更灵活的DOM遍历方法。

2.1 理解 DOM

jQuery最强大的特性之一就是它能够简化在DOM中选择元素的任务。DOM（ Document Object Model，文档对象模型）充当了JavaScript与网页之间的接口；它以对象网络而非纯文本的形式来表现HTML的源代码。

DOM中的对象网络与家谱有几分类似。当我们提到网络中元素之间的关系时，会使用类似描述家庭关系的术语，比如父元素、子元素，等等。通过一个简单的例子，可以帮助我们理解文档各元素构成的树形结构：

```
<html>
  <head>
    <title>the title</title>
  </head>
  <body>
    <div>
      <p>This is a paragraph.</p>
      <p>This is another paragraph.</p>
      <p>This is yet another paragraph.</p>
    </div>
  </body>
</html>
```

这里，<html>是其他所有元素的**祖先元素**，换句话说，其他所有元素都是<html>的**后代元素**。<head>和<body>元素是<html>的**子元素**（但并不是它唯一的子元素）。因此除了作为<head>和<body>的祖先元素之外，<html>也是它们的**父元素**。而<p>元素则是<div>的子元素（也是后代元素），是<body>和<html>的后代元素，是其他<p>元素的**同辈元素**。这些元素之间的关系从下面的图2-1中可以看得更清楚。

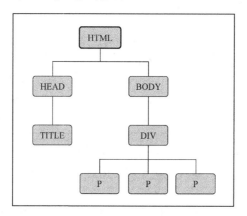

图　2-1

为了把DOM结构更形象地表现出来，可以使用很多工具，例如Firefox的Firebug插件、Safari和Chrome中的Web Inspector等。

有了这个元素树，就可以使用jQuery从中取得任何元素了。而我们用来取得元素的工具，就是jQuery选择符和遍历方法。

2.2　使用$()函数

我们通过jQuery的各种选择符和方法取得的结果集合会被包装在jQuery对象中。通过jQuery对象实际地操作这些元素会非常简单。可以轻松地为jQuery对象绑定事件、添加漂亮的效果，也可以将多重修改或效果通过jQuery对象连缀到一起。

　　　　然而，jQuery对象与常规的DOM元素不同，而且也没有必要为实现某些任务给纯DOM元素或节点列表添加相同的方法和属性。在本章的最后一部分中，我们会介绍如何直接访问收集在jQuery对象中的DOM元素。

为了创建jQuery对象，就要使用$()函数。这个函数接受CSS选择符作为参数，充当一个工厂，返回包含页面中对应元素的jQuery对象。所有能在样式表中使用的选择符都可以传给这个函数，随后我们就可以对匹配的元素集合应用jQuery方法。

让jQuery与其他JavaScript库协同工作
　　　　在jQuery中，美元符号$只不过标识符jQuery的"别名"。由于$()在JavaScript库中很常见，所以，如果在一个页面中使用了几个这样的库，那么就会导致冲突。在这种情况下，可以在我们自定义的jQuery代码中，通过将每个$的实例替换成jQuery来避免这种冲突。第10章还会介绍这个问题的其他解决方案。

有3种基本的选择符：**标签名**、**ID**和**类**。这些选择符可以单独使用，也可以与其他选择符组合使用。表2-1展示了这3种基本的选择符。

表2-1   基本的选择符

选　择　符	CSS	jQuery	说　　明
标签名	P {}	$('p')	取得文档中所有的段落
ID	#some-id {}	$('#some-id')	取得文档中ID为some-id的一个元素
类	.some-class {}	$('.some-class')	取得文档中类为some-class的所有元素

第1章曾经提到过，在将方法连缀到$()工厂函数后面时，包装在jQuery对象中的元素会被自动、隐式地循环遍历。换句话说，这样就避免了使用for循环之类的**显式迭代**（这种迭代在DOM脚本编程中非常常见）。

在介绍了基本的情况之后，下面我们就开始探索选择符的一些更强大的用途。

2.3   CSS 选择符

jQuery支持CSS规范1到规范3中的几乎所有选择符，具体内容可以参考W3C（World Wide Web Consortium，万维网联盟）网站http://www.w3.org/Style/CSS/specs。这种对CSS选择符的支持，使得开发者在增强自己的网站时，不必为哪种浏览器不理解某种不太常用的选择符而担心，只要该浏览器启用了JavaScript就没有问题。

> **渐进增强**
>
> 　　负责任的jQuery开发者应该在编写自己的程序时，始终坚持**渐进增强**（progressive enhancement）和**平稳退化**（graceful degradation）的理念，做到在JavaScript禁用时，页面仍然能够与启用JavaScript时一样准确地呈现，即使没有那么美观。贯穿本书，我们还将继续探讨这些理念。关于渐进增强的更多信息，请参考：http://en.wikipedia.org/wiki/Progressive_enhancement。

为了学习在jQuery中如何使用CSS选择符，我们选择了一个很多网站中都会有的通常用于导航的结构——嵌套的无序列表。

```
<ul id="selected-plays">
  <li>Comedies
    <ul>
      <li><a href="/asyoulikeit/">As You Like It</a></li>
      <li>All's Well That Ends Well</li>
      <li>A Midsummer Night's Dream</li>
      <li>Twelfth Night</li>
    </ul>
  </li>
  <li>Tragedies
    <ul>
```

```
   <li><a href="hamlet.pdf">Hamlet</a></li>
   <li>Macbeth</li>
   <li>Romeo and Juliet</li>
  </ul>
 </li>
 <li>Histories
  <ul>
   <li>Henry IV (<a href="mailto:henryiv@king.co.uk">email</a>)
     <ul>
      <li>Part I</li>
      <li>Part II</li>
     </ul>
   <li><a href="http://www.shakespeare.co.uk/henryv.htm">
                                         Henry V</a></li>
   <li>Richard II</li>
  </ul>
 </li>
</ul>
```

下载代码示例

如同本书其他HTML、CSS以及JavaScript示例一样，上面的标记只是完整文档的一个片段。如果读者想试一试这些示例，可以从以下地址下载完整的示例代码：Packt Publishing网站http://www.packtpub.com/support，或者本书网站http://book.learningjquery.com/。

我们注意到，其中第一个`<ul>`的ID值为`selected-plays`，但`<li>`标签则全都没有与之关联的类。在没有应用任何样式的情况下，这个列表的外观如图2-2所示。

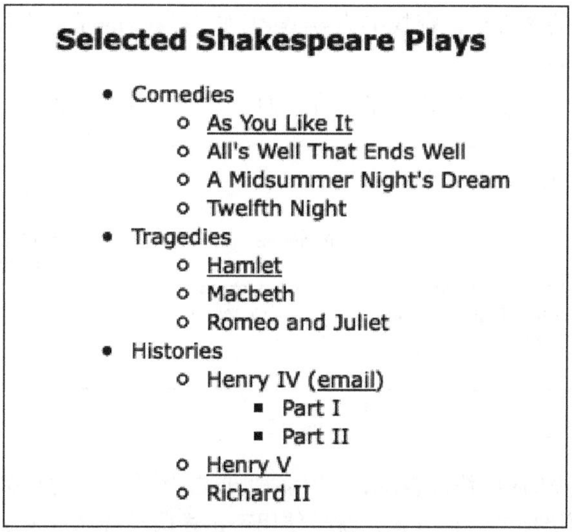

Selected Shakespeare Plays

- Comedies
  - As You Like It
  - All's Well That Ends Well
  - A Midsummer Night's Dream
  - Twelfth Night
- Tragedies
  - Hamlet
  - Macbeth
  - Romeo and Juliet
- Histories
  - Henry IV (email)
    - Part I
    - Part II
  - Henry V
  - Richard II

图 2-2

图2-2中的嵌套列表按照我们期望的方式显示———一组带符号的列表项垂直排列，并且每个列表都按照各自的级别进行了缩进。

基于列表项的级别添加样式

假设我们想让顶级的项（Comedies、Tragedies和Histories），而且只有顶级的项水平排列，那么可以先在样式表中定义一个horizontal类：

```
.horizontal {
  float: left;
  list-style: none;
  margin: 10px;
}
```

这个horizontal类会将元素浮动到它后面元素的左侧，如果这个元素是一个列表项，那么会移除其项目符号，最后再为该元素的每一边各添加10像素的外边距。

这里，我们没有直接在HTML中添加horizontal类，而只是将它动态地添加给位于顶级的列表项Comedies、Tragedies和Histories，以便示范jQuery中选择符的用法，如代码清单2-1所示。

代码清单2-1

```
$(document).ready(function() {
  $('#selected-plays > li').addClass('horizontal');
});
```

我们在第1章讨论过，当在jQuery代码中使用$(document).ready()时，位于其中的所有代码都会在DOM加载后立即执行。

第2行代码使用**子元素组合符**（>）将horizontal类只添加到位于顶级的项中。实际上，位于$()函数中的选择符的含义是，查找ID为selected-plays的元素（#selected-plays）的子元素（>）中所有的列表项（li）。

随着这个类的应用，列表项应该水平对齐，而不是垂直对齐，如图2-3所示。

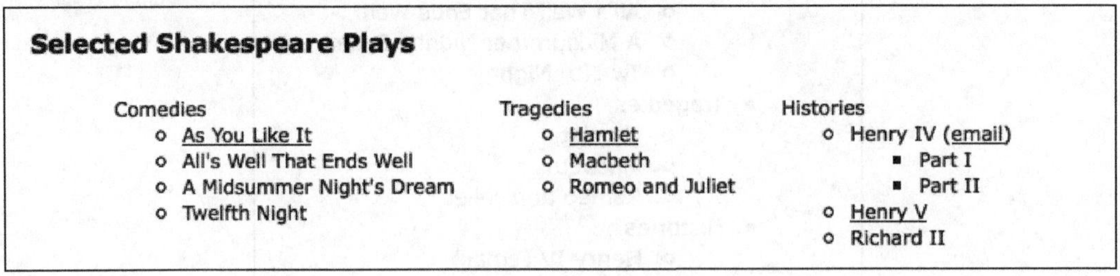

Selected Shakespeare Plays

Comedies
- As You Like It
- All's Well That Ends Well
- A Midsummer Night's Dream
- Twelfth Night

Tragedies
- Hamlet
- Macbeth
- Romeo and Juliet

Histories
- Henry IV (email)
  - Part I
  - Part II
- Henry V
- Richard II

图   2-3

要为其他项（非顶级的项）添加样式，有很多种方式。因为已经为顶级项添加了horizontal类，所以取得全部非顶级项的一种方式，就是使用**否定式伪类**选择符来识别没有horizontal类的所有列表项。注意代码清单2-2添加的第3行代码。

代码清单2-2

```
$(document).ready(function() {
    $('#selected-plays > li').addClass('horizontal');
    $('#selected-plays li:not(.horizontal)').addClass('sub-level');
});
```

这一次取得的每个列表项（`<li>`）：

❑ 是ID为`selected-plays`的元素（`#selected-plays`）的后代元素。

❑ 没有`horizontal`类（`:not(.horizontal)`）。

在为这些列表项添加了`sub-level`类之后，它们的背景颜色变为在样式表规则中定义的浅灰色。

```
.sub-level {
    background: #ccc;
}
```

此时的嵌套列表如图2-4所示。

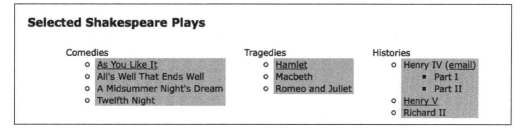

图 2-4

2.4 属性选择符

属性选择符是CSS选择符中特别有用的一类选择符。顾名思义，属性选择符通过HTML元素的属性选择元素，例如链接的`title`属性或图像的`alt`属性。例如，要选择带有`alt`属性的所有图像元素，可以使用以下代码：

```
$('img[alt]')
```

为链接添加样式

属性选择符使用一种从正则表达式中借鉴来的通配符语法，以^表示值在字符串的开始，以$表示值在字符串的结尾。而且，也是用星号*表示要匹配的值可以出现在字符串中的任意位置，用叹号!表示对值取反。

假设我们想以不同的文本颜色来显示不同类型的链接，那么首先要在样式表中定义如下样式：

```
a {
  color: #00c;
}
a.mailto {
  background: url(images/email.png) no-repeat right top;
  padding-right: 18px;
}
a.pdflink {
  background: url(images/pdf.png) no-repeat right top;
  padding-right: 18px;
}
a.henrylink {
  background-color: #fff;
  padding: 2px;
  border: 1px solid #000;
}
```

然后，可以使用jQuery为符合条件的链接添加3个类：`mailto`、`pdflink`和`henrylink`。

要为所有电子邮件链接添加类，需要构造一个选择符，用来寻找所有带href属性（`[href]`）且以mailto开头（`^="mailto:"`）的锚元素（`a`）。结果如代码清单2-3所示。

代码清单2-3

```
$(document).ready(function() {
  $('a[href^="mailto:"]').addClass('mailto');
});
```

因为我们在页面的样式表中定义了相应的规则，所以页面中所有mailto:链接的后面都会出现一个信封图标，如图2-5所示。

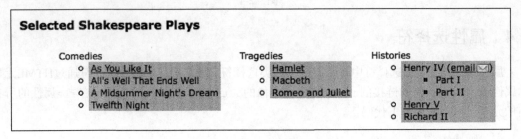

图   2-5

要为所有指向PDF文件的链接添加类，需要使用美元符号（`$`）而不是脱字符号（`^`）。这是因为我们要选择所有href属性以.pdf结尾的链接，如代码清单2-4所示。

代码清单2-4

```
$(document).ready(function() {
  $('a[href^="mailto:"]').addClass('mailto');
  $('a[href$=".pdf"]').addClass('pdflink');
});
```

因为有已经定义的样式表规则，新添加的`pdflink`类也会导致每个PDF文档链接后面出现Adobe Acrobat图标，如图2-6所示。

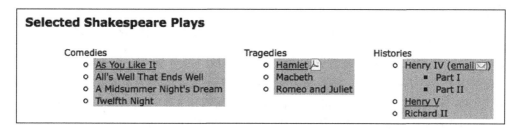

图 2-6

属性选择符也可以组合使用。例如，可以为`href`属性即以`http`开头且任意位置包含`henry`的所有链接添加一个`henrylink`类，如代码清单2-5所示。

代码清单2-5

```
$(document).ready(function() {
  $('a[href^="mailto:"]').addClass('mailto');
  $('a[href$=".pdf"]').addClass('pdflink');
  $('a[href^="http"][href*="henry"]')
    .addClass('henrylink');
});
```

在把这3个类应用到3种类型的链接之后，应该看到如图2-7所示的结果。

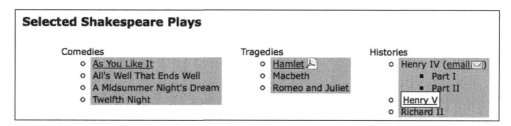

图 2-7

我们注意到，在这个屏幕截图中，Hamlet链接右侧有一个PDF图标，email链接旁边有一个信封图标，而Henry V链接则带有白色背景和黑色边框。

2.5 自定义选择符

除了各种CSS选择符之外，jQuery还添加了独有的完全不同的自定义选择符。这些自定义选择符进一步增强了已经十分强大的CSS选择符，为我们提供了在页面上选择元素的新手段。

性能提示

只要可能，jQuery就会使用浏览器原生的DOM选择符引擎去查找元素。但在使用自定义选择符的时候，就无法使用速度最快的原生方法了。因此，建议读者在能够使用原生方法的情况下，就不要频繁地使用自定义选择符，以确保性能。

jQuery中的多数自定义选择符都可以让我们从已经找到的元素中选出一或多个元素。自定义选择符通常跟在一个CSS选择符后面，基于已经选择的元素集的位置来查找元素。自定义选择符的语法与CSS中的**伪类**选择符语法相同，即选择符以冒号（:）开头。例如，我们想要从带有horizontal类的`<div>`集合中选择第2项，那么应该使用下面的代码：

```
$('div.horizontal:eq(1)')
```

注意，因为JavaScript数组采用**从0开始**的编号方式，所以eq(1)取得的是集合中的第2个元素。而CSS则是从1开始的，因此CSS选择符`$('div:nth-child(1)')`取得的是作为其父元素第1个子元素的所有div元素。如果记不清哪个从0开始，哪个从1开始，可以参考jQuery API文档：http://api.jquery.com/category/selectors/。

2.5.1 每隔一行为表格添加样式

jQuery库中的两个十分有用的自定义选择符是:odd和:even。下面，我们就来看一看如何通过这两个选择符为表格添加基本的条纹样式，针对下面的表格：

```
<h2>Shakespeare's Plays</h2>
<table>
  <tr>
    <td>As You Like It</td>
    <td>Comedy</td>
    <td></td>
  </tr>
  <tr>
    <td>All's Well that Ends Well</td>
    <td>Comedy</td>
    <td>1601</td>
  </tr>
  <tr>
    <td>Hamlet</td>
    <td>Tragedy</td>
    <td>1604</td>
  </tr>
  <tr>
    <td>Macbeth</td>
    <td>Tragedy</td>
    <td>1606</td>
  </tr>
  <tr>
    <td>Romeo and Juliet</td>
    <td>Tragedy</td>
    <td>1595</td>
```

```
      </tr>
      <tr>
        <td>Henry IV, Part I</td>
        <td>History</td>
        <td>1596</td>
      </tr>
      <tr>
        <td>Henry V</td>
        <td>History</td>
        <td>1599</td>
      </tr>
    </table>
    <h2>Shakespeare's Sonnets</h2>
    <table>
      <tr>
        <td>The Fair Youth</td>
        <td>1-126</td>
      </tr>
      <tr>
        <td>The Dark Lady</td>
        <td>127-152</td>
      </tr>
      <tr>
        <td>The Rival Poet</td>
        <td>78-86</td>
      </tr>
    </table>
```

在样式表中添加一点样式，表格的表头和单元格就清晰了许多。现在，这个表格有白色的背景，但行与行之间没有区别，如图2-8所示。

Shakespeare's Plays

As You Like It	Comedy	
All's Well that Ends Well	Comedy	1601
Hamlet	Tragedy	1604
Macbeth	Tragedy	1606
Romeo and Juliet	Tragedy	1595
Henry IV, Part I	History	1596
Henry V	History	1599

Shakespeare's Sonnets

The Fair Youth	1–126
The Dark Lady	127–152
The Rival Poet	78–86

图 2-8

可以在样式表中为所有表格行添加一种样式，然后再为奇数行定义一个alt类。

```
tr {
  background-color: #fff;
}
.alt {
  background-color: #ccc;
}
```

最后编写jQuery代码，将这个类添加到表格中的奇数行（<tr>标签），如代码清单2-6所示。

代码清单2-6

```
$(document).ready(function() {
  $('tr:even').addClass('alt');
});
```

等一等！为什么针对奇数行使用:even选择符呢？很简单，:eq()选择符、:odd和:even选择符都使用JavaScript内置从0开始的编号方式，因此，第一行的编号为0（偶数），第二行的编号为1（奇数），依此类推。知道这一点之后，我们希望上面那几行代码能够生成如图2-9所示的结果。

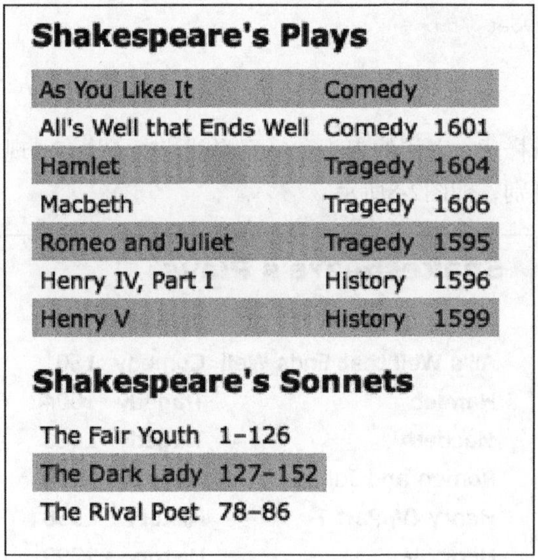

Shakespeare's Plays

As You Like It	Comedy	
All's Well that Ends Well	Comedy	1601
Hamlet	Tragedy	1604
Macbeth	Tragedy	1606
Romeo and Juliet	Tragedy	1595
Henry IV, Part I	History	1596
Henry V	History	1599

Shakespeare's Sonnets

The Fair Youth	1–126
The Dark Lady	127–152
The Rival Poet	78–86

图　2-9

不过，要注意的是，如果一个页面上存在另外一个表格，我们则真有可能会看到意料之外的结果。例如，因为Plays表格中的最后一行为"另一种"浅灰色背景，所以Sonnets表格的第一行的背景就会为白色。解决这个问题的一种方法是使用:nth-child()选择符。这个选择符相对于元素的父元素而非当前选择的所有元素来计算位置，它可以接受数值、odd或even作为参数，如代码清单2-7所示。

代码清单2-7

```
$(document).ready(function() {
  $('tr:nth-child(odd)').addClass('alt');
});
```

值得一提的是，`:nth-child()`是jQuery中唯一从1开始计数的选择符。要实现与图2-8所示相同的条纹交替效果，并且确保同一文档中的多个表格的效果一致，需要使用odd而不是even参数。替换了参数之后，两个表格出现了一致的条纹交替效果，如图2-10所示。

Shakespeare's Plays

As You Like It	Comedy	
All's Well that Ends Well	Comedy	1601
Hamlet	Tragedy	1604
Macbeth	Tragedy	1606
Romeo and Juliet	Tragedy	1595
Henry IV, Part I	History	1596
Henry V	History	1599

Shakespeare's Sonnets

The Fair Youth	1–126
The Dark Lady	127–152
The Rival Poet	78–86

图 2-10

2.5.2 基于上下文内容选择元素

下面，我们介绍最后一个自定义选择符。假设出于某种原因，我们希望突出显示含Henry剧名的所有表格单元。为此，我们所要做的就是在样式表中添加一个声明了粗体和斜体文本的类（`.highlight {font-weight:bold; font-style:italic; }`），然后向jQuery代码中添加一行代码，其中使用的是`:contains()`选择符，参见代码清单2-8。

代码清单2-8

```
$(document).ready(function() {
  $('tr:nth-child(odd)').addClass('alt');
  $('td:contains(Henry)').addClass('highlight');
});
```

这样，在可爱的条纹表格中，就能够看到突出显示的Henry戏剧了，如图2-11所示。

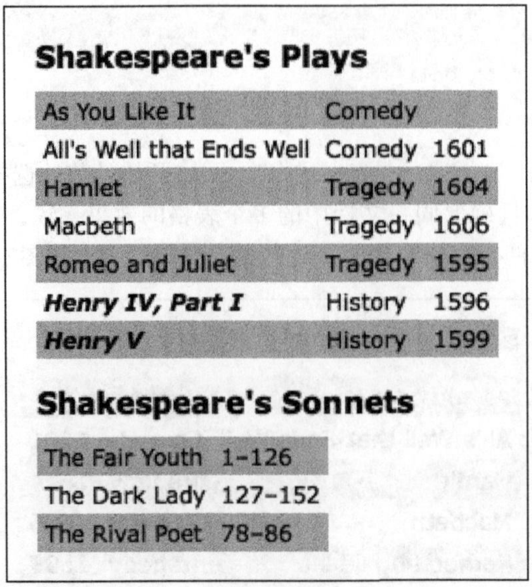

Shakespeare's Plays

As You Like It	Comedy	
All's Well that Ends Well	Comedy	1601
Hamlet	Tragedy	1604
Macbeth	Tragedy	1606
Romeo and Juliet	Tragedy	1595
Henry IV, Part I	History	1596
Henry V	History	1599

Shakespeare's Sonnets

The Fair Youth	1–126
The Dark Lady	127–152
The Rival Poet	78–86

图 2-11

> 必须注意，`:contains()`选择符区分大小写。换句话说，使用不带大写"H"的`$('td:contains(henry)')`，不会选择任何单元格。

诚然，不使用jQuery（或任何客户端编程语言）也可以通过其他方式实现这种行条纹和突出显示效果。然而，在内容由程序动态生成，而我们又无权改动HTML和服务器端代码的情况下，jQuery加上CSS对这种样式化操作提供了优秀的替换方案。

2.5.3 基于表单的选择符

自定义选择符并不局限于基于元素的位置选择元素。比如，在操作表单时，jQuery的自定义选择符以及后来补充的CSS3选择符同样可以简化选择元素的任务。表2-2列出了其中一些适用于表单的选择符。

表2-2 表单选择符

选　择　符	匹　　配
`:input`	输入字段、文本区、选择列表和按钮元素
`:button`	按钮元素或type属性值为button的输入元素
`:enabled`	启用的表单元素
`:disabled`	禁用的表单元素
`:checked`	勾选的单选按钮或复选框
`:selected`	选择的选项元素

与其他选择符类似，组合使用表单选择符可以更有针对性。例如，使用`$('input[type="radio"]:checked')`可以选择所有选中的单选按钮（而不是复选框），而使用`$('input[type="password"],input[type="text"]:disabled')`则可以选择所有密码输入字段和禁用的文本输入字段。可见，即便是使用自定义选择符，也可以按照基本的CSS语法来定义匹配的元素列表。

 以上只是对选择符表达式的简单介绍，第9章还将进一步讨论选择符。

2.6　DOM 遍历方法

利用前面介绍的jQuery选择符取得一组元素，就像是我们在DOM树中纵横遍历再经过筛选得到的结果一样。如果只有这一种取得元素的方式，那我们选择的余地从某个角度讲也是很有限的。很多情况下，取得某个元素的**父元素**或者**祖先元素**都是基本的操作，而这正是jQuery的DOM遍历方法的用武之地。有了这些方法，我们可以轻而易举地在DOM树中上下左右地自由漫步。

其中一些方法与选择符表达式有异曲同工之妙。例如，这行用于添加alt类的代码`$('tr:even').addClass('alt');`，可以通过`.filter()`方法重写成下面这样：

```
$('tr').filter(':even').addClass('alt');
```

而且，这两种取得元素的方式在很大程度上可以互补。同样，`.filter()`的功能也十分强大，因为它可以接受函数参数。通过传入的函数，可以执行复杂的测试，以决定相应元素是否应该保留在匹配的集合中。例如，假设我们要为所有外部链接添加一个类。

```
a.external {
  background: #fff url(images/external.png) no-repeat 100% 2px;
  padding-right: 16px;
}
```

jQuery中没有针对这种需求的选择符。如果没有筛选函数，就必须显式地遍历每个元素，对它们单独进行测试。但是，有了下面的**筛选函数**，就仍然可以利用jQuery的隐式迭代能力，保持代码的简洁，如代码清单2-9所示。

代码清单2-9

```
$('a').filter(function() {
  return this.hostname && this.hostname != location.hostname;
}).addClass('external');
```

第二行代码可以筛选出符合下面两个条件的`<a>`元素。

❑ 必须包含一个带有域名（`this.hostname`）的href属性。这个测试可以排除`mailto`及类似链接。

❑ 链接指向的域名（还是`this.hostname`）必须不等于（`!=`）页面当前所在域的名称（`location.hostname`）。

更准确地说，`.filter()`方法会迭代所有匹配的元素，对每个元素都调用传入的函数并测试函数的返回值。如果函数返回false，则从匹配集合中删除相应元素；如果返回true，则保留相应元素。

有了这些代码，Henry V就被标记为外链了，如图2-12所示。

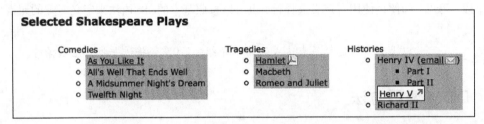

图   2-12

下面，我们再通过前面添加了条纹效果的表格，来演示一些遍历方法的其他用途。

2.6.1   为特定单元格添加样式

此前，我们已经为所有包含文本Henry的单元格添加了highlight类。如果想改为给每个包含Henry的单元格的下一个单元格添加样式，可以将已经编写好的选择符作为起点，然后连缀一个.next()方法即可，参见代码清单2-10。

代码清单2-10

```
$(document).ready(function() {
    $('td:contains(Henry)').next().addClass('highlight');
});
```

表格现在的效果如图2-13所示。

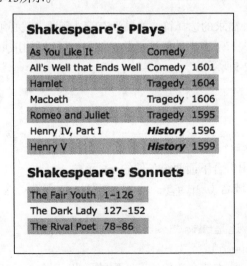

图   2-13

.next()方法只选择下一个最接近的同辈元素。要想突出显示Henry所在单元格后面的全部单元格，可以使用.nextAll()方法，如代码清单2-11所示。

代码清单2-11

```
$(document).ready(function() {
  $('td:contains(Henry)').nextAll().addClass('highlight');
});
```

因为包含Henry的单元格位于表格的第一列，因此以上代码会导致相应行中的其他单元格突出显示，如图2-14所示。

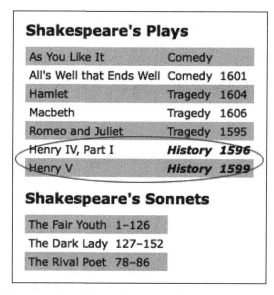

图　2-14

有读者可能已经猜到了，.next()和.nextAll()方法分别有一个对应方法，即.prev()和.prevAll()。此外，.siblings()能够选择处于相同DOM层次的所有其他元素，无论这些元素处于当前元素之前还是之后。

要在这些单元格中再包含原来的单元格（即包含Henry的那个单元格），可以添加.addBack()方法，参见代码清单2-12。

代码清单2-12

```
$(document).ready(function() {
  $('td:contains(Henry)').nextAll().addBack()
  .addClass('highlight');
});
```

作了这个修改之后，相应行中的所有单元格就都会应用highlight类的样式了，如图2-15所示。

Shakespeare's Plays

As You Like It	Comedy	
All's Well that Ends Well	Comedy	1601
Hamlet	Tragedy	1604
Macbeth	Tragedy	1606
Romeo and Juliet	Tragedy	1595
Henry IV, Part I	*History*	*1596*
Henry V	*History*	*1599*

Shakespeare's Sonnets

The Fair Youth	1–126
The Dark Lady	127–152
The Rival Poet	78–86

图   2-15

事实上，要选择同一组元素，可以采用的选择符和遍历方法的组合很多。例如，代码清单2-13就是选择所有包含Henry的单元格所在行的另一种方式。

代码清单2-13

```
$(document).ready(function() {
    $('td:contains(Henry)').parent().children()
    .addClass('highlight');
});
```

这种组合方式没有遍历同辈元素，而是通过`.parent()`方法在DOM中上溯一层到达`<tr>`，然后再通过`.children()`选择该行的所有单元格。

2.6.2   连缀

刚刚介绍的遍历方法组合展示了jQuery的**连缀**能力。在jQuery中，可以通过一行代码取得多个元素集合并对这些元素集合执行多次操作。jQuery的这种连缀能力不仅有助于保持代码简洁，而且在替代组合重新指定选择符时，还有助于提升脚本性能。

方法连缀的原理

几乎所有jQuery方法都会返回一个jQuery对象，因而可连缀调用多个jQuery方法。第8章还会详细讨论连缀的原理。

在使用连缀时，为照顾到代码的可读性，还可以把一行代码分散到几行来写。例如，一组连缀的方法可以写成3行，参见代码清单2-14。

代码清单2-14

```
$('td:contains(Henry)').parent().find('td:eq(1)')
   .addClass('highlight').end().find('td:eq(2)')
                         .addClass('highlight');
```

甚至，也可以写成7行，参见代码清单2-15。

代码清单2-15

```
$('td:contains(Henry)') //取得包含Henry的所有单元格
  .parent() //取得它的父元素
  .find('td:eq(1)') //在父元素中查找第2个单元格
  .addClass('highlight') //为该单元格添加hightlight类
  .end() //恢复到包含Henry的单元格的父元素
  .find('td:eq(2)') //在父元素中查找第3个单元格
  .addClass('highlight'); //为该单元格添加hightlight类
```

不可否认，这个例子中展示的迂回曲折的DOM遍历过程几近荒谬。我们当然不建议读者使用如此复杂的连缀方式，因为还有更简单、更直接的方法。这个例子的用意只是演示一下连缀为我们带来的极大灵活性。

连缀就像是一口气说出一大段话——虽然效率很高，但对别人来说可能会难于理解。而将它分开放到多行并添加明确的注释，从长远来看则可以节省更多的时间。

2.7　访问 DOM 元素

所有选择符表达式和多数jQuery方法都返回一个jQuery对象，而这通常都是我们所希望的，因为jQuery对象能够提供隐式迭代和连缀能力。

尽管如此，我们仍然有可能需要在代码中直接访问DOM元素。例如，可能需要为另一个JavaScript库提供一组元素的结果集合。或者可能不得不访问某个元素的标签名——通过DOM元素的**属性**。对于这些少见但合理的情形，jQuery提供了.get()方法。要访问jQuery对象引用的第一个DOM元素，可以使用.get(0)。因而，如果想知道带有id="my-element"属性的元素的标签名，应该使用如下代码：

```
var myTag = $('#my-element').get(0).tagName;
```

为了进一步简化这些代码，jQuery还为.get()方法提供了一种简写方式。比如，可以将$('#my-element').get(0)简写为：

```
var myTag = $('#my-element')[0].tagName;
```

也就是说，可以在选择符后面直接使用方括号。显然，这种语法与访问DOM元素数组很相似，而使用方括号就好像剥掉jQuery的包装并直接露出节点列表，而方括号中的**索引**（这里的0）则相当于从中取出了原本的DOM元素。

2.8 小结

通过本章介绍的技术，读者应该掌握了如何使用**CSS选择符**以不同方式在页面中选择元素集合，以及为嵌套列表中的顶级和非顶级项分别添加样式，如何使用**属性选择符**为不同类型的链接应用不同的样式，如何使用**自定义的jQuery选择符**`:odd`和`:even`，或高级的CSS选择符`:nth-child()`为表格添加条纹效果，以及如何使用**连缀的**jQuery方法突出显示某个表格单元中的文本。

到现在为止，我们使用了`$(document).ready()`事件为一组匹配的元素添加类。在下一章中，我们将探索基于用户发起的事件来添加类的技术。

延伸阅读

要了解有关选择符与遍历方法的完整介绍，请参考第9章或本书附录C，也可以参考jQuery官方文档：http://api.jquery.com/。

2.9 练习

要完成以下练习，读者需要本章的index.html文件，以及complete.js中包含的已经完成的JavaScript代码。可以从Packt Publishing网站http://www.packtpub.com/support下载这些文件。

"挑战"练习有一些难度，完成这些练习的过程中可能需要参考jQuery官方文档：http://api.jquery.com/。

(1) 给位于嵌套列表第二个层次的所有`<li>`元素添加`special`类；

(2) 给位于表格第三列的所有单元格添加`year`类；

(3) 为表格中包含文本Tragedy的第一行添加`special`类；

(4) **挑战**：选择包含链接（`<a>`）的所有列表项（`<li>`元素），为每个选中的列表项的同辈列表项元素添加`afterlink`类；

(5) **挑战**：为与`.pdf`链接最接近的祖先元素`<ul>`添加`tragedy`类。

第 3 章　事　件

JavaScript内置了一些对用户的交互和其他事件给予响应的方式。为了使页面具有动态性和响应性，就需要利用这种能力，以便能够适时地应用我们学过的jQuery技术和本书后面讨论的一些技巧。虽然使用普通的JavaScript也可以做到这一点，但jQuery增强并扩展了基本的事件处理机制。它不仅提供了更加优雅的事件处理语法，而且也极大地增强了事件处理机制。

本章将学习以下内容：

- 在页面就绪时执行JavaScript代码；
- 处理用户事件，比如鼠标单击和按下键盘上的键；
- 文档中的事件流，以及如何操纵事件流；
- 模拟用户发起的事件。

3.1　在页面加载后执行任务

我们已经看到如何让jQuery响应网页的加载事件，$(document).ready()事件处理程序可以用来触发函数中的代码，但对这个过程还有待深入分析。

3.1.1　代码执行的时机选择

在第1章中，我们知道了$(document).ready()是jQuery基于页面加载执行任务的一种主要方式。但这并不是唯一的方式，原生的window.onload事件也可以实现相同的效果。虽然这两个方法具有类似的效果，但是，它们在触发操作的时间上存在着微妙的差异，这种差异只有在加载的资源多到一定程度时才会体现出来。

当文档完全下载到浏览器中时，会触发window.onload事件。这意味着页面上的全部元素对JavaScript而言都是可以操作的，这种情况对编写功能性的代码非常有利，因为无需考虑加载的次序。

另一方面，通过$(document).ready()注册的事件处理程序，则会在DOM完全就绪并可以使用时调用。虽然这也意味着所有元素对脚本而言都是可以访问的，但是，却不意味着所有关联的文件都已经下载完毕。换句话说，当HTML下载完成并解析为DOM树之后，代码就可以运行。

加载样式与执行代码

为了保证JavaScript代码执行以前页面已经应用了样式，最好是在`<head>`元素中把`<link rel="stylesheet">`标签和`<style>`标签放在`<script>`标签前面。

举一个例子，假设有一个表现图库的页面，这种页面中可能会包含许多大型图像，我们可以通过jQuery隐藏、显示、移动或以其他方式操纵这些图像。如果我们通过onload事件设置界面，那么用户在能够使用这个页面之前，必须要等到每一幅图像都下载完成。更糟糕的是，如果行为尚未添加给那些具有默认行为的元素（例如链接），那么用户的交互可能会导致意想不到的结果。然而，当我们使用`$(document).ready()`进行设置时，这个界面就会更早地准备好可用的正确行为。

什么是加载完成

一般来说，使用`$(document).ready()`要优于使用onload事件处理程序，但必须要明确的一点是，因为支持文件可能还没有加载完成，所以类似图像的高度和宽度这样的属性此时则不一定会有效。如果需要访问这些属性，可能就得选择实现一个onload事件处理程序（或者是使用jQuery为load事件设置处理程序）。这两种机制能够和平共存。

3.1.2   基于一个页面执行多个脚本

通过JavaScript（而不是指直接在HTML中添加处理程序属性）注册事件处理程序的传统机制是，把一个函数指定给DOM元素的对应属性。例如，假设我们已经定义了如下函数：

```
function doStuff() {
    //执行某种任务……
}
```

那么，我们既可以在HTML标记中指定该函数：

```
<body onload="doStuff();">
```

也可以在JavaScript代码中指定该函数：

```
window.onload = doStuff;
```

这两种方式都会在页面加载完成后执行这个函数。但第2种方式的优点在于，它能使行为更清晰地从标记中分离出来。

引用函数与调用函数

这里在将函数指定为处理程序时，省略了后面的圆括号，只使用了函数名。如果带着圆括号，函数会被立即调用；没有圆括号，函数名就只是函数的标识符或函数引用，可以用于在将来再调用函数。

在只有一个函数的情况下，这样做没有什么问题。但是，假设我们又定义了第二个函数：

```
function doOtherStuff() {
    //执行另外一种任务……
}
```

我们也可以将它指定为基于页面的加载来运行：

```
window.onload = doOtherStuff;
```

然而，这次指定的函数会取代刚才指定的第一个函数。因为.onload属性一次只能保存对一个函数的引用，所以不能在现有的行为基础上再增加新行为。

通过$(document).ready()机制能够很好地解决这个问题。每次调用这个方法[1]都会向内部的行为队列中添加一个新函数，当页面加载完成后，所有函数都会被执行。而且，这些函数会按照注册它们的顺序依次执行[2]。

公平地讲，jQuery并不是解决这个问题的唯一方法。我们可以编写一个JavaScript函数，用它构造一个调用现有的onload事件处理程序的新函数，然后再调用一个传入的事件处理程序。这种方法可以避免$(document).ready()这类对抗性处理程序之间的冲突，但是却不具有我们刚才所讨论的那些优点。在现代浏览器中（包括IE 9），可以通过W3C标准的document.addEventListener()方法触发DOMContentLoaded事件。但是，jQuery则可以让我们不必考虑浏览器不一致性而完成这一任务。

3.1.3 .ready()的简写形式

前面提到的$(document).ready()结构，实际上是在基于document这个DOM元素构建而成的jQuery对象上调用了.ready()方法。$()函数为我们提供了一种简写方式。当给它传递一个函数作为参数时，jQuery会隐式调用.ready()。也就是说，对于：

```
$(document).ready(function() {
    //这里是代码……
});
```

也可以简写成：

```
$(function() {
    //这里是代码……
});
```

虽然这种语法更短一些，但作者推荐使用较长的形式，因为较长的形式能够更清楚地表明代码在做什么。

---

① 即每次调用$(document).ready()方法。

② 通过window.onload虽然也可以注册多个函数，但却不能保证按顺序执行。

3.1.4   向 .ready() 回调函数中传入参数

在某些情况下，可能有必要在同一个页面中使用多个JavaScript库。由于很多库都使用$标识符（因为它简短方便），因此就需要一种方式来避免名称冲突。

为解决这个问题，jQuery提供了一个jQuery.noConflict()方法，调用该方法可以把对$标识符的控制权让渡还给其他库。使用jQuery.noConflict()方法的一般模式如下：

```
<script src="prototype.js"></script>
<script src="jquery.js"></script>
<script>
  jQuery.noConflict();
</script>
<script src="myscript.js"></script>
```

首先，包含jQuery之外的库（这里是Prototype）。然后，包含jQuery库，取得对$的使用权。接着，调用.noConflict()方法让出$，以便将控制权交还给最先包含的库（Prototype）。这样就可以在自定义脚本中使用两个库了——但是，在需要使用jQuery方法时，必须记住要用jQuery而不是$来调用。

在这种情况下，还有一个在.ready()方法中使用$的技巧。我们传递给它的回调函数可以接收一个参数——jQuery对象本身。利用这个参数，可以重新命名jQuery为$，而不必担心造成冲突，如下面的代码所示：

```
jQuery(document).ready(function($) {
  //在这里，可以正常使用！
});
```

或者，也可以使用刚刚介绍的简写语法：

```
jQuery(function($) {
  //使用$的代码
});
```

3.2   处理简单的事件

除了页面加载之外，我们也想在其他时刻完成某个任务。正如JavaScript可以让我们通过<body onload="">或window.onload来截获页面加载事件一样，它对用户发起的事件也提供了相似的"挂钩"（hook）。例如，鼠标单击（onclick）、表单被修改（onchange）以及窗口大小变化（onresize）等。在这些情况下，如果直接在DOM中为元素指定行为，那么这些挂钩也会与我们讨论的onload一样具有类似的缺点。为此，jQuery也为处理这些事件提供了一种改进的方式。

3.2.1   简单的样式转换器

为了说明某些事件处理技术，我们假设希望某个页面能够基于用户的输入呈现出不同的样式。也就是说，允许用户通过单击按钮来切换视图，包括正常视图、将文本限制在窄列中的视图和适合打印的大字内容区视图。

渐进增强

　　在创建样式转换器时，优秀的Web开发人员应该遵守渐进增强的原则。第5章还会学习怎么在jQuery代码中向样式转换器内注入内容，让禁用JavaScript的用户看不到与功能无关的控件。

用于样式转换器的HTML标记如下所示：

```
<div id="switcher" class="switcher">
  <h3>Style Switcher</h3>
  <button id="switcher-default">
    Default
  </button>
  <button id="switcher-narrow">
    Narrow Column
  </button>
  <button id="switcher-large">
    Large Print
  </button>
</div>
```

下载代码示例

　　如同本书其他HTML、CSS以及JavaScript示例一样，上面的标记只是完整文档的一个片段。如果读者想试一试这些示例，可以从以下地址下载完整的示例代码：Packt Publishing网站http://www.packtpub.com/support，或者本书网站http://book.learningjquery.com/。

在与页面中其他HTML标记和基本的CSS组合以后，我们可以看到如图3-1所示的页面外观。

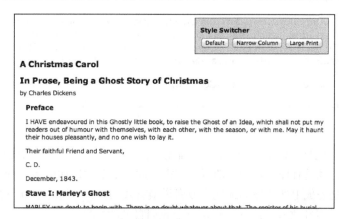

图　3-1

首先，我们来编写Large Print按钮的功能。此时，需要一点CSS代码来实现页面的替换视图：

```
body.large .chapter {
  font-size: 1.5em;
}
```

然后，我们的目标就是为<body>标签应用large类。这样会导致样式表对页面进行重新格式化。按照第2章介绍的知识，添加类的语句如下所示：

```
$('body').addClass('large');
```

但是，我们希望这条语句在用户单击按钮时执行（而不是像我们到目前为止看到的那样在页面加载后执行）。为此，我们需要引入.on()方法。通过这个方法，可以指定任何DOM事件，并为该事件添加一种行为。此时，事件是click，而行为则是由上面的一行代码构成的函数，参见代码清单3-1。

代码清单3-1

```
$(document).ready(function() {
  $('#switcher-large').on('click', function() {
    $('body').addClass('large');
  });
});
```

现在，当单击Large Print按钮时，就会运行函数中的代码，而页面的外观将如图3-2所示。

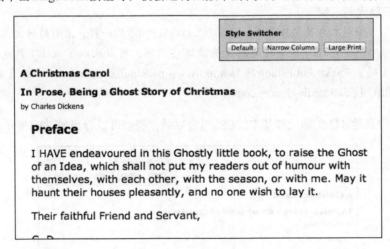

图　3-2

这里的全部操作就是绑定了一个事件。我们前面介绍的.ready()方法的优点在此也同样适用。多次调用.on()也没有任何问题，即可以按需为同一个事件追加更多的行为。

但是，这还不是完成上述任务的最优雅或者说最有效的方式。随着本章内容的展开，我们会对刚才的代码加以扩展和改进，使其达到足以令我们自豪的水平。

3.2.2 启用其他按钮

现在，Large Print按钮开始生效了。接下来，我们要以类似的方式处理其他两个按钮（Default和Narrow），让它们也都执行各自的任务。这个过程很简单，即分别使用.on()为它们添加一个单击处理程序，同时视情况移除或添加类。完成之后的代码如代码清单3-2所示。

代码清单3-2

```
$(document).ready(function() {
  $('#switcher-default').on('click', function() {
    $('body').removeClass('narrow');
    $('body').removeClass('large');
  });
  $('#switcher-narrow').on('click', function() {
    $('body').addClass('narrow');
    $('body').removeClass('large');
  });
  $('#switcher-large').on('click', function() {
    $('body').removeClass('narrow');
    $('body').addClass('large');
  });
});
```

以下是配套的narrow类的CSS规则：

```
body.narrow .chapter {
  width: 250px;
}
```

现在，如果单击Narrow Column按钮，随着相应的CSS生效，文本会相应变化，如图3-3所示。

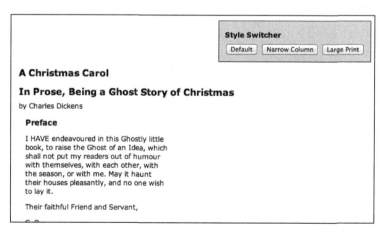

图　3-3

单击Default按钮将从\<body\>标签中同时移除两个类，让页面恢复为初始状态。

3.2.3　利用事件处理程序的上下文

虽然样式转换器的功能很正常，但我们并没有就哪个按钮处于当前使用状态对用户给出反馈。为此，我们的方法是在按钮被单击时，为它应用 selected 类，同时从其他按钮上移除这个类。selected 类只是为按钮文本添加了粗体样式：

```
.selected {
  font-weight: bold;
}
```

为了实现类的变换，可以按照前面的做法，通过 ID 来引用每个按钮，然后再视情况为它们应用或移除类。不过，这一次我们要探索一种更优雅也更具扩展性的解决方案，这个方案利用了事件处理程序运行的上下文。

当触发任何事件处理程序时，关键字 this 引用的都是携带相应行为的 DOM 元素。前面我们谈到过，$() 函数可以将 DOM 元素作为参数，而 this 关键字是实现这个功能的关键[①]。通过在事件处理程序中使用 $(this)，可以为相应的元素创建 jQuery 对象，然后就如同使用 CSS 选择符找到该元素一样对它进行操作。

知道了这些之后，我们可以编写出下面的代码：

```
$(this).addClass('selected');
```

把这行代码放到那 3 个事件处理程序中，就可以在按钮被单击时为按钮添加 selected 类。要从其他按钮中移除这个类，可以利用 jQuery 的隐式迭代特性，并编写如下代码：

```
$('#switcher button').removeClass('selected');
```

这行代码会移除样式转换器中每个按钮的 selected 类。

我们还应该在文档就绪时把这个类添加到 Default 按钮上。因此，按照正确的次序放置它们，就可以得到代码清单 3-3。

代码清单 3-3

```
$(document).ready(function() {
$('#switcher-default')
  .addClass('selected')
  .on('click', function() {
    $('body').removeClass('narrow');
    $('body').removeClass('large');
    $('#switcher button').removeClass('selected');
    $(this).addClass('selected');
  });
  $('#switcher-narrow').on('click', function() {
    $('body').addClass('narrow');
    $('body').removeClass('large');
    $('#switcher button').removeClass('selected');
    $(this).addClass('selected');
```

---

① 即允许向 $() 函数传递 DOM 元素，也是为了更方便地将引用 DOM 元素的 this 转换为 jQuery 对象。

```
  });
  $('#switcher-large').on('click', function() {
    $('body').removeClass('narrow');
    $('body').addClass('large');
    $('#switcher button').removeClass('selected');
    $(this).addClass('selected');
  });
});
```

这样，样式转换器就会对用户给出适当的反馈了。

利用处理程序的上下文将语句通用化，可以使代码更高效。我们可以把负责突出显示的代码提取到一个单独的处理程序中，因为针对3个按钮的突出显示代码都一样，结果如代码清单3-4所示。

代码清单3-4

```
$(document).ready(function() {
  $('#switcher-default')
  .addClass('selected')
  .on('click', function() {
    $('body').removeClass('narrow').removeClass('large');
  });
  $('#switcher-narrow').on('click', function() {
    $('body').addClass('narrow').removeClass('large');
  });
  $('#switcher-large').on('click', function() {
    $('body').removeClass('narrow').addClass('large');
  });
  $('#switcher button').on('click', function() {
    $('#switcher button').removeClass('selected');
    $(this).addClass('selected');
  });
});
```

这一步优化利用了我们讨论过的3种jQuery特性。第一，在通过对.on()的一次调用为每个按钮都绑定相同的单击事件处理程序时，**隐式迭代机制**再次发挥了作用。第二，**行为队列机制**让我们在同一个单击事件上绑定了两个函数，而且第二个函数不会覆盖第一个函数。最后，我们使用jQuery的连缀能力将每次添加和移除类的操作压缩到了一行代码中。

3.2.4 使用事件上下文进一步减少代码

我们刚才的代码优化实际上是在做**重构**——修改已有代码，以更加高效和简洁的方式实现相同任务。为寻找进一步重构的机会，下面再看一看绑定到每个按钮的行为。其中，.removeClass()方法的参数是可选的，即当省略参数时，该方法会移除元素中所有的类。利用这一点，可以把代码再改进得更简单一些，参见代码清单3-5。

代码清单3-5

```
//改善代码
$(document).ready(function() {
  $('#switcher-default')
```

```
    .addClass('selected')
    .on('click', function() {
      $('body').removeClass();
    });
    $('#switcher-narrow').on('click', function() {
      $('body').removeClass().addClass('narrow');
    });
    $('#switcher-large').on('click', function() {
      $('body').removeClass().addClass('large');
    });
    $('#switcher button').on('click', function() {
      $('#switcher button').removeClass('selected');
      $(this).addClass('selected');
    });
  });
```

注意，为了适应更通用的移除类的操作，我们对操作顺序作了小小的调整——先执行 `.remove-Class()`，以便它不会撤销几乎同时执行的 `.addClass()`。

> 我们在这里能够完全移除所有类，是因为现在的HTML是由我们控制的。当为了重用而编写代码时（例如编写插件），必须考虑到已经存在的所有类并保证它们原封不动。

此时，在每个按钮的处理程序中仍然会执行某些相同的代码。这些代码也可以轻而易举地提取到通用的按钮单击处理程序中，如代码清单3-6所示。

代码清单3-6

```
$(document).ready(function() {
  $('#switcher-default').addClass('selected');
  $('#switcher button').on('click', function() {
    $('body').removeClass();
    $('#switcher button').removeClass('selected');
    $(this).addClass('selected');
  });
  $('#switcher-narrow').on('click', function() {
    $('body').addClass('narrow');
  });
  $('#switcher-large').on('click', function() {
    $('body').addClass('large');
  });
});
```

这里要注意的是，必须把通用的处理程序转移到特殊的处理程序上方，因为 `.removeClass()` 需要先于 `.addClass()` 执行。而之所以能够做到这一点，是因为jQuery总是按照我们注册的顺序来触发事件处理程序。

最后，可以通过再次利用**事件的执行上下文**来完全消除特殊的处理程序。因为上下文关键字 `this` 引用的是DOM元素，而不是jQuery对象，所以可以使用原生的DOM属性来确定被单击元素的ID。因而，就可以对所有按钮都绑定相同的处理程序，然后在这个处理程序内部针对按钮执行不同的操作，参见代码清单3-7。

代码清单3-7

```
$(document).ready(function() {
  $('#switcher-default').addClass('selected');
  $('#switcher button').on('click', function() {
    var bodyClass = this.id.split('-')[1];
    $('body').removeClass().addClass(bodyClass);
    $('#switcher button').removeClass('selected');
    $(this).addClass('selected');
  });
});
```

根据单击的按钮不同，bodyClass变量的值可能是default、narrow或large。这里与前面做法的不同之处在于，我们会在用户单击<button id="switcher-default">时给<body>添加default类。虽然在这儿添加这个类也用不着，但与因此降低的复杂性相比，仅仅添加一个用不上的类名还是很划算的。

3.2.5 简写的事件

鉴于为某个事件（例如简单的单击事件）绑定处理程序极为常用，jQuery提供了一种简化事件操作的方式——**简写事件方法**，简写事件方法的原理与对应的.on()调用相同，可以减少一定的代码输入量。

例如，不使用.on()而使用.click()可以将前面的样式转换器程序重写为如代码清单3-8所示。

代码清单3-8

```
$(document).ready(function() {
  $('#switcher-default').addClass('selected');
  $('#switcher button').click(function() {
    var bodyClass = this.id.split('-')[1];
    $('body').removeClass().addClass(bodyClass);
    $('#switcher button').removeClass('selected');
    $(this).addClass('selected');
  });
});
```

其他blur、keydown和scroll等标准的DOM事件，也存在类似前面这样的简写事件。这些简写的事件方法能够把一个事件处理程序绑定到同名事件上面。

3.2.6 显示和隐藏高级特性

假设我们想在不需要时隐藏样式转换器。隐藏高级特性[①]的一种便捷方式，就是使它们可以

---

① 这里所谓的高级特性就是指为页面提供样式切换能力的样式转换器。

折叠。因此，我们要实现的效果是在标签①上单击能够隐藏所有按钮，最后只剩一个标签；而再次单击标签则会恢复这些按钮。为了隐藏按钮，我们还需要另外一个类：

```
.hidden {
  display: none;
}
```

为实现这个功能，可以把当前的按钮状态保存在一个变量中，每当标签被单击时，通过检查这个变量的值就能知道应该向这些按钮中添加，还是要从这些按钮中移除.hidden类。

不过，jQuery也为我们提供了一个简便的toggleClass()方法，能够根据相应的类是否存在而添加或删除类，参见代码清单3-9。

代码清单3-9

```
$(document).ready(function() {
  $('#switcher h3').click(function() {
    $('#switcher button').toggleClass('hidden');
  });
});
```

在第一次单击后，所有按钮都会隐藏起来，如图3-4所示。

图　3-4

而第二次单击则又恢复了它们的可见性，如图3-5所示。

图　3-5

同样，这里我们依靠的仍然是jQuery的隐式迭代能力，即一次就能隐藏所有按钮，而不需要使用包装元素②。

---

① 这里将#switcher h3选择的h3标题元素称为标签。下同。

② 即不需要在这3个按钮外部再添加额外的标签（如<div>）。如果没有隐式迭代机制，那么想一次隐藏3个按钮，一种常见的方法就是隐藏包含这3个按钮的包装元素。

3.3　事件传播

在说明基于通常不可单击的页面元素[1]处理单击事件的能力时，我们构思的界面中已经给出了一些提示——样式表切换器标签（即<h3>元素）实际上都是活动的，随时等待用户操作。为了改进界面，我们可以为按钮添加一种翻转状态，以便清楚地表明它们能与鼠标进行某种方式的交互：

```
.hover {
  cursor: pointer;
  background-color: #afa;
}
```

CSS规范加入了一个名叫:hover的伪类选择符，这个选择符可以让样式表在用户鼠标指针悬停在某个元素上时，影响元素的外观。这个伪类选择符在某种程度上可以帮我们解决问题，但在这里，我们要介绍jQuery的.hover方法。这个方法可以让我们在鼠标指针进入元素和离开元素时，通过JavaScript来改变元素的样式——事实上是可以执行任意操作。

同前面介绍的简单事件方法不同，.hover()方法接受两个函数参数。第一个函数会在鼠标指针进入被选择的元素时执行，而第二个函数会在鼠标指针离开该元素时触发。我们可以在这些时候修改应用到按钮上的类，从而实现翻转效果，参见代码清单3-10。

代码清单3-10

```
$(document).ready(function() {
  $('#switcher h3').hover(function() {
    $(this).addClass('hover');
  }, function() {
    $(this).removeClass('hover');
  });
});
```

这里，我们再次使用隐式迭代和事件上下文实现了简洁的代码。现在，当鼠标指针悬停在<h3>上时，我们都能看到如图3-6中所示的应用了类之后的效果。

图　3-6

---

[1] 因为在这个例子的标记中，按钮是通过<div>元素来表现的，而<div>元素就是通常不可单击的页面元素。

而且,使用.hover()也意味着可以避免JavaScript中的**事件传播**(event propagation)导致的头痛问题。要理解事件传播的含义,首先必须搞清楚JavaScript如何决定由哪个元素来处理给定的事件。

3.3.1 事件的旅程

当页面上发生一个事件时,每个层次上的DOM元素都有机会处理这个事件。以下面的页面模型为例:

```
<div class="foo">
  <span class="bar">
    <a href="http://www.example.com/">
      The quick brown fox jumps over the lazy dog.
    </a>
  </span>
  <p>
    How razorback-jumping frogs can level six piqued gymnasts!
  </p>
</div>
```

当在浏览器中形象化地呈现这些由嵌套的代码构成的元素时,我们看到的效果如图3-7所示。

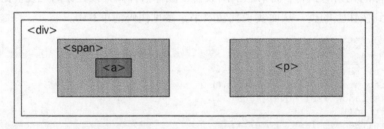

图　3-7

从逻辑上看,任何事件都可能会有多个元素负责响应。举例来说,如果单击了页面中的链接元素,那么<div>、<span>和<a>全都应该得到响应这次单击的机会。毕竟,这3个元素同时都处于用户鼠标指针之下。而<p>元素则与这次交互操作无关。

允许多个元素响应单击事件的一种策略叫做**事件捕获**[①]。在事件捕获的过程中,事件首先会交给最外层的元素,接着再交给更具体的元素。在这个例子中,意味着单击事件首先会传递给<div>,然后是<span>,最后是<a>,如图3-8所示。

从技术上说,在浏览器捕获事件的过程中,每个元素都会注册并侦听发生在它们后代元素中的事件。这里提供的近似情况非常接近于我们的需求。

---

① 事件捕获和下文中的事件冒泡是"浏览器大战"时期分别由Netscape和微软提出的两种相反的事件传播模型。

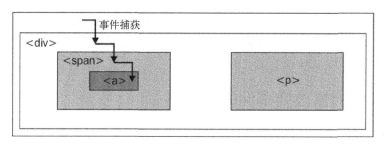

图　3-8

另一种相反的策略叫做**事件冒泡**。即当事件发生时，会首先发送给最具体的元素，在这个元素获得响应机会之后，事件会向上冒泡到更一般的元素。在我们的例子中，<a>会首先处理事件，然后按照顺序依次是<span>和<div>，如图3-9所示。

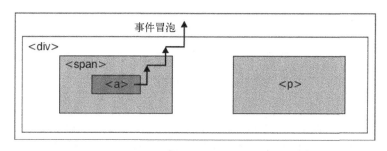

图　3-9

毫不奇怪，不同的浏览器开发者最初采用的是不同的事件传播模型。因而，最终出台的DOM标准规定应该同时使用这两种策略：首先，事件要从一般元素到具体元素逐层捕获，然后，事件再通过冒泡返回DOM树的顶层。而事件处理程序可以注册到这个过程中的任何一个阶段。

为了确保跨浏览器的一致性，而且也为了让人容易理解，jQuery始终会在模型的冒泡阶段注册事件处理程序。因此，我们总是可以假定最具体的元素会首先获得响应事件的机会。

3.3.2　事件冒泡的副作用

事件冒泡可能会导致始料不及的行为，特别是在错误的元素响应mouseover或mouseout事件的情况下。假设在我们的例子中，为<div>添加了一个mouseout事件处理程序。当用户的鼠标指针退出这个<div>时，会按照预期运行mouseout处理程序。因为这个过程发生在顶层元素上，所以其他元素不会取得这个事件。但是，当指针从<a>元素上离开时，<a>元素也会取得一个mouseout事件。然后，这个事件会向上冒泡到<span>和<div>，从而触发上述的事件处理程序。这种冒泡序列很可能不是我们所希望的。

而mouseenter和mouseleave事件，无论是单独绑定，还是在.hover()方法中组合绑定，都可以避免这些冒泡问题。在使用它们处理事件的时候，可以不用担心某些非目标元素得到mouseover或mouseout事件导致的问题。

刚才介绍的mouseout的问题说明了限制事件作用域的必要性。虽然.hover()可以处理这种特殊情况，但在其他情况下，我们可能还需要从空间（阻止事件发送到某些元素）和时间（阻止事件在某些时间段发送）上限制某个事件。

3.4　通过事件对象改变事件的旅程

我们在前面已经举例说明事件冒泡可能会导致问题的一种情形。为了展示一种.hover()也无能为力的情况[①]，需要改变前面实现的折叠行为。

假设我们希望增大触发样式转换器折叠或扩展的可单击区域。一种方案就是将事件处理程序从标签移至包含它的\<div\>元素。在代码清单3-9中，我们给#switcher h3添加了一个click处理程序，在这里我们要尝试给#switcher添加这个处理程序，如代码清单3-11所示。

代码清单3-11

```
//未完成的代码
$(document).ready(function() {
  $('#switcher').click(function() {
    $('#switcher button').toggleClass('hidden');
  });
});
```

这种改变会使样式转换器的整个区域都可以通过单击切换其可见性。但同时也造成了一个问题，即单击按钮会在修改内容区的样式之后折叠样式转换器。导致这个问题的原因就是事件冒泡，即事件首先被按钮处理，然后又沿着DOM树向上传递，直至到达\<div id="switcher"\>激活事件处理程序并隐藏按钮。

要解决这个问题，必须访问**事件对象**。事件对象是一种DOM结构，它会在元素获得处理事件的机会时传递给被调用的事件处理程序。这个对象中包含着与事件有关的信息（例如事件发生时的鼠标指针位置），也提供了可以用来影响事件在DOM中传递进程的一些方法。

事件对象的引用

要详细了解jQuery对事件对象及其属性的实现，请参考http://api.jquery.com/category/events/event-object/。

为了在处理程序中使用事件对象，需要为函数添加一个参数：

```
$(document).ready(function() {
  $('#switcher').click(function(event) {
    $('#switcher button').toggleClass('hidden');
  });
});
```

[①] 这种情况是指为元素的单击事件注册处理程序，而不是像前面那样为悬停事件注册处理程序。所以，这种情况下只能使用.click()方法，而不能使用.hover()方法。

注意，这里把事件对象命名为event，这主要是为了让大家一看就知道它是什么对象，不是必须这样命名的。就算你把它命名为flapjacks（煎饼），也没有任何问题。

3.4.1 事件目标

现在，事件处理程序中的变量event保存着事件对象。而event.target属性保存着发生事件的目标元素。这个属性是DOM API中规定的，但是没有在某些旧版本的浏览器中实现。jQuery对这个事件对象进行了必要的扩展，从而在任何浏览器中都能够使用这个属性。通过.target，可以确定DOM中首先接收到事件的元素（即实际被单击的元素）。而且，我们知道this引用的是处理事件的DOM元素，所以可以编写出代码清单3-12。

代码清单3-12

```
//未完成的代码
$(document).ready(function() {
  $('#switcher').click(function(event) {
    if (event.target == this) {
      $('#switcher button').toggleClass('hidden');
    }
  });
});
```

此时的代码确保了被单击的元素是<div id="switcher">[①]，而不是其他后代元素。现在，单击按钮不会再折叠样式转换器，而单击转换器背景区则会触发折叠操作。但是，单击标签（<h3>）同样什么也不会发生，因为它也是一个后代元素。实际上，我们可以不把检查代码放在这里，而是通过修改按钮的行为来达到目标[②]。

3.4.2 停止事件传播

事件对象还提供了一个.stopPropagation()方法，该方法可以完全阻止事件冒泡。与.target类似，这个方法也是一种基本的DOM特性，但在IE8及更早版本中则无法安全地使用[③]。不过，只要我们通过jQuery来注册所有的事件处理程序，就可以放心地使用这个方法。

下面，我们会删除刚才添加的检查语句event.target == this，并在按钮的单击处理程序中添加一些代码，参见代码清单3-13。

代码清单3-13

```
$(document).ready(function() {
$('#switcher').click(function(event) {
    $('#switcher button').toggleClass('hidden');
  });
```

---

① 即只有在<div id="switcher">被单击时才会执行样式转换器的折叠操作。

② 即单击标签和div元素就可以折叠，但单击按钮不会折叠的目标。

③ 这里指在IE中要阻止事件冒泡，需要将事件对象的cancelBubble属性设置为false。

```
});
$(document).ready(function() {
  $('#switcher-default').addClass('selected');
  $('#switcher button').click(function(event) {
    var bodyClass = this.id.split('-')[1];
    $('body').removeClass().addClass(bodyClass);
    $('#switcher button').removeClass('selected');
    $(this).addClass('selected');
    event.stopPropagation();
  });
});
```

同以前一样，需要为用作单击处理程序的函数添加一个参数，以便访问事件对象。然后，通过调用event.stopPropagation()就可以避免其他所有DOM元素响应这个事件。这样一来，单击按钮的事件会被按钮处理，而且只会被按钮处理。单击样式转换器的其他地方则可以折叠和扩展整个区域。

3.4.3 阻止默认操作

如果我们把单击事件处理程序注册到锚元素（<a>），而不是外层的<div>上，那么就要面对另外一个问题：当用户单击链接时，浏览器会加载一个新页面。这种行为与我们讨论的**事件处理程序**不是同一个概念，它是单击锚元素的**默认操作**。类似地，当用户在编辑完表单后按下回车键时，会触发表单的submit事件，在此事件发生后，表单提交才会真正发生。

即便在事件对象上调用.stopPropagation()方法也不能禁止这种默认操作，因为默认操作不是在正常的事件传播流中发生的。在这种情况下，.preventDefault()方法则可以在触发默认操作之前终止事件[①]。

> 在事件的环境中完成了某些验证之后，通常会用到.preventDefault()。例如，在表单提交期间，我们会对用户是否填写了必填字段进行检查，如果用户没有填写相应字段，那么就需要阻止默认操作。

事件传播和默认操作是相互独立的两套机制，在二者任何一方发生时，都可以终止另一方。如果想要同时停止事件传播和默认操作，可以在事件处理程序中返回false，这是对在事件对象上同时调用.stopPropagation()和.preventDefault()的一种简写方式。

3.4.4 事件委托

事件冒泡并不总是带来问题，也可以利用它为我们带来好处。**事件委托**就是利用冒泡的一项高级技术。通过事件委托，可以借助一个元素上的事件处理程序完成很多工作。

---

① 在IE中，要预防默认操作发生，需要将事件对象的returnValue属性设置为false。不过，在使用jQuery注册事件处理程序时不必考虑浏览器，只需使用文中提到的标准方法即可。

在我前面的例子中，只有3个`<div class="button">`元素注册了单击处理程序。假如我们想为更多元素注册处理程序怎么办？这种情况比我们想象的更常见。例如，有一个显示信息的大型表格，每一行都有一项需要注册单击处理程序。虽然不难通过隐式迭代来指定所有单击处理程序，但性能可能会很成问题，因为循环是由jQuery在内部完成的，而且要维护所有处理程序也需要占用很多内存。

为解决这个问题，可以只在DOM中的一个祖先元素上指定一个单击处理程序。由于事件会冒泡，未遭拦截的单击事件最终会到达这个祖先元素，而我们可以在此时再作出相应处理。

下面我们就以样式转换器为例（尽管其中的按钮数量还不至于使用这种方法），说明如何使用这种技术。从代码清单3-12中可以看到，当发生单击事件时，可以使用`event.target`属性检查鼠标指针下方是什么元素。下面是代码清单3-14。

代码清单3-14

```
$(document).ready(function() {
  $('#switcher').click(function(event) {
    if ($(event.target).is('button')) {
      var bodyClass = event.target.id.split('-')[1];
      $('body').removeClass().addClass(bodyClass);
      $('#switcher button').removeClass('selected');
      $(event.target).addClass('selected');
      event.stopPropagation();
    }
  });
});
```

这里使用了一个新方法，即`.is()`。这个方法接收一个选择符表达式（第2章介绍过），然后用选择符来测试当前的jQuery对象。如果集合中至少有一个元素与选择符匹配，`.is()`返回`true`。在这个例子中，`$(event.target).is('button')`测试被单击的元素是否包含`button`标签。如果是，则继续执行以前编写的那些代码——但有一个明显的不同，即此时的关键字`this`引用的是`<div id="switcher">`。换句话说，如果现在需要访问被单击的按钮，每次都必须通过`event.target`来引用。

is()与.hasClass()

要测试元素是否包含某个类，也可以使用另一个简写方法`.hasClass()`。不过，`.is()`方法则更灵活一些，它可以测试任何选择符表达式。

然而，以上代码还有一个不期而至的连带效果。当按钮被单击时，转换器会折叠起来，就像使用`.stopPropagation()`之前看到的效果一样。用于切换转换器可见性的处理程序，现在被绑定到了按钮上面。因此，阻止事件冒泡并不会影响切换发生。要解决这个问题，可以去掉对`.stopPropagation()`的调用，然后添加另一个`.is()`测试。同样，随着把整个转换器`<div>`变得可以单击，还应该在用户鼠标悬停时切换`hover`类，如代码清单3-15所示。

代码清单3-15

```
$(document).ready(function() {
  $('#switcher').hover(function() {
    $(this).addClass('hover');
  }, function() {
    $(this).removeClass('hover');
  });
});
$(document).ready(function() {
  $('#switcher').click(function(event) {
    if (!$(event.target).is('button')) {
      $('#switcher button').toggleClass('hidden');
    }
  });
});

$(document).ready(function() {
  $('#switcher-default').addClass('selected');
  $('#switcher').click(function(event) {
    if ($(event.target).is('button')) {
      var bodyClass = event.target.id.split('-')[1];
      $('body').removeClass().addClass(bodyClass);
      $('#switcher button').removeClass('selected');
      $(event.target).addClass('selected');
    }
  });
});
```

虽然这个例子的代码显得稍微复杂了一点，但随着带有事件处理程序的元素数量增多，使用事件委托终究还是正确的技术。此外，通过组合两个click事件处理程序并使用基于.is()测试的if-else语句，可以减少重复的代码，参见代码清单3-16。

代码清单3-16

```
$(document).ready(function() {
  $('#switcher-default').addClass('selected');
  $('#switcher').click(function(event) {
    if ($(event.target).is('button')) {
      var bodyClass = event.target.id.split('-')[1];
      $('body').removeClass().addClass(bodyClass);
      $('#switcher button').removeClass('selected');
      $(event.target).addClass('selected');
    } else {
      $('#switcher button').toggleClass('hidden');
    }
  });
});
```

以上代码仍然有进一步优化的余地，但目前这种情况已经是可以接受的了。不过，为了更深入地理解jQuery的事件处理，我们还要返回代码清单3-15，继续在那个版本上修改。

读者在本章后面可以看到，事件委托在另外一些情况下也很有用，例如通过DOM操作方法添加新元素（第5章）或在执行AJAX请求（第6章）时。

3.4.5　使用内置的事件委托功能

　　由于事件委托可以解决很多问题，所以jQuery专门提供了一组方法来实现事件委托。前面讨论过的.on()方法可以接受相应参数实现事件委托，如代码清单3-17所示：

代码清单3-17

```
$('#switcher').on('click', 'button', function() {
  var bodyClass = event.target.id.split('-')[1];
  $('body').removeClass().addClass(bodyClass);
  $('#switcher button').removeClass('selected');
  $(this).addClass('selected');
});
```

　　如果给.on()方法传入的第二个参数是一个选择符表达式，jQuery会把click事件处理程序绑定到#switcher对象，同时比较event.target和选择符表达式（这里的'button'）。如果匹配，jQuery会把this关键字映射到匹配的元素，否则不会执行事件处理程序。

　　关于.on()以及.delegate()和.undelegate()方法，我们还会在第10章详细介绍。

3.5　移除事件处理程序

　　有时候，我们需要停用以前注册的事件处理程序。可能是因为页面的状态发生了变化，导致相应的操作不再有必要。处理这种情形的一种典型做法，就是在事件处理程序中使用条件语句。但是，如果能够完全移除处理程序绑定显然更有效率。

　　假设我们希望折叠样式转换器在页面没有使用正常样式的情况下保持扩展状态，即当Narrow Column或Large Print按钮被选中时，单击样式转换器的背景区域不应该引发任何操作。为此，可以在单击非默认样式转换按钮时，调用.off()方法移除折叠处理程序，如代码清单3-18所示。

代码清单3-18

```
$(document).ready(function() {
  $('#switcher').click(function(event) {
    if (!$(event.target).is('button')) {
      $('#switcher button').toggleClass('hidden');
    }
  });

  $('#switcher-narrow, #switcher-large').click(function() {
    $('#switcher').off('click');
  });
});
```

现在，如果单击Narrow Column按钮，样式转换器（<div>）上的单击处理程序就会被移除。然后，再单击背景区域将不会导致它折叠起来。但是，按钮本身的作用却失效了！由于为使用事件委托而重写了按钮处理代码，因此按钮本身也带有样式转换器（<div>）的单击事件处理程序。换句话说，在调用$('#switcher').off('click')时，会导致按钮上绑定的两个事件处理程序都被移除。

3.5.1　为事件处理程序添加命名空间

显然，应该让对.off()的调用更有针对性，以避免把注册的两个单击处理程序全都移除。达成目标的一种方式是使用**事件命名空间**，即在绑定事件时引入附加信息，以便将来识别特定的处理程序。要使用命名空间，需要退一步使用绑定事件处理程序的非简写方法，即.on()方法本身。

我们为.on()方法传递的第一个参数，应该是想要截获的事件的名称。不过，在此可以使用一种特殊的语法形式，即对事件加以细分，参见代码清单3-19。

代码清单3-19

```
$(document).ready(function() {
  $('#switcher').on('click.collapse', function(event) {
    if (!$(event.target).is('button')) {
      $('#switcher button').toggleClass('hidden');
    }
  });
  $('#switcher-narrow, #switcher-large').click(function() {
    $('#switcher').off('click.collapse');
  });
});
```

对于事件处理系统而言，后缀.collapse是不可见的。换句话说，这里仍然会像编写.on('click')一样，让注册的函数响应单击事件。但是，通过附加的命名空间信息，则可以解除对这个特定处理程序的绑定，同时不影响为按钮注册的其他单击处理程序。

> 稍后读者就会看到，还有另一种可以让.off()调用更有针对性的方式。不过，事件命名空间却是很有用的工具。第11章将会介绍到，在创建插件时使用这个工具会特别方便。

3.5.2　重新绑定事件

现在单击Narrow Column或Large Print按钮，会导致样式转换器的折叠功能失效。可是，我们希望该功能在单击Default按钮时恢复。为此，应该在Default按钮被单击时，**重新绑定**事件处理程序。

首先，应该为事件处理程序起个名字，以便多次使用，参见代码清单3-20。

代码清单3-20

```
$(document).ready(function() {
  var toggleSwitcher = function(event) {
    if (!$(event.target).is('button')) {
      $('#switcher button').toggleClass('hidden');
    }
  };
  $('#switcher').on('click.collapse', toggleSwitcher);
});
```

我们注意到，这里使用了另一种定义函数的语法，即没有使用函数声明（前置function关键字），而是将一个**匿名函数表达式**指定给了一个**局部变量**。除了两点微妙的差异（但在这里并不存在）之外，无论使用哪种语法，它们的功能都是等价的。这里使用函数表达式只是为了从形式上让事件处理程序与其他函数定义显得类似。

而且，我们知道传递给.on()的第二个参数是一个函数引用。在此需要强调一点，使用命名函数时，必须省略函数名称后面的圆括号。圆括号会导致函数被**调用**，而非被**引用**。

在函数有了可以引用的名字之后，将来就可以再次绑定而无需重新定义它了，如代码清单3-21所示

代码清单3-21

```
//未完成的代码
$(document).ready(function() {
  var toggleSwitcher = function(event) {
    if (!$(event.target).is('button')) {
      $('#switcher button').toggleClass('hidden');
    }
  };
  $('#switcher').on('click.collapse', toggleSwitcher);
  $('#switcher-narrow, #switcher-large').click(function() {
    $('#switcher').off('click.collapse');
  });
  $('#switcher-default').click(function() {
    $('#switcher')
      .on('click.collapse', toggleSwitcher);
  });
});
```

这样，切换样式转换器的行为当文档加载后会被绑定。当单击Narrow Column或Large Print按钮时会解除绑定，而当此后再单击Normal按钮时，又会恢复绑定。

使用命名函数还有另外一个好处，即不必再使用事件命名空间。因为.off()可以将这个命名函数作为第二个参数，结果只会解除对特定处理程序的绑定。但这样就会遇到另一个问题，当在jQuery中把处理程序绑定到事件时，之前绑定的处理程序仍然有效。在这个例子中，每次点击**Normal**，就会有一个toggleSwitcher的副本被绑定到样式转换器。换句话说，在用户单击Narrow或Large Print之前（这样就可以一次性地解除对toggleSwitcher的绑定），每多单击一次都会多调用一次这个函数。

在绑定toggleSwitcher偶数次的情况下，单击样式转换器（不是按钮），好像一切都没有发生变化。事实上，这是因为切换了hidden类偶数次，结果状态与开始的时候相同。为了解决这个问题，可以在用户单击任意按钮时解除绑定，并在确定单击按钮的ID是switcher-default的情况下再重新绑定，参见代码清单3-22。

代码清单3-22

```
$(document).ready(function() {
  var toggleSwitcher = function(event) {
    if (!$(event.target).is('button')) {
      $('#switcher button').toggleClass('hidden');
    }
  };
  $('#switcher').on('click', toggleSwitcher);
  $('#switcher button').click(function() {
    $('#switcher').off('click', toggleSwitcher);
    if (this.id== 'switcher-default') {
      $('#switcher').on('click', toggleSwitcher);
    }
  });
});
```

对于只需触发一次，随后要立即解除绑定的情况也有一种简写方法——.one()，这个简写方法的用法如下：

```
$('#switcher').one('click', toggleSwitcher);
```

这样会使切换操作只发生一次，之后就再也不会发生。

3.6　模仿用户操作

有时候，即使某个事件没有真正发生，但如果能执行绑定到该事件的代码将会很方便。例如，假设我们想让样式转换器在一开始时处于折叠状态。那么，可以通过样式表来隐藏按钮，或者在$(document).ready()处理程序中调用.hide()方法。不过，还有一种方法，就是模拟单击样式转换器，以触发我们设定的折叠机制。

通过.trigger()方法就可以完成模拟事件的操作，如代码清单3-23所示。

代码清单3-23

```
$(document).ready(function() {
  $('#switcher').trigger('click');
});
```

这样，随着页面加载完成，样式转换器也会被折叠起来，就好像是被单击了一样。结果如图3-10所示。

如果我们想向禁用JavaScript的用户隐藏一些内容，以实现优雅降级，那么这就是一种非常合适的方式。

图 3-10

.trigger()方法提供了一组与.on()方法相同的简写方法。当使用这些方法而不带参数时，结果将是触发操作而不是绑定行为，如代码清单3-24所示。

代码清单3-24

```
$(document).ready(function() {
  $('#switcher').click();
});
```

响应键盘事件

作为另一个例子，我们还可以向样式转换器中添加键盘快捷方式。当用户输入每种显示样式的第一个字母时，可以让页面像响应按钮被单击一样作出响应。要实现这种功能，需要先了解**键盘事件**，键盘事件与**鼠标事件**稍有不同。

键盘事件可以分为两类：直接对键盘按键给出响应的事件（keyup和keydown）和对文本输入给出响应的事件（keypress）。输入一个字母的事件可能会对应着几个按键，例如输入大写的X要同时按Shift和X键。虽然各种浏览器的具体实现有所不同（毫不奇怪），但有一条实践经验还是比较可靠的：如果想知道用户按了哪个键，应该侦听keyup或keydown事件；如果想知道用户输入的是什么字符，应该侦听keypress事件。对于这里想要实现的功能而言，我们只想知道用户什么时候按下了D、N或L键，因而就要使用keyup。

接下来，需要确定哪个元素应该侦听这个事件。相对于可以通过鼠标指针确定事件目标的鼠标事件而言，这个细节就没有那么明显了。事实上，键盘事件的目标是当前拥有**键盘焦点**的元素。元素的焦点可能会在几种情况下转移，包括单击鼠标和按下Tab键。并非所有元素都可以获得焦点，只有那些默认情况下具有键盘驱动行为的元素，如表单字段、链接，以及指定了tabIndex属性的元素才可以获得焦点。

对于眼前的例子来说，哪个元素获得焦点其实并不重要，我们只想让转换器在用户按下某个键时能够有所反应。这一次，又可以利用事件冒泡了——因为可以假设所有键盘事件最终都会冒泡到document元素，所以可以把keyup事件直接绑定到该元素。

最后，需要在keyup处理程序被触发时知道用户按下了哪个键。此时可以检查相应的事件对象，事件对象的.which属性包含着被按下的那个键的标识符。对于字母键而言，这个标识符就是相应大写字母的ASCII值。因此，可以为字母和相应的按钮创建一个**对象字面量**。在用户按下某个键时，可以查找它的标识符是否在这个对象里，如果在则触发单击事件，参见代码清单3-25。

代码清单3-25

```
$(document).ready(function() {
  var triggers = {
    D: 'default',
    N: 'narrow',
    L: 'large'
  };
  $(document).keyup(function(event) {
    var key = String.fromCharCode(event.which);
    if (key in triggers) {
      $('#switcher-' + triggers[key]).click();
    }
  });
});
```

这样，按下这三个键中的任何一个，都会模拟鼠标对相应按钮的单击——前提是键盘事件没有被某些特性（例如Firefox的"在输入时搜索文本"功能）所截取。

除了使用`.trigger()`模拟单击外，下面我们再深入一步，看一看怎样把相关代码提取到一个函数中，以便更多处理程序（`click`和`keyup`）可以调用它。尽管在本例中没有必要这样做，但这种技术确实有利于消除冗余代码，参见代码清单3-26。

代码清单3-26

```
$(document).ready(function() {
  //在样式转换器按钮上启用悬停效果
  $('#switcher').hover(function() {
    $(this).addClass('hover');
  }, function() {
    $(this).removeClass('hover');
  });
  //让样式转换器能够扩展和折叠
  var toggleSwitcher = function(event) {
    if (!$(event.target).is('button')) {
      $('#switcher button').toggleClass('hidden');
    }
  };
  $('#switcher').on('click', toggleSwitcher);
  //模拟一次单击，以便开始时处理折叠状态
  $('#switcher').click();
  //setBodyClass()用于修改页面样式
  //样式转换器的状态也会被更新
  var setBodyClass = function(className) {
    $('body').removeClass().addClass(className);
    $('#switcher button').removeClass('selected');
    $('#switcher-' + className).addClass('selected');
```

```
      $('#switcher').off('click', toggleSwitcher);
      if (className == 'default') {
        $('#switcher').on('click', toggleSwitcher);
      }
    };
    //开始的时候先选中switcher-default按钮
    $('#switcher-default').addClass('selected');
    //映射键码和对应的按钮
    var triggers = {
      D: 'default',
      N: 'narrow',
      L: 'large'
    };
    //当按钮被单击时调用setBodyClass()
    $('#switcher').click(function(event) {
      if ($(event.target).is('button')) {
        var bodyClass = event.target.id.split('-')[1];
        setBodyClass(bodyClass);
      }
    });
    //当按下相应按键时调用setBodyClass()
    $(document).keyup(function(event) {
      var key = String.fromCharCode(event.keyCode);
      if (key in triggers) {
        setBodyClass(triggers[key]);
      }
    });
  });
```

最后这次修改整合了本章前面所有的代码示例。我们把整块代码都挪到了 `$(document).ready()` 处理程序中，代码看起来没有那么冗长了。

3.7　小结

本章学习了各种响应用户及浏览器发起事件的方法，包括如何在页面加载时安全地执行代码、如何处理单击链接和悬停按钮时的鼠标事件，以及如何截获按键输入。

此外，我们介绍了事件系统的内部机制，并据以实现了事件委托和改变事件行为。我们甚至都可以模仿用户发起事件。

基于这些技术，可以构建极具交互性的页面。下一章，我们学习如何在这些交互中给用户提供反馈。

延伸阅读

要了解有关选择符与遍历方法的完整介绍，请参考第9章或本书附录C或jQuery官方文档：http://api.jquery.com/。

3.8   练习

要完成以下练习，读者需要本章的index.html文件，以及complete.js中包含的已经完成的JavaScript代码。可以从Packt Publishing网站http://www.packtpub.com/support下载这些文件。

"挑战"练习有一些难度，完成这些练习的过程中可能需要参考jQuery官方文档：http://api.jquery.com/。

(1) 在Charles Dickens被单击时，给它应用selected样式。

(2) 在双击章标题（<h3 class="chapter-title">）时，切换章文本的可见性。

(3) 当用户按下向右方向键时，切换到下一个body类；右方向键的键码是39。

(4) **挑战**：使用console.log()函数记录在段落中移动的鼠标的坐标位置。（注意：console.log()可以在Firefox的firebug扩展、Safari的Web Inspector或Chrome、IE中的Developer Tools中使用。）

(5) **挑战**：使用.mousedown()和.mouseup()跟踪页面中的鼠标事件。如果鼠标按键在按下它的地方之上被释放，则为所有段落添加hidden类。如果是在按下它的地方之下被释放的，删除所有段落的hidden类。

第 4 章

样式与动画

4

如果说行胜于言，那么在JavaScript的世界里，效果则会令操作体验更胜一筹。通过jQuery，我们不仅能够轻松地为页面操作添加简单的视觉**效果**，甚至能创建更精致的**动画**。

jQuery效果确实能增添艺术性，一个元素逐渐滑入视野而不是突然出现时，带给人的美感是不言而喻的。此外，当页面发生变化时，通过效果吸引用户的注意力，则会显著增强页面的可用性（在Ajax应用程序中尤其常见）。

本章，我们将学习以下内容：

- ❑ 动态修改元素的样式；
- ❑ 通过各种内置效果隐藏和显示元素；
- ❑ 创建自定义的元素动画；
- ❑ 实现一个接一个的效果排队。

4.1 修改内联 CSS

在接触漂亮的jQuery效果之前，有必要先简单地谈一谈CSS。在前几章中，为了修改文档的外观，我们都是先在单独的样式表中为类定义好样式，然后再通过jQuery来添加或者移除这些类。一般而言，这都是为HTML应用CSS的首选方式，因为这种方式不会影响样式表负责处理页面表现的角色。但是，在有些情况下，可能我们要使用的样式没有在样式表中定义，或者通过样式表定义不是那么容易。针对这种情况，jQuery提供了`.css()`方法。

这个方法集getter（获取方法）和setter（设置方法）于一身。为取得某个样式属性的值，可以为这个方法传递一个字符串形式的属性名，然后同样得到一个字符串形式的属性值。要取得多个样式属性的值，可以传入属性名的数组，得到的则是属性和值构成的对象。对于`backgroundColor`这样由多个单词构成的属性名，jQuery既可以解释连字符版的CSS表示法（如`background-color`），也可以解释驼峰大小写形式（camel-cased）的DOM表示法（如`backgroundColor`）。

```
//取得单个属性的值
.css('property')
//返回"value"
```

```
//取得多个属性的值
.css(['property1', 'property-2'])
//返回{"property1": "value1", "property-2": "value2"}
```

在设置样式属性时，.css()方法能够接受的参数有两种，一种是为它传递一个单独的样式属性和值，另一种是为它传递一个由属性-值对构成的对象：

```
//单个属性及其值
.css('property', 'value')
```

```
//属性-值对构成的对象
.css({
  property1: 'value1',
  'property-2': 'value2'
})
```

这些键值的集合叫**对象字面量**，是在代码中直接创建的JavaScript对象。

对象字面量

一般来说，数字值不需要加引号而字符串值需要加引号。由于属性名是字符串，所以属性通常是需要加引号的。但是，如果对象字面量中的属性名是有效的JavaScript标识符，比如使用驼峰大小写形式的DOM表示法时，则可以省略引号。

使用.css()的方式与前面使用.addClass()的方式相同——将它连缀到jQuery对象后面，这个jQuery对象包含一组DOM元素。为此，我们仍以第3章的样式转换器为例，但这次使用的HTML稍有不同：

```html
<div id="switcher">
  <div class="label">Text Size</div>
  <button id="switcher-default">Default</button>
  <button id="switcher-large">Bigger</button>
  <button id="switcher-small">Smaller</button>
</div>
<div class="speech">
  <p>Fourscore and seven years ago our fathers brought forth
      on this continent a new nation, conceived in liberty,
      and dedicated to the proposition that all men are created
      equal.</p>
  ...
</div>
```

下载代码示例

如同本书其他HTML、CSS以及JavaScript示例一样，上面的标记只是完整文档的一个片段。如果读者想试一试这些示例，可以从以下地址下载完整的示例代码：Packt Publishing网站http://www.packtpub.com/support，或者本书网站http://book.learningjquery.com/。

在通过链接的样式表为这个文档添加了一些基本样式规则之后，初始的页面如图4-1所示。

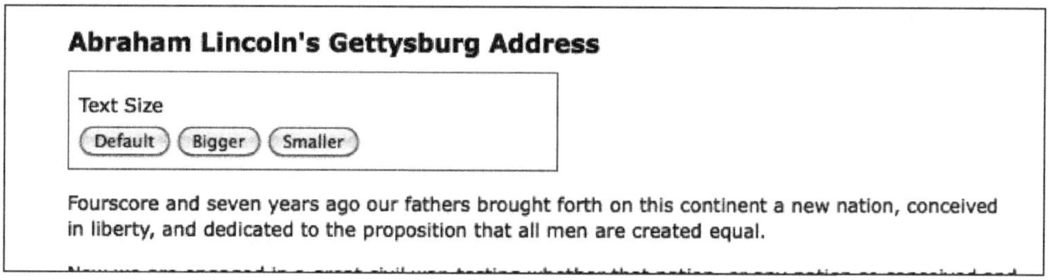

图　4-1

有了这些代码之后，单击Bigger和Smaller按钮，会增大或缩小<div class="speech">中文本的字体大小，而单击Default按钮，则会把<div class="speech">中文本的字体重置为初始大小。

4.1.1　设置计算的样式属性值

如果每次都增大或减小为预定的值，那么仍然可以使用.addClass()方法。但是，这次假设我们希望每单击一次按钮，文本的字体大小就会持续地递增或递减。虽然为每次单击定义一个单独的类，然后迭代这些类也是可能的，但更简单明了的方法是每次都以当前字体大小为基础，按照一个设定的系数（例如40%）来递增字体大小。

同以前一样，我们的代码仍然是从$(document).ready()和$('#switcher-large').click()事件处理程序开始，参见代码清单4-1。

代码清单4-1

```
$(document).ready(function() {
  $('#switcher-large').click(function() {
  });
});
```

接着，通过$('div.speech').css('fontSize')可以轻而易举地取得当前的字体大小。不过，由于返回的值中包含数字值及其单位（px），需要去掉单位部分才能执行计算。同样，在需要多次使用某个jQuery对象时，最好也把这个对象保存到一个变量中，从而达到**缓存数据**的目的。为此，就需要引入两个变量，参见代码清单4-2。

代码清单4-2

```
$(document).ready(function() {
  var $speech = $('div.speech');
  $('#switcher-large').click(function() {
    var num = parseFloat($speech.css('fontSize'));
  });
});
```

$(document).ready()中的第一行代码把<div class="speech">保存到一个变量中。注意变量名$speech中的$。由于$是JavaScript变量中合法的字符，因此可以利用它来提醒自己该变量中保存着一个jQuery对象。与PHP等编程语言不同，$符号在jQuery或者说JavaScript中没有特殊的含义。

在.click处理程序中，通过parseFloat()函数只取得字体大小属性中的数值部分。parseFloat()函数会在一个字符串中从左到右地查找一个浮点（十进制）数。例如，它会将字符串'12'转换成数字12。另外，它还会去掉末尾的非数字字符，因此'12px'就变成了12。如果字符串本身以一个非数字开头，那么parseFloat()会返回NaN，即Not a Number（非数字）。

至此，所剩的就是修改解析后的数值并根据新值来重设字号大小了。在这个例子中，我们要在每次按钮被单击时把字号增大40%。为此，可以将num乘以1.4，然后再连接num和'px'来设置字体大小，参见代码清单4-3。

代码清单4-3

```
$(document).ready(function() {
  var $speech = $('div.speech');
  $('#switcher-large').click(function() {
    var num = parseFloat($speech.css('fontSize'));
    num *= 1.4;
    $speech.css('fontSize', num + 'px');
  });
});
```

现在，当用户单击Bigger按钮时，文本会变大，再次单击，会继续变大，如图4-2所示。

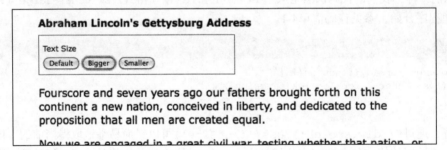

图 4-2

要通过单击Smaller按钮减小字体大小，应该使用除法而不是乘法，即num /= 1.4。同样，更好的方案是把对这两个按钮的单击操作，通过<div id="switcher">中的<button>元素组合到一个.click()处理程序中。在查找到数值后，再根据用户单击的按钮ID来决定使用乘法还是除法，如代码清单4-4。

代码清单4-4

```
$(document).ready(function() {
  var $speech = $('div.speech');
```

```
$('#switcher button').click(function() {
  var num = parseFloat($speech.css('fontSize'));
  if (this.id== 'switcher-large') {
    num *= 1.4;
  } else if (this.id== 'switcher-small') {
    num /= 1.4;
  }
  $speech.css('fontSize', num + 'px');
});
});
```

根据第3章学习的内容，我们知道可以访问由this引用的DOM元素的id属性，因而就有了if和else if语句中的代码。这里，如果仅测试属性的值，使用this显然要比创建jQuery对象更有效。

如果提供一种方式能够返回字体大小的初始值当然更好了。为了做到这一点，可以在DOM就绪后立即把字体大小保存在一个变量中。然后，当用户单击Default按钮时，再使用这个变量的值。虽然可以通过再添加一个else if语句来处理这次单击，但此时改用switch语句应该更合适，参见代码清单4-5。

代码清单4-5

```
$(document).ready(function() {
  var $speech = $('div.speech');
  var defaultSize = $speech.css('fontSize');
  $('#switcher button').click(function() {
    var num = parseFloat($speech.css('fontSize'));
    switch (this.id) {
      case 'switcher-large':
        num *= 1.4;
        break;
      case 'switcher-small':
        num /= 1.4;
        break;
      default:
        num = parseFloat(defaultSize);
    }
    $speech.css('fontSize', num + 'px');
  });
});
```

在此，仍然是检查this.id的值并据以改变字体大小，但如果它的值既不是'switcher-large'也不是'switcher-small'，那么就应该使用默认的初始字体大小。

4.1.2　带厂商前缀的样式属性

浏览器厂商在引入试验性的样式属性时，通常会在实现达到CSS规范要求之前，在属性名前面添加一个**前缀**。等到实现和规范都稳定之后，这些属性的前缀就会被去掉，让开发人员使用标准的名称。因此，我们经常会在样式表里看到一些类似下面这样的CSS声明：

```
-webkit-property-name: value;
-moz-property-name: value;
-ms-property-name: value;
-o-property-name: value;
property-name: value;
```

如果想在 JavaScript 中设置这些属性，需要提前检测它们在 DOM 中是否存在，从 propertName 到 WebkitPropertyName，再到 msPropertyName……都要检测。但在 jQuery 中，我们可以直接使用标准的属性名，比如：.css('propertyName', 'value')。如果样式对象中不存在这个属性，jQuery 就会依次检测所有带前缀（Webkit、O、Moz、ms）的属性，然后使用第一个找到的那个属性。

4.2　隐藏和显示元素

基本的 .hide() 和 .show() 方法不带任何参数。可以把它们想象成类似 .css('display', 'string') 方法的简写方式，其中 string 是适当的显示值。不错，这两个方法的作用就是立即隐藏或显示匹配的元素集合，不带任何动画效果。

其中，.hide() 方法会将匹配的元素集合的**内联 style 属性**设置为 display:none。但它的聪明之处是，它能够在把 display 的值变成 none 之前，记住原先的 display 值，通常是 block、inline 或 inline-block。恰好相反，.show() 方法会将匹配的元素集合的 display 属性，恢复为应用 display: none 之前的可见属性。

关于 display 属性

要了解有关 display 属性及其不同的值在网页中的视觉表现，请访问 Mozilla Developer Center 的相关页面，网址为 https://developer.mozilla.org/en/CSS/display/，或到 https://developer.mozilla.org/samples/cssref/display.html 查看相关示例。

.show() 和 .hide() 的这种特性，使得它们非常适合隐藏那些默认的 display 属性在样式表中被修改的元素。例如，在默认情况下，<li> 元素具有 display:list-item 属性。但是，为了构建水平的导航菜单，它们可能会被修改成 display:inline。而在类似这样的 <li> 元素上面使用 .show() 方法，不会简单地把它重置为默认的 display:list-item，因为那样会把 <li> 元素放到单独的一行中；相反，.show() 方法会把它恢复为先前的 display:inline 状态，从而维持水平的菜单设计。

要示范这两个方法，最明显的例子就是在前面的 HTML 中再添加一个新段落，然后在第一个段落末尾加上一个 read more 链接：

```
<div class="speech">
  <p>Fourscore and seven years ago our fathers brought forth
      on this continent a new nation, conceived in liberty,
      and dedicated to the proposition that all men are
      created equal.
  </p>
```

```
<p>Now we are engaged in a great civil war, testing whether
    that nation, or any nation so conceived and so dedicated,
    can long endure. We are met on a great battlefield of
    that war. We have come to dedicate a portion of that
    field as a final resting-place for those who here gave
    their lives that the nation might live. It is altogether
    fitting and proper that we should do this. But, in a
    larger sense, we cannot dedicate, we cannot consecrate,
    we cannot hallow, this ground.
</p>
<a href="#" class="more">read more</a>
    ...
</div>
```

当DOM就绪时，选择一个元素并调用.hide()方法，参见代码清单4-6。

代码清单4-6

```
$(document).ready(function() {
  $('p').eq(1).hide();
});
```

这里的.eq()方法与第2章中讨论的:eq()伪类相似。这个方法返回jQuery对象，其中包含一个元素（索引从0开始）。在这个例子中，.eq()方法选择第二个段落并隐藏该段落，结果看起来如图4-3所示。

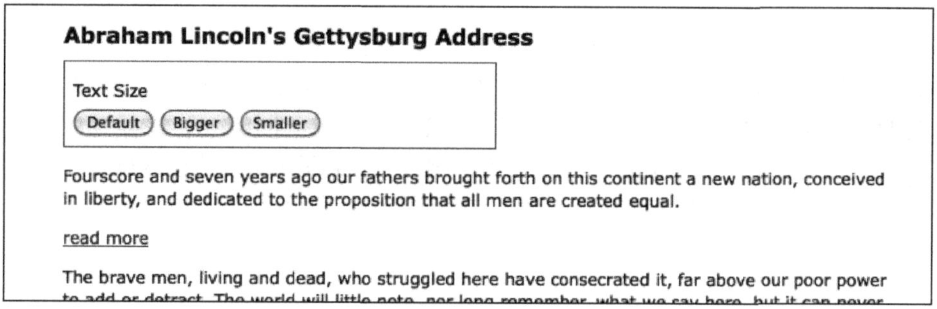

图　4-3

然后，当用户单击第一段末尾read more链接时，就会隐藏该链接同时显示第二个段落，参见代码清单4-7。

代码清单4-7

```
$(document).ready(function() {
  $('p').eq(1).hide();
  $('a.more').click(function(event) {
    event.preventDefault();
    $('p').eq(1).show();
    $(this).hide();
  });
});
```

注意，这里使用了 `.preventDefault()` 来避免链接的默认操作，此时的讲话文本如图4-4所示。

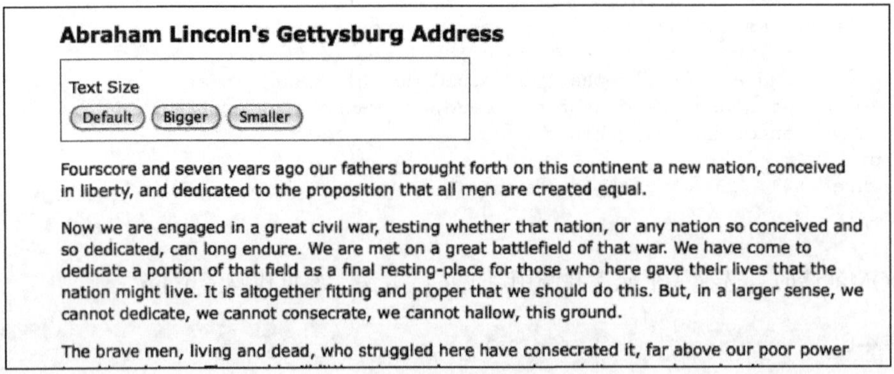

Abraham Lincoln's Gettysburg Address

Text Size
(Default) (Bigger) (Smaller)

Fourscore and seven years ago our fathers brought forth on this continent a new nation, conceived in liberty, and dedicated to the proposition that all men are created equal.

Now we are engaged in a great civil war, testing whether that nation, or any nation so conceived and so dedicated, can long endure. We are met on a great battlefield of that war. We have come to dedicate a portion of that field as a final resting-place for those who here gave their lives that the nation might live. It is altogether fitting and proper that we should do this. But, in a larger sense, we cannot dedicate, we cannot consecrate, we cannot hallow, this ground.

The brave men, living and dead, who struggled here have consecrated it, far above our poor power

图　4-4

虽然 `.hide()` 和 `.show()` 方法简单实用，但它们没有那么花哨。为了增添更多的艺术感，我们可以为它们指定速度。

4.3　效果和时长

当在 `.show()` 或 `.hide()` 中指定时长（或更准确地说，一个**速度**）参数时，就会产生动画效果，即效果会在一个特定的时间段内发生。例如 `.hide('duration')` 方法，会同时减少元素的高度、宽度和不透明度，直至这3个属性的值都达到0，与此同时会为该元素应用CSS规则 `display:none`。而 `.show(' duration ')` 方法则会从上到下增大元素的高度，从左到右增大元素的宽度，同时从0到1增加元素的不透明度，直至其内容完全可见。

4.3.1　指定显示速度

对于jQuery提供的任何效果，都可以指定两种预设的速度参数：`'slow'` 和 `'fast'`。使用 `.show('slow')` 会在600毫秒（0.6秒）内完成效果，而 `.show('fast')` 则是200毫秒（0.2秒）。如果传入的是其他字符串，jQuery就会在默认的400毫秒内完成效果。要指定更精确的速度，可以使用毫秒数值，例如 `.show(850)`。注意，与字符串表示的速度参数名称不同，数值不需要使用引号。

下面，我们就为《林肯盖提斯堡演说辞》（*Lincoln's Gettysburg Address*）的第2段指定显示速度，如代码清单4-8所示。

代码清单4-8

```
$(document).ready(function() {
  $('p').eq(1).hide();
```

```
$('a.more').click(function(event) {
  event.preventDefault();
  $('p').eq(1).show('slow');
  $(this).hide();
});
});
```

当我们在效果完成大约一半时捕获段落的外观时，会看到类似图4-5所示的结果。

图 4-5

4.3.2 淡入和淡出

虽然使用.show()和.hide()方法在某种程度上可以创造漂亮的效果，但其效果有时候也可能会显得过于花哨。考虑到这一点，jQuery也提供了两个更为精细的内置动画方法。如果想在显示整个段落时，只是逐渐地增大其不透明度，那么可以使用.fadeIn('slow')方法，参见代码清单4-9。

代码清单4-9

```
$(document).ready(function() {
  $('p').eq(1).hide();
  $('a.more').click(function(event) {
    event.preventDefault();
    $('p').eq(1).fadeIn('slow');
    $(this).hide();
  });
});
```

这一次如果捕获到段落显示到一半时的外观，则会变成如图4-6所示的效果。

最近两次效果的差别在于，.fadeIn()会在一开始设置段落的尺寸，以便内容能够逐渐显示出来。类似地，要逐渐减少不透明度，可以使用.fadeOut()。

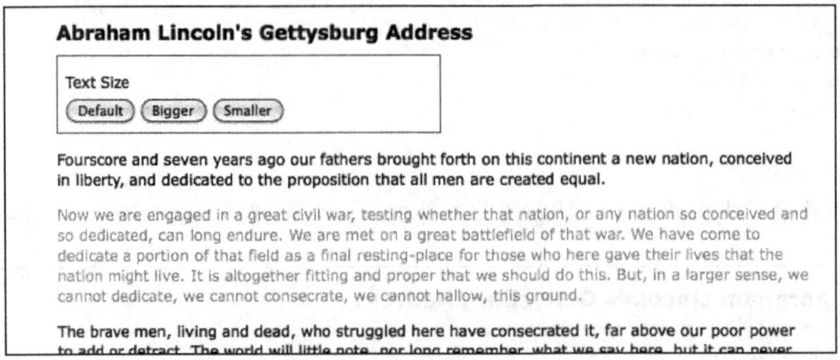

图 4-6

4.3.3 滑上和滑下

对于本来就处于文档流之外的元素，比较适合使用淡入和淡出动画。例如，对于那些覆盖在页面之上的"亮盒"元素来说，采用淡入和淡出就显得很自然。不过，假如某个元素本来就处在文档流中，那再调用.fadeIn()就会导致文档"跳一下"，以便为新元素腾出地方来。但这种跳跃感在用户眼里就不总是那么美观了。

此时，使用jQuery的.slideDown()和.slideUp()方法通常是正确的选择。这两个动画方法仅改变元素的高度。要让段落以垂直滑入的效果出现，可以像代码清单4-10这样调用.slideDown('slow')。

代码清单4-10

```
$(document).ready(function() {
  $('p').eq(1).hide();
  $('a.more').click(function(event) {
    event.preventDefault();
    $('p').eq(1).slideDown('slow');
    $(this).hide();
  });
});
```

处在动画过程当中的段落如图4-7所示。

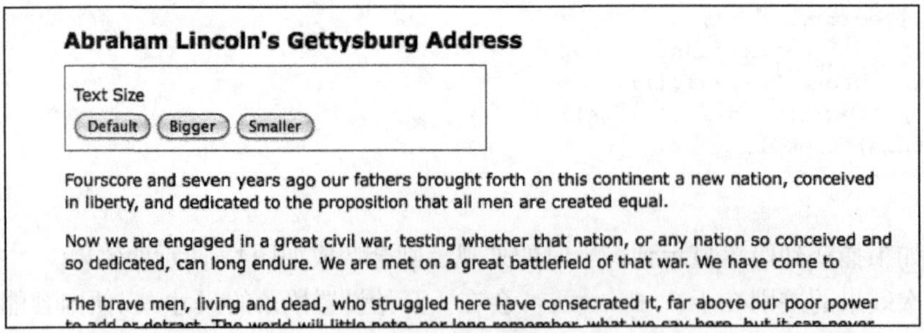

图 4-7

要实现相反的动画效果，应该调用.slideUp()。

4.3.4 切换可见性

有时候，我们需要切换某些元素的可见性，而不像前面例子中那样只把它们显示出来。要实现切换，可以先检查匹配元素的可见性，然后再添加适当的方法。在此，仍然以淡入淡出效果为例，可以把示例脚本修改为如代码清单4-11所示。

代码清单4-11

```
$(document).ready(function() {
  var $firstPara = $('p').eq(1);
  $firstPara.hide();
  $('a.more').click(function(event) {
    event.preventDefault();
    if ($firstPara.is(':hidden')) {
      $firstPara.fadeIn('slow');
      $(this).text('read less');
    } else {
      $firstPara.fadeOut('slow');
      $(this).text('read more');
    }
  });
});
```

与我们在本章前面所做的一样，首先**缓存**选择符以避免重复遍历DOM。而且，这里也不再隐藏被单击的链接，而是修改它的文本。

 为检测和修改元素中包含的文本，这里使用了.text()方法。第5章在介绍DOM操作时还将进一步讨论这个方法。

使用if else语句切换元素的可见性是非常自然的方式。但通过jQuery复合效果方法，却不一定非要使用这个条件语句（尽管在这个例子中，需要条件语句来修改链接的文本）。jQuery提供了一个.toggle()方法，该方法的作用类似于.show()和.hide()方法，而且与它们一样的是，.toggle()方法时长参数也是可选的。另一个复合方法是.slideToggle()，该方法通过逐渐增加或减少元素高度来显示或隐藏元素。代码清单4-12是使用.slideToggle()方法的脚本。

代码清单4-12

```
$(document).ready(function() {
  var $firstPara = $('p').eq(1);
  $firstPara.hide();
  $('a.more').click(function(event) {
    event.preventDefault();
    $firstPara.slideToggle('slow');
    var $link = $(this);
```

```
    if ($link.text() == 'read more') {
      $link.text('read less');
    } else {
      $link.text('read more');
    }
  });
});
```

为不重复$(this)，我们把它保存在了$link变量中。同样，条件语句检查的是链接的文本而非第二个段落的可见性，因为我们只利用它来修改文本。

4.4　创建自定义动画

除了预置的效果方法外，jQuery还提供了一个强大的.animate()方法，用于创建控制更加精细的自定义动画。.animate()方法有两种形式，第一种形式接收以下4个参数。

- ❑ 一个包含样式属性及值的**对象**：与本章前面讨论的.css()方法中的参数类似。
- ❑ 可选的**时长参数**：既可以是预置的字符串，也可以是毫秒数值。
- ❑ 可选的**缓动**（easing）**类型**：现在我们先不介绍，这是第11章中将要讨论的一个高级选项。
- ❑ 可选的**回调函数**：将在本章后面讨论。

把这4个参数放到一起，结果如下所示：

```
.animate({property1: 'value1', property2: 'value2'},
duration, easing, function() {
    alert('The animation is finished.');
  }
);
```

第二种形式接受两个参数，一个属性对象和一个选项对象：

```
.animate({properties}, {options})
```

实际上，这里的第二个参数是把第一种形式的第2~4个参数封装在了另一个对象中，同时又添加了两个选项。考虑到可读性并调整了换行之后，调用第二种形式的方法的代码如下：

```
.animate({
  property1: 'value1',
  property2: 'value2'
}, {
  duration: 'value',
  easing: 'value',
  specialEasing: {
    property1: 'easing1',
    property2: 'easing2'
  },
  complete: function() {
    alert('The animation is finished.');
  },
  queue: true,
  step: callback
});
```

现在，我们使用第一种形式的`.animate()`方法，但在本章后面介绍排队效果时会使用其第二种形式。

4.4.1 手工创建效果

现在，我们已经介绍了几个用于显示和隐藏元素的预定义方法。为了讨论`.animate()`方法，有必要看一看怎么通过这个低级接口来实现与调用`.slideToggle()`相同的效果。在此，我们把前面例子中调用`.slideToggle()`方法的代码替换成了自定义动画代码，参见代码清单4-13。

代码清单4-13

```
$(document).ready(function() {
  var $firstPara = $('p').eq(1);
  $firstPara.hide();
  $('a.more').click(function(event) {
    event.preventDefault();
    $firstPara.animate({height: 'toggle'}, 'slow');
    var $link = $(this);
    if ($link.text() == 'read more') {
      $link.text('read less');
    } else {
      $link.text('read more');
    }
  });
});
```

 这对于`.slideToggle()`来说并不是一个非常恰当的例子。该方法实际也可以对元素的内外边距加以变换。

通过这个例子可以看出，`.animate()`方法针对CSS属性提供了方便简写值：`'show'`、`'hide'`和`'toggle'`，以便在简写方法不适用时提供另一种简化`.slideToggle()`等内置效果方法的方式。

4.4.2 一次给多个属性添加动画效果

使用`.animate()`方法可以同时修改多个CSS属性。例如，要在切换第二个段落时，创建一个同时具有滑动和淡入淡出效果的动画，只需在`.animate()`方法的属性对象参数中添加一个`height`属性值-对即可，参见代码清单4-14。

代码清单4-14

```
$(document).ready(function() {
  var $firstPara = $('p').eq(1);
  $firstPara.hide();
  $('a.more').click(function(event) {
    event.preventDefault();
    $firstPara.animate({
      opacity: 'toggle',
```

```
      height: 'toggle'
    }, 'slow');
    var $link = $(this);
    if ($link.text() == 'read more') {
      $link.text('read less');
    } else {
      $link.text('read more');
    }
  });
});
```

此外，不仅可以在简写效果方法中使用样式属性，也可以使用其他CSS属性，如：`left`、`top`、`fontSize`、`margin`、`padding`和`borderWidth`。还记得改变演讲段落文本大小的脚本吗？要实现同样的文本大小变化动画，只要把`.css()`方法替换成`.animate()`方法即可，参见代码清单4-15。

代码清单4-15

```
$(document).ready(function() {
  var $speech = $('div.speech');
  var defaultSize = $speech.css('fontSize');
  $('#switcher button').click(function() {
    var num = parseFloat($speech.css('fontSize'));
    switch (this.id) {
      case 'switcher-large':
        num *= 1.4;
        break;
      case 'switcher-small':
        num /= 1.4;
        break;
      default:
        num = parseFloat(defaultSize);
    }
    $speech.animate({fontSize: num + 'px'}, 'slow');
  });
});
```

再使用其他属性，则可以创造出更复杂的效果。例如，可以在把某个项从页面左侧移动到右侧的同时，让该项的高度增加20像素并使其边框宽度增加到5像素。下面，我们就把这个效果应用于`<div id="switcher">`盒子。图4-8显示了应用效果之前的画面。

Abraham Lincoln's Gettysburg Address

Text Size

[Default] [Bigger] [Smaller]

Fourscore and seven years ago our fathers brought forth on this continent a new nation, conceived in liberty, and dedicated to the proposition that all men are created equal.

图 4-8

在可变宽度的布局中,需要计算盒子在与页面右侧对齐之前应该移动的距离。假设段落宽度为100%,可以从段落宽度中减去Text Size盒子的宽度。我们使用jQuery的.outWidth()方法来计算宽度,包括内边距及边框宽度。我们还使用这个方法计算转换器新的left属性。对于这个例子而言,我们打算通过单击按钮上面的Text Size文本来触发动画,参见代码清单4-16。

代码清单4-16

```
$(document).ready(function() {
  $('div.label').click(function() {
    var paraWidth = $('div.speech p').outerWidth();
    var $switcher = $(this).parent();
    var switcherWidth = $switcher.outerWidth();
    $switcher.animate({
      borderWidth: '5px',
      left: paraWidth - switcherWidth,
      height: '+=20px'
    }, 'slow');
  });
});
```

在此,有必要详细解释一下这些动画属性。首先,borderWidth属性很明显,只要给它指定一个常量值加一个单位即可,就像在样式表中一样。其次,left属性是计算的数值。这些属性值的单位后缀是可选的,如果不指定,就会默认以px作为单位。最后,height属性使用我们以前没有遇到过的语法,其中属性值前面的+=操作符表示相对值。在这里表示的意思不是以动画方式变化到20像素,而是在原来基础上再以动画方式变化20像素。因为涉及特殊字符问题,所以必须以字符串形式指定相对值,也就是说必须把值放到一对引号内。

此时的代码虽然能够增加相应<div>的高度,并加宽其边框,但还不能改变其left位置属性。此时外观如图4-9所示。

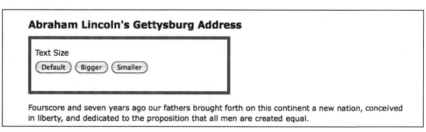

图 4-9

最终,还是需要通过修改CSS来支持对位置属性的修改。

通过CSS定位

在使用.animate()方法时,必须明确CSS对我们要改变的元素所施加的限制。例如,在元素的CSS定位没有设置成relative或absolute的情况下,调整left属性对于匹配的元素毫无作用。所有块级元素默认的CSS定位属性都是static,这个值精确地表明:在改变元素的定位属性之前试图移动它们,它们只会保持静止不动。

要了解与绝对（absolute）和相对（relative）定位有关的更多信息，请参考Joe Gillespie的文章 "Absolutely Relative"（http://www.wpdfd.com/issues/78/absolutely_relative/）。

打开样式表，我们注意到其中已经为`<div id="switcher">`容器和个别的按钮设置了相对的定位：

```
#switcher {
  position: relative;
}
```

不过，我们要演示的还是使用JavaScript来根据需要修改这个属性，以便了解jQuery的功能，参见代码清单4-17。

代码清单4-17

```
$(document).ready(function() {
  $('div.label').click(function() {
    var paraWidth = $('div.speech p').outerWidth();
    var $switcher = $(this).parent();
    var switcherWidth = $switcher.outerWidth();
    $switcher.css({
      position: 'relative'
    }).animate({
      borderWidth: '5px',
      left: paraWidth - switcherWidth,
      height: '+=20px'
    }, 'slow');
  });
});
```

在有了CSS的定位支持之后，单击Text Size，最终完成的效果将如图4-10所示。

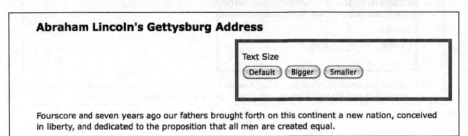

图　4-10

4.5　并发与排队效果

通过刚才的例子，可以看出`.animate()`方法在为一组特定的元素创建并发效果时非常有用。然而，有的时候我们需要的则是排队效果，即让效果一个接一个地发生。

4.5.1 处理一组元素

当为同一组元素应用多重效果时，可以通过连缀这些效果轻易地实现排队。为了示范排队效果，我们仍以代码清单4-17为例，移动Text Size盒子、增加其高度、加宽其边框。不过，这次我们相继地执行这三个效果——很简单，只要把它们分别放在.animate()方法中并连缀起来即可，参见代码清单4-18。

代码清单4-18

```
$(document).ready(function() {
  $('div.label').click(function() {
    var paraWidth = $('div.speech p').outerWidth();
    var $switcher = $(this).parent();
    var switcherWidth = $switcher.outerWidth();
    $switcher
      .css({position: 'relative'})
      .animate({left: paraWidth - switcherWidth}, 'slow')
      .animate({height: '+=20px'}, 'slow')
      .animate({borderWidth: '5px'}, 'slow');
  });
});
```

虽然连缀允许我们把这两个.animate()方法放在同一行，但为了更好的可读性，这里故意将它们分开放在了各自的一行中。

通过使用连缀，可以对其他任何jQuery效果进行排队，而并不限于.animate()方法。比如说，我们可以按照下列顺序对<div id="switcher">上的效果进行排队。

(1) 通过.fadeTo()将其不透明度减退为0.5。

(2) 通过.animate()将其移动到右侧。

(3) 通过.fadeTo()将其渐增回完全不透明。

(4) 通过.slideUp()隐藏它。

(5) 通过.slideDown()再将其显示出来。

我们所要做的，就是在代码中按照相同的顺序连缀这些效果，如代码清单4-19所示。

代码清单4-19

```
$(document).ready(function() {
  $('div.label').click(function() {
    var paraWidth = $('div.speech p').outerWidth();
    var $switcher = $(this).parent();
    var switcherWidth = $switcher.outerWidth();
    $switcher
      .css({position: 'relative'})
      .fadeTo('fast', 0.5)
      .animate({left: paraWidth - switcherWidth}, 'slow')
      .fadeTo('slow', 1.0)
      .slideUp('slow')
```

```
      .slideDown('slow');
  });
});
```

1. 越过队列

不过，要是想在这个<div>不透明度减退至一半的同时，把它移动到右侧应该怎么办呢？如果两个动画以相同速度执行，则可以简单地把它们组合到一个.animate()方法中。但这个例子中的.fadeTo()使用的速度字符串是'fast'，而向右移动的动画使用的速度字符串是'slow'。在这种情况下，第二种形式的.animate()方法又可以派上用场了，参见代码清单4-20。

代码清单4-20

```
$(document).ready(function() {
  $('div.label').click(function() {
    var paraWidth = $('div.speech p').outerWidth();
    var $switcher = $(this).parent();
    var switcherWidth = $switcher.outerWidth();
    $switcher
      .css({position: 'relative'})
      .fadeTo('fast', 0.5)
      .animate({
        left: paraWidth - switcherWidth
      }, {
        duration: 'slow',
        queue: false
      })
      .fadeTo('slow', 1.0)
      .slideUp('slow')
      .slideDown('slow');
  });
});
```

第二个参数（即选项对象）包含了queue选项，把该选项设置为false即可让当前动画与前一个动画同时开始。

2. 手工队列

有关为一组元素应用排队效果的最后一个需要注意的问题，就是排队不能自动应用到其他的非效果方法，如.css()。下面，假设我们想在.slideUp()执行后但在.slideDown()执行前，把<div id="switcher">的背景颜色修改为红色，可以尝试像代码清单4-21这样来做。

代码清单4-21

```
//未完成的代码
$(document).ready(function() {
  $('div.label').click(function() {
    var paraWidth = $('div.speech p').outerWidth();
    var $switcher = $(this).parent();
    var switcherWidth = $switcher.outerWidth();
    $switcher
      .css({position: 'relative'})
```

```
    .fadeTo('fast', 0.5)
    .animate({
      left: paraWidth - switcherWidth
    }, {
      duration: 'slow',
      queue: false
    })
    .fadeTo('slow', 1.0)
    .slideUp('slow')
    .css({backgroundColor: '#f00'})
    .slideDown('slow');
  });
});
```

然而，即使把修改背景颜色的代码放在连缀序列中正确的位置上，它也会在单击后立即执行。
把非效果方法添加到队列中的一种方式，就是使用.queue()方法。代码清单4-22就是在这
个例子中使用.queue()方法的代码片段。

代码清单4-22

```
$(document).ready(function() {
  $('div.label').click(function() {
    var paraWidth = $('div.speech p').outerWidth();
    var $switcher = $(this).parent();
    var switcherWidth = $switcher.outerWidth();
    $switcher
      .css({position: 'relative'})
      .fadeTo('fast', 0.5)
      .animate({
        left: paraWidth - switcherWidth
      }, {
        duration: 'slow',
        queue: false
      })
      .fadeTo('slow', 1.0)
      .slideUp('slow')
      .queue(function(next) {
        $switcher.css({backgroundColor: '#f00'});
        next();
      })
      .slideDown('slow');
  });
});
```

像这样传递一个**回调函数**，.queue()方法就可以把该函数添加到相应元素的效果队列中。
在这个函数内部，我们把背景颜色设置为红色，然后又调用了next()方法，其返回的结果将作
为参数传给回调函数。添加的这个next()方法可以让队列在中断的地方再接续起来，然后再与
后续的.slideDown ('slow')连缀在一起。如果在此不使用next()方法，动画就会中断。

要了解有关.queue()方法的更多信息，读者可以参考http://api.jquery.com/
category/effects/。

在下面讨论多组元素的效果之后，我们会介绍另一种向队列中添加非效果方法的方式。

4.5.2 处理多组元素

与一组元素的情况不同，当为不同组的元素应用效果时，这些效果几乎会同时发生。为了示范这种并发的效果，我们可以在向上滑出一个段落时，向下滑入另一个段落。首先，要用到示例文档中的如下三、四段文本：

```
<p>Fourscore and seven years ago our fathers brought forth
    on this continent a new nation, conceived in liberty,
    and dedicated to the proposition that all men are
    created equal.</p>
<p>Now we are engaged in a great civil war, testing whether
    that nation, or any nation so conceived and so
    dedicated, can long endure. We are met on a great
    battlefield of that war. We have come to dedicate a
    portion of that field as a final resting-place for those
    who here gave their lives that the nation might live. It
    is altogether fitting and proper that we should do this.
    But, in a larger sense, we cannot dedicate, we cannot
    consecrate, we cannot hallow, this ground.</p>
<a href="#" class="more">read more</a>
<p>The brave men, living and dead, who struggled here have
    consecrated it, far above our poor power to add or
    detract. The world will little note, nor long remember,
    what we say here, but it can never forget what they did
    here. It is for us the living, rather, to be dedicated
    here to the unfinished work which they who fought here
    have thus far so nobly advanced.</p>
<p>It is rather for us to be here dedicated to the great
    task remaining before us&mdash; that from these honored
    dead we take increased devotion to that cause for which
    they gave the last full measure of devotion&mdash; that
    we here highly resolve that these dead shall not have
    died in vain&mdash; that this nation, under God, shall
    have a new birth of freedom and that government of the
    people, by the people, for the people, shall not perish
    from the earth.</p>
```

接着，为了更清楚地看到效果发生期间的变化，我们为第三段和第四段分别添加1像素宽的边框和灰色的背景。同时，在DOM就绪时立即隐藏第4段，参见代码清单4-23。

代码清单4-23

```
$(document).ready(function() {
    $('p').eq(2).css('border', '1px solid #333');
    $('p').eq(3).css('backgroundColor', '#ccc').hide();
});
```

这样，示例文档会显示开始的段落，然后是read more链接和带边框的段落，如图4-11所示。

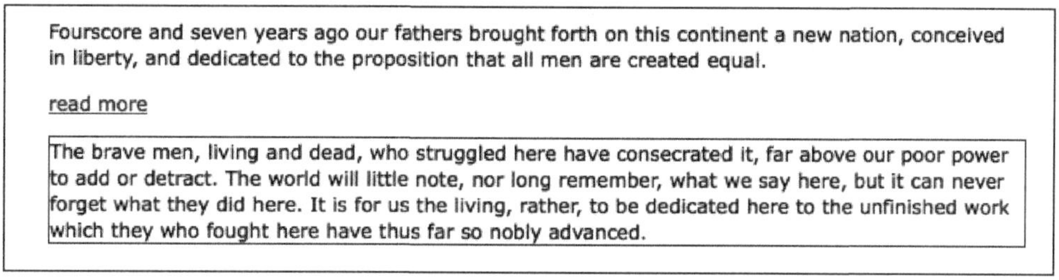

Fourscore and seven years ago our fathers brought forth on this continent a new nation, conceived in liberty, and dedicated to the proposition that all men are created equal.

read more

The brave men, living and dead, who struggled here have consecrated it, far above our poor power to add or detract. The world will little note, nor long remember, what we say here, but it can never forget what they did here. It is for us the living, rather, to be dedicated here to the unfinished work which they who fought here have thus far so nobly advanced.

图 4-11

最后，为第三段添加click处理程序，以便单击它时会将第3段向上滑（最终滑出视图），同时将第4段向下滑（最终滑入视图），参见代码清单4-24。

代码清单4-24

```
$(document).ready(function() {
  $('p').eq(2)
    .css('border', '1px solid #333')
    .click(function() {
      $(this).slideUp('slow').next().slideDown('slow');
    });
  $('p').eq(3).css('backgroundColor', '#ccc').hide();
});
```

通过截取到的这两个滑动效果变化过程中的屏幕截图，如图4-12所示，可以证实，它们确实是同时发生的。

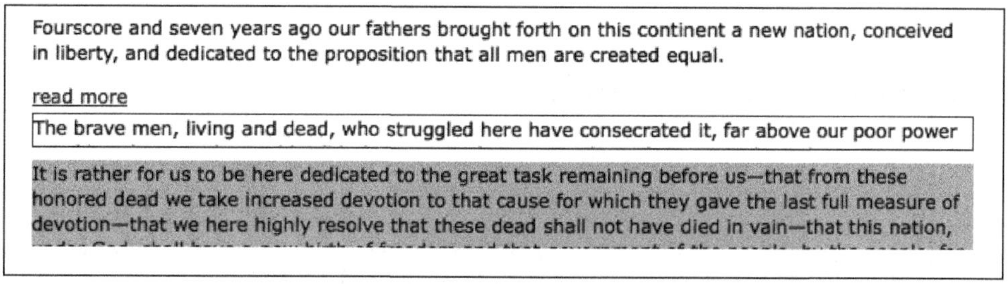

Fourscore and seven years ago our fathers brought forth on this continent a new nation, conceived in liberty, and dedicated to the proposition that all men are created equal.

read more

The brave men, living and dead, who struggled here have consecrated it, far above our poor power

It is rather for us to be here dedicated to the great task remaining before us—that from these honored dead we take increased devotion to that cause for which they gave the last full measure of devotion—that we here highly resolve that these dead shall not have died in vain—that this nation,

图 4-12

原来可见的第三个段落，正处于向上滑到一半的状态；与此同时，原来隐藏的第四个段落，正处于向下滑到一半的状态。

排队回调函数

为了对不同元素上的效果实现排队，jQuery为每个效果方法都提供了**回调函数**。同我们在事件处理程序和.queue()方法中看到的一样，回调函数就是作为方法的参数传递的一个普通函数。在效果方法中，它们是方法的最后一个参数。

当使用回调函数排队两个滑动效果时，可以在第3个段落滑上之前，先将第4个段落滑下。首先，我们看一看怎样通过回调函数设置.slideDown()方法，如代码清单4-25所示。

代码清单4-25

```
$(document).ready(function() {
  $('p').eq(2)
    .css('border', '1px solid #333')
    .click(function() {
      $(this).next().slideDown('slow', function() {
        $(this).slideUp('slow');
      });
    });
  $('p').eq(3).css('backgroundColor', '#ccc').hide();
});
```

不过，这里我们需要注意的是，必须搞清楚要滑上的到底是哪个段落。因为回调函数位于.slideDown()方法中，所以$(this)的**环境**已经发生了改变。现在，$(this)已经不再是指向.click()的第三个段落了——由于.slideDown()方法是通过$(this).next()调用的，所以该方法中的一切现在都将$(this)视为下一个同辈元素，即第四个段落。因而，如果在回调函数中放入$(this).slideUp('slow')，那么我们最终还会把刚刚显示出来的段落给隐藏起来。

可靠地引用$(this)的一种简单方法，就是在.click()方法内部把它保存到一个变量中，比如var $clickedItem = $(this)。

这样，无论是在回调函数的外部还是内部，$clickedItem引用的都是第三个段落。使用了新变量之后的代码，参见代码清单4-26。

代码清单4-26

```
$(document).ready(function() {
  $('p').eq(2)
    .css('border', '1px solid #333')
    .click(function() {
      var $clickedItem = $(this);
      $clickedItem.next().slideDown('slow', function() {
        $clickedItem.slideUp('slow');
      });
    });
  $('p').eq(3).css('backgroundColor', '#ccc').hide();
});
```

 在.slideDown()的回调函数内部使用$clickedItem取决于闭包。我们将在附录A中详细地讨论这个重要但又不太好理解的闭包。

这次效果中途的屏幕截图如图4-13所示，第三段和第四段同时都是可见的，而且，第四段已经完成下滑，第三段刚要开始上滑。

既然讨论了回调函数，那么就可以回过头来基于代码清单4-22解决在接近一系列效果结束时改变背景颜色的问题了。这次，我们不像前面那样使用.queue()方法，而是使用回调函数，如代码清单4-27所示。

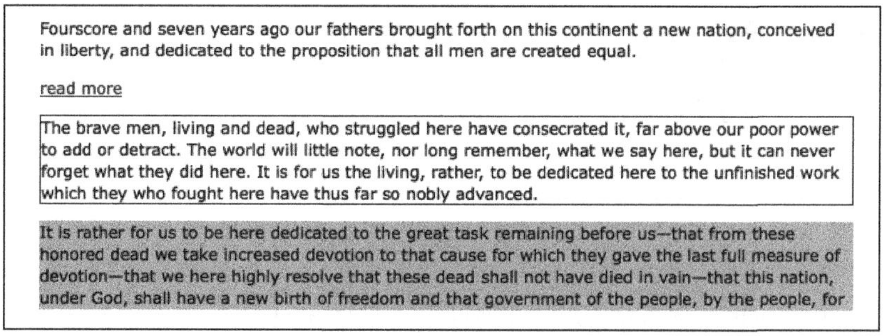

Fourscore and seven years ago our fathers brought forth on this continent a new nation, conceived in liberty, and dedicated to the proposition that all men are created equal.

read more

The brave men, living and dead, who struggled here have consecrated it, far above our poor power to add or detract. The world will little note, nor long remember, what we say here, but it can never forget what they did here. It is for us the living, rather, to be dedicated here to the unfinished work which they who fought here have thus far so nobly advanced.

It is rather for us to be here dedicated to the great task remaining before us—that from these honored dead we take increased devotion to that cause for which they gave the last full measure of devotion—that we here highly resolve that these dead shall not have died in vain—that this nation, under God, shall have a new birth of freedom and that government of the people, by the people, for

图 4-13

代码清单4-27

```
$(document).ready(function() {
  $('div.label').click(function() {
    var paraWidth = $('div.speech p').outerWidth();
    var $switcher = $(this).parent();
    var switcherWidth = $switcher.outerWidth();
    $switcher
      .css({position: 'relative'})
      .fadeTo('fast', 0.5)
      .animate({
        left: paraWidth - switcherWidth
      }, {
        duration: 'slow',
        queue: false
      })
      .fadeTo('slow', 1.0)
      .slideUp('slow', function() {
        $switcher.css({backgroundColor: '#f00'});
      })
      .slideDown('slow');
  });
});
```

同前面一样，`<div id="switcher">`的背景颜色在它滑上之后滑下之前，变成了红色。注意，在使用交互的完成回调函数而不是`.queue()`时，不必在回调中调用`next()`。

4.5.3 简单概括

随着在应用效果时需要考虑的变化的增多，要记住这些效果是同时发生还是按顺序发生会变得越来越困难。因此，下面简单的概括可能会对你有所帮助。

(1) 一组元素上的效果：

当在一个`.animate()`方法中以多个属性的方式应用时，是**同时**发生的；

当以方法连缀的形式应用时，是**按顺序**发生的（排队效果）——除非`queue`选项值为`false`。

(2) 多组元素上的效果：

　　默认情况下是同时发生的；

　　当在另一个效果方法或者在.queue()方法的回调函数中应用时，是按顺序发生的（排队
　　效果）。

4.6　小结

通过使用本章介绍的效果方法，读者应该能够通过JavaScript来修改行内样式属性，为元素应用预定义的jQuery效果，创建自定义动画。特别地，我们学习了使用.css()或.animate()来渐进地增大或减小文本的大小，通过修改多个属性来逐渐显示和隐藏页面元素。此外，还学习了通过许多方式，同时地或相继地为多个元素实现动画效果。

在本书前面四章中，所有例子都只涉及了操作硬编码到页面的HTML中的元素。在第5章中，我们会探索直接操作DOM，包括使用jQuery来创建新元素的方式，以及把它们插入到选择的DOM结构中。

延伸阅读

我们会在第11章更深入地探讨动画效果。要了解有关选择符与遍历方法的完整介绍，请参考本书附录C或jQuery官方文档：http://api.jquery.com/。

4.7　练习

要完成以下练习，读者需要本章的index.html文件，以及complete.js中包含的已经完成的JavaScript代码。可以从Packt Publishing网站http://www.packtpub.com/support下载这些文件。

"挑战"练习有一些难度，完成这些练习的过程中可能需要参考jQuery官方文档：http://api.jquery.com/。

(1) 修改样式表，一开始先隐藏页面内容，当页面加载后，慢慢地淡入内容；

(2) 在鼠标悬停到段落上面时，给段落应用黄色背景；

(3) 单击标题（<h2>）使其不透明度变为25%，同时添加20px的左外边距，当这两个效果完成后，把讲话文本变成50%的不透明度；

(4) 挑战：按下方向键时，使样式转换器向相应的方向平滑移动20像素；四个方向键的键码分别是37（左）、38（上）、39（右）和40（下）。

第 5 章

操作DOM

所谓Web体验，就是Web服务器与Web浏览器之间合作的结果。过去，都是由服务器生成HTML文档，然后浏览器负责解释并显示该文档。后来，正如我们所看到的，这种情况发生了变化，我们可以用CSS技术来动态修改页面的外观。然而，要想把JavaScript的威力真正发挥出来，还得学会修改文档本身。

本章将学习以下内容：

□ 利用DOM提供的接口修改文档；

□ 在网页中根据需要创建元素和文本；

□ 移动或删除元素；

□ 通过添加、删除或修改它们的属性来实现文档内容的变换。

5.1 操作属性

在本书前4章里，我们经常使用.addClass()和.removeClass()方法来示范如何改变页面上元素的外观。虽然我们一般会说这两个方法在操作类属性，但jQuery实际上是在操作DOM中的className属性。换句话说，.addClass()方法创建或增加这个属性，而.removeClass()则删除或缩短该属性。而具备了这两种操作的.toggleClass()方法能够交替地添加和移除类。这样，我们就具有了处理类的一种有效而可靠的方式。这些方法特别有用，因为它们可以在某个类已经存在的情况下不添加该类（例如，不会出现<div class="first first">的情况），也可以正确处理给一个元素应用多个类的情况（比如<div class="first second">）。

5.1.1 非类属性

有时候，我们还需要操作其他一些属性，比如id、rel和title属性。jQuery为此也提供了.attr()和.removeAttr()方法。这些方法让修改属性变成了小菜一碟。此外，通过jQuery还可以一次修改多个属性，同我们在第4章中使用.css()方法修改多个CSS属性的方式类似。

比如，我们可一次性修改链接的id、rel和title属性。首先来看一看我们例子中的HTML代码：

```html
<h1 id="f-title">Flatland: A Romance of Many Dimensions</h1>
<div id="f-author">by Edwin A. Abbott</div>
<h2>Part 1, Section 3</h2>
<h3 id="f-subtitle">
   Concerning the Inhabitants of Flatland
</h3>
<div id="excerpt">an excerpt</div>
<div class="chapter">
  <p class="square">Our Professional Men and Gentlemen are
   Squares (to which class I myself belong) and Five-Sided
   Figures or <a
   href="http://en.wikipedia.org/wiki/Pentagon">Pentagons
   </a>.
  </p>
  <p class="nobility hexagon">Next above these come the
   Nobility, of whom there are several degrees, beginning at
   Six-Sided Figures, or <a
   href="http://en.wikipedia.org/wiki/Hexagon">Hexagons</a>,
   and from thence rising in the number of their sides till
   they receive the honourable title of <a
   href="http://en.wikipedia.org/wiki/Polygon">Polygonal</a>,
   or many-Sided. Finally when the number of the sides
   becomes so numerous, and the sides themselves so small,
   that the figure cannot be distinguished from a <a
   href="http://en.wikipedia.org/wiki/Circle">circle</a>, he
   is included in the Circular or Priestly order; and this is
   the highest class of all.
  </p>
  <p><span class="pull-quote">It is a <span class="drop">Law
   of Nature</span> with us that a male child shall have
   <strong>one more side</strong> than his father</span>, so
   that each generation shall rise (as a rule) one step in
   the scale of development and nobility. Thus the son of a
   Square is a Pentagon; the son of a Pentagon, a Hexagon;
   and so on.
  </p>
<!-- . . . code continues . . . -->
</div>
```

下载代码示例

如同本书其他HTML、CSS以及JavaScript示例一样，上面的标记只是完整文档的一个片段。如果读者想试一试这些示例，可以从以下地址下载完整的示例代码：Packt Publishing网站http://www.packtpub.com/support，或者本书网站http://book.learningjquery.com/。

对于以上HTML，我们可以循环遍历<div class="chapter">中的每个链接，并逐个为它们添加属性。如果只想为所有链接设置一个公共的属性值，那么在$(document).ready处理程序中通过一行代码即可完成这一操作，如代码清单5-1所示。

代码清单5-1

```
$(document).ready(function() {
  $('div.chapter a').attr({rel: 'external'});
});
```

与`.css()`方法很相似，`.attr()`方法也接受一对参数，第一个是属性名，第二个是属性值。不过，更常用的方式还是传入一个包含键值对的**对象**，如代码清单5-1所示。使用对象可以轻松地扩展，以便一次性地修改多个属性，如代码清单5-2所示。

代码清单5-2

```
$(document).ready(function() {
  $('div.chapter a').attr({
    rel: 'external',
    title: 'Learn more at Wikipedia'
  });
});
```

值回调

如果我们想让每个匹配的元素都具有相同的一个或多个属性值，那么只要给`.attr()`传入一个静态的对象即可。不过，更常见的情况是为每个元素添加或修改的属性都必须具有不同的值。例如，对于任何给定的文档，如果要保证JavaScript代码有效，那么每个id属性的值必须唯一。要为每个链接设置唯一的id，可以使用jQuery的`.css()`和`.each()`方法的另一个特性：**值回调**。

值回调其实就是给参数传入一个函数，而不是传入具体的值。这个函数会针对匹配的元素集中的每个元素都调用一次，调用后的返回值将作为属性的值。例如，可以使用值回调来为每个元素生成唯一的id值，参见代码清单5-3。

代码清单5-3

```
$(document).ready(function() {
  $('div.chapter a').attr({
    rel: 'external',
    title: 'Learn more at Wikipedia',
    id: function(index, oldValue) {
      return 'wikilink-' + index;
    }
  });
});
```

每次触发值回调，都会给它传入两个参数。第一个是一个整数，表示迭代次数，我们在此利用这个值为第一个链接生成的id是wikilink-0，为第二个链接生成的id是wikilink-1，以此类推。代码清单5-3并没有用到第二个参数，这个参数中保存的是修改之前属性的值。

我们是通过title属性来邀请人们学习维基百科中的术语的。在我们目前为止使用的HTML中，所有链接都指向维基百科。不过，考虑到其他链接，还应该把选择符表达式定义得更具体一些，参见代码清单5-4。

代码清单5-4

```
$(document).ready(function() {
  $('div.chapter a[href*="wikipedia"]').attr({
    rel: 'external',
    title: 'Learn more at Wikipedia',
    id: function(index, oldValue) {
      return 'wikilink-' + index;
    }
  });
});
```

为了把 .attr() 方法的使用讲得更透彻，下面演示怎么让这些链接的 title 属性更具体地包含链接的目标。同样，解决这个问题还是要使用值回调，参见代码清单5-5。

代码清单5-5

```
$(document).ready(function() {
  $('div.chapter a[href*="wikipedia"]').attr({
    rel: 'external',
    title: function() {
      return 'Learn more about ' + $(this).text()
        + ' at Wikipedia.';
    },
    id: function(index, oldValue) {
      return 'wikilink-' + index;
    }
  });
});
```

这一次我们利用了值回调的上下文。就像在事件处理程序中一样，在值回调函数中，this 关键字指向每次调用回调时正在操作的那个 DOM 元素。在此，我们把这个元素封装为 jQuery 对象，这样就可通过 .text() 方法（第4章介绍过）来取得链接的文档内容了。结果，每个链接的 title 属性都给出了具体的提示信息，非常贴心。

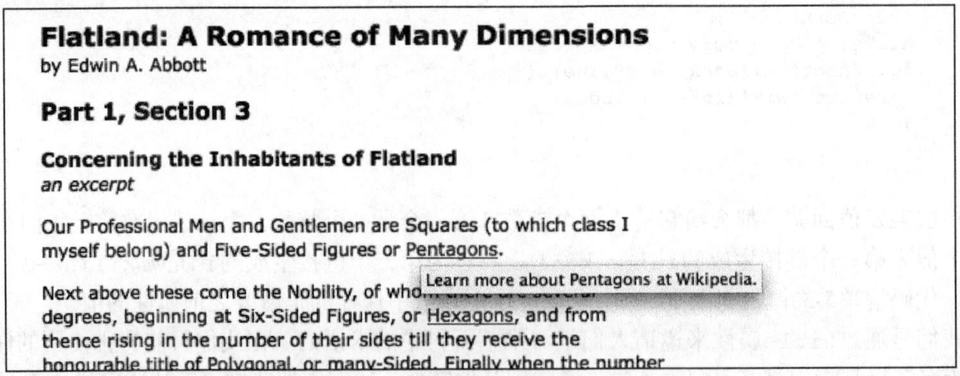

Flatland: A Romance of Many Dimensions
by Edwin A. Abbott

Part 1, Section 3

Concerning the Inhabitants of Flatland
an excerpt

Our Professional Men and Gentlemen are Squares (to which class I myself belong) and Five-Sided Figures or <u>Pentagons</u>.

Next above these come the Nobility, of who~~m there are several~~
Learn more about Pentagons at Wikipedia.
degrees, beginning at Six-Sided Figures, or <u>Hexagons</u>, and from thence rising in the number of their sides till they receive the honourable title of Polygonal, or many-Sided. Finally when the number

图　5-1

5.1.2 DOM元素属性

我们曾在前面简单提到过，HTML属性与DOM属性有一点区别。HTML属性是指页面标记中放在引号中的值，而DOM属性则是指通过JavaScript能够存取的值。如图5-2所示，通过Chrome的开发人员工具可以看到HTML属性和DOM属性值。

图 5-2

在Chrome开发人员工具的Elements检查器中，可以清楚地看到\<p\>元素有一个名为class的属性，值为square。而在右侧面板中，这个属性有一个对应的DOM属性，名为className，值也是square。这种HTML属性与对应的DOM属性名字不相同的情况并不多，而这里就是一个例子。

大多数情况下，HTML属性与对应的DOM属性的作用都是一样的，jQuery可以帮我们处理名字不一致的问题。可是，有时候我们的确需要留意这两种属性的差异。某些DOM属性，例如nodeName、nodeType、selectedIndex和childNodes，在HTML中没有对应的属性，因此通过.attr()方法就没有办法操作它们。此外，数据类型方面也存在差异，比如HTML中的checked属性是一个字符串，而DOM中的checked属性则是一个布尔值。对于**布尔值属性**，最后是测试DOM属性而不是HTML属性，以确保跨浏览器的一致行为。

在jQuery中，可以通过.prop()方法取得和设置DOM属性：

```
//取得"checked"属性的当前值
var currentlyChecked = $('.my-checkbox').prop('checked');
//设置"checked"属性的值
$('.my-checkbox').prop('checked', false);
```

这个.prop()方法与.attr()方法没有什么不同，比如它们都可以一次性接受一个包含多个值的对象，也支持值回调函数。

5.1.3   表单控件的值

HTML属性与DOM属性差别最大的地方，恐怕就要数表单控件的值了。比如，文本输入框的value属性在DOM中的属性叫defaultValue，DOM中就没有value属性。而选项列表（select）元素呢，其选项的值在DOM中通常是通过selectedIndex属性，或者通过其选项元素的selected属性来取得。

由于存在这些差异，在取得和设置表单控件的值时，最好不要使用.attr()方法。而对于选项列表呢，最好连.prop()方法也不要使用。那使用什么呢，建议使用jQuery提供的.val()方法：

```
//取得文本输入框的当前值
var inputValue = $('#my-input').val();
//取得选项列表的当前值
var selectValue = $('#my-select').val();
//设置单选列表的值
$('#my-single-select').val('value3');
//设置多选列表的值
$('#my-multi-select').val(['value1', 'value2']);
```

与.attr()和.prop()一样，.val()方法也可以接受一个函数作为其setter参数。有了这个多用途的.val()方法，使用jQuery做Web开发你又会倍感高效。

5.2   DOM 树操作

刚才介绍的.attr()和.prop()方法都是在修改文档时的得力工具。但我们还没有涉及怎样修改DOM文档的结构。要想操作DOM树本身，需要再深入了解一下jQuery库的核心函数。

5.2.1   重新认识$()函数

从本书开始到现在，我们一直在使用$()函数来访问文档中的元素。这个函数就像一个工厂，它能够生成一个jQuery对象，指向CSS选择符所描述的一组元素。

然而，除了选择元素之外，$()函数的圆括号内还有另外一个玄机——这个强大的特性使得$()函数不仅能够改变页面的视觉外观，更能改变页面中实际的内容。只要在这对圆括号中放入一组HTML元素，就能轻而易举地改变整个DOM结构。

关于可访问性的提示

再次重申，无论什么时候都不应该忘记，我们添加的所有功能、视觉效果或者文本性的信息，只有在可以使用（并启用了）JavaScript的Web浏览器中才能正常有效。但是，重要的信息应该对所有人都是可以访问的，而不应该只针对使用了正确的软件的人。

5.2.2　创建新元素

在FAQ页面中，一个常见的功能是出现在每一对"问题–答案"后面的back to top（返回页面顶部）链接。通常，这些链接并没有语义上的价值，因而可以合理地通过JavaScript来生成它们，将它们作为访问者所浏览页面的一个增强的子功能。在我们的例子中，需要为每个段落后面添加一个back to top链接，而且，也需要添加作为back to top链接返回目标的锚。首先，我们来创建新元素，参见代码清单5-6。

代码清单5-6

```
//未完成的代码
$(document).ready(function() {
  $('<a href="#top">back to top</a>');
  $('<a id="top"></a>');
});
```

第一行代码中创建了back to top链接，而第二行代码则为这个链接创建了一个作为目标的锚。但是，页面中还没有出现back to top链接。图5-3是此时页面的外观。

```
Our Professional Men and Gentlemen are Squares (to which class I
myself belong) and Five-Sided Figures or Pentagons.

Next above these come the Nobility, of whom there are several
degrees, beginning at Six-Sided Figures, or Hexagons, and from
thence rising in the number of their sides till they receive the
honourable title of Polygonal, or many-Sided. Finally when the number
of the sides becomes so numerous, and the sides themselves so
small, that the figure cannot be distinguished from a circle, he is
included in the Circular or Priestly order; and this is the highest class
of all.

It is a Law of Nature with us that a male child shall have one more
```

图　5-3

虽然前面的两行代码创建了新的元素，但是还没有把它们添加页面中。为此，我们可以选择使用jQuery提供的众多插入方法中的一种。

5.2.3　插入新元素

jQuery提供了很多将元素插入到文档中的方法。每一种方法的名字都表明了新内容与已有内容之间的关系。例如，我们想把back to top链接插入到每个段落后面，因此就可以使用 .insertAfter()方法，参见代码清单5-7。

代码清单5-7

```
//未完成的代码
$(document).ready(function() {
  $('<a href="#top">back to top</a>').insertAfter('div.chapter p');
  $('<a id="top"></a>');
});
```

在将链接实际地插入到页面（也插入到DOM）中之后，`<div class="chapter">`中的每个段落后面，都应该出现back to top链接，如图5-4所示。

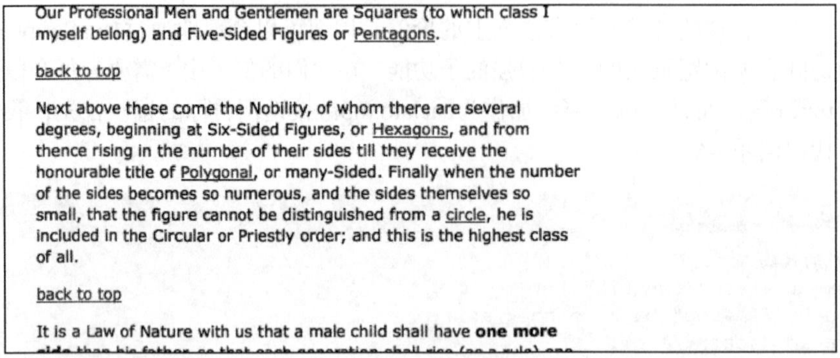

> **Our Professional Men and Gentlemen are Squares (to which class I myself belong) and Five-Sided Figures or <u>Pentagons</u>.**
>
> <u>back to top</u>
>
> Next above these come the Nobility, of whom there are several degrees, beginning at Six-Sided Figures, or <u>Hexagons</u>, and from thence rising in the number of their sides till they receive the honourable title of <u>Polygonal</u>, or many-Sided. Finally when the number of the sides becomes so numerous, and the sides themselves so small, that the figure cannot be distinguished from a <u>circle</u>, he is included in the Circular or Priestly order; and this is the highest class of all.
>
> <u>back to top</u>
>
> It is a Law of Nature with us that a male child shall have **one more**

图   5-4

我们注意到，新链接出现在单独的一行中，并没有出现在段落内部。这是因为`insertAfter()`方法及其对应的`.insertBefore()`方法，都是在指定的元素外部插入新内容。

不过，现在的链接还不能用。因此，我们需要再插入`id="top"`的锚。要插入这个锚，可以选用一种在其他元素中插入元素的方法，参见代码清单5-8。

代码清单5-8

```
$(document).ready(function() {
    $('<a href="#top">back to top</a>').insertAfter('div.chapter p');
    $('<a id="top"></a>').prependTo('body');
});
```

新增的代码在`<body>`的开头，也就是页面的顶部插入了锚元素。在通过`.insertAfter()`方法插入链接和`.prependTo()`方法插入锚之后，这个页面就具备了完备的**back to top**链接。

如果再算上`.appendTo()`方法，那我们就已经知道了在其他元素前、后插入新内容的一套方案。

- ❏ `.insertBefore()`在现有元素外部、之前添加内容；
- ❏ `.prependTo()`在现有元素内部、之前添加内容；
- ❏ `.appendTo()`在现有元素内部、之后添加内容；
- ❏ `.insertAfter()`在现有元素外部、之后添加内容。

5.2.4 移动元素

在back to top链接的例子中，我们创建了新元素并把它们插入到了页面上。此外，也可以取得页面中某个位置上的元素，将它们插入到另一个位置上。动态地放置并格式化脚注，就是这种插入操作在实际中的一种应用。现在，Flatland的原始文本中已经包含了一个这样的脚注，但为了示范这种应用，下面我们还需要将文本其他几个部分指定为脚注：

```
<p>How admirable is the Law of Compensation! <span
   class="footnote">And how perfect a proof of the natural
   fitness and, I may almost say, the divine origin of the
   aristocratic constitution of the States of Flatland!</span>
   By a judicious use of this Law of Nature, the Polygons and
   Circles are almost always able to stifle sedition in its
   very cradle, taking advantage of the irrepressible and
   boundless hopefulness of the human mind.&hellip;
</p>
```

这个HTML文档中包含三个脚注，上面这个段落里包含一个。脚注的文本包含在段落的文本中，通过`<span class="footnote"></span>`隔开。通过以这种方式来标记HTML，能够保持脚注在上下文中的关系。在为脚注应用了斜体样式规则后，这个段落的外观如图5-5所示。

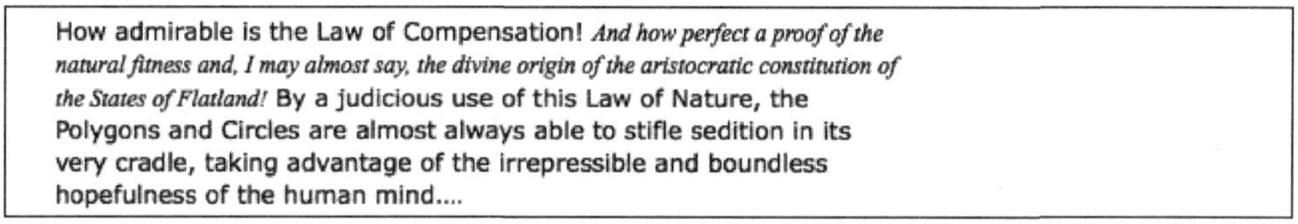

> How admirable is the Law of Compensation! *And how perfect a proof of the natural fitness and, I may almost say, the divine origin of the aristocratic constitution of the States of Flatland!* By a judicious use of this Law of Nature, the Polygons and Circles are almost always able to stifle sedition in its very cradle, taking advantage of the irrepressible and boundless hopefulness of the human mind....

图　5-5

接下来，需要提取出这些脚注，然后把它们插入到文档的底部，具体来说，就是插入到`<div class="chapter">`和`<div id = "footer">`之间。

不过，这里我们要记住的一点是，即使是在隐式迭代的情况下，插入的顺序也是预定义的，即从DOM树的上方开始向下依次插入。由于维持脚注在页面上新位置中的顺序很重要，所以我们应该使用`.insertBefore('#footer')`。这样，footnote 1会被放在`<div class=" chapter">`和`<div id="footer">`之间，footnote 2会被放在footnote 1和`<div id="footer">`之间，然后依此类推。但是，如果在这里使用`.insertAfter('div.chapter')`，那么脚注的次序就会颠倒。

因此，当前的代码应该如代码清单5-9所示。

代码清单5-9

```
$(document).ready(function() {
  $('span.footnote').insertBefore('#footer');
});
```

由于脚注放在`<span>`标签中，这就意味着它们在默认情况下应该显示为行内盒子，因此会导致这3个脚注前后相连，从视觉上无法将它们区分开来。不过，我们已经使用CSS解决了这个问题，即将处于`<div class="chapter">`外部的`span.footnote`元素的`display`属性设置为`block`。

这样，我们的脚注就具备了雏形，如图5-6所示。

至少，它们现在可以从视觉上明显地分开。然而，围绕这些脚注还有很多后续工作要做。更加健壮的一种脚注方案应该：

(1) 为每个标注编号；

(2) 在正文中标出提取脚注的位置，使用脚注的编号；

(3) 在文本中的位置上创建一个指向对应脚注的链接，在脚注中创建返回文本位置的链接。

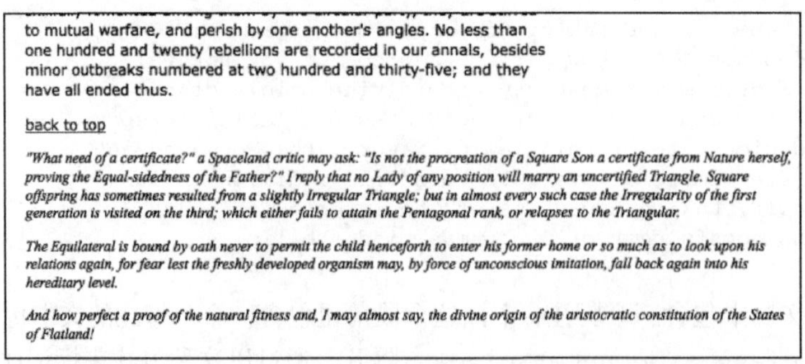

> to mutual warfare, and perish by one another's angles. No less than one hundred and twenty rebellions are recorded in our annals, besides minor outbreaks numbered at two hundred and thirty-five; and they have all ended thus.
>
> back to top
>
> *"What need of a certificate?" a Spaceland critic may ask: "Is not the procreation of a Square Son a certificate from Nature herself, proving the Equal-sidedness of the Father?" I reply that no Lady of any position will marry an uncertified Triangle. Square offspring has sometimes resulted from a slightly Irregular Triangle; but in almost every such case the Irregularity of the first generation is visited on the third; which either fails to attain the Pentagonal rank, or relapses to the Triangular.*
>
> *The Equilateral is bound by oath never to permit the child henceforth to enter his former home or so much as to look upon his relations again, for fear lest the freshly developed organism may, by force of unconscious imitation, fall back again into his hereditary level.*
>
> *And how perfect a proof of the natural fitness and, I may almost say, the divine origin of the aristocratic constitution of the States of Flatland!*

图　5-6

5.2.5　包装元素

脚注的编号可以直接在标记中添加,但在这里我们要利用标准的有序列表来生成序号。为此,需要先创建一个用于包装所有脚注的`<ol>`元素,并为每个脚注分别创建一个`<li>`元素。这时候就要用到**包装方法**了。

要在一个元素中包装另一个元素,必须知道是把每个元素分别包装在各自的容器中,还是把所有元素包装在一个容器中。考虑到要为每个脚注编号,我们需要实现这两种形式的包装,参见代码清单5-10。

代码清单5-10

```
$(document).ready(function() {
  $('span.footnote')
  .insertBefore('#footer')
  .wrapAll('<ol id="notes"></ol>')
  .wrap('<li></li>');
});
```

把脚注插入到页脚前面后,我们使用`.wrapAll()`把所有脚注都包含在一个`<ol>`中。然后再使用`.wrap()`将每一个脚注分别包装在自己的`<li>`中。从图5-7可以看出,这样就为脚注添加了正确的编号。

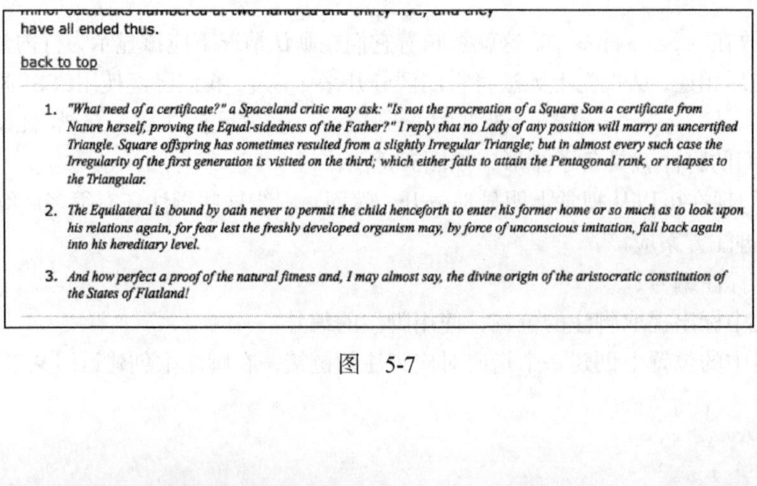

> minor outbreaks numbered at two hundred and thirty-five; and they have all ended thus.
>
> back to top
>
> 1. *"What need of a certificate?" a Spaceland critic may ask: "Is not the procreation of a Square Son a certificate from Nature herself, proving the Equal-sidedness of the Father?" I reply that no Lady of any position will marry an uncertified Triangle. Square offspring has sometimes resulted from a slightly Irregular Triangle; but in almost every such case the Irregularity of the first generation is visited on the third; which either fails to attain the Pentagonal rank, or relapses to the Triangular.*
>
> 2. *The Equilateral is bound by oath never to permit the child henceforth to enter his former home or so much as to look upon his relations again, for fear lest the freshly developed organism may, by force of unconscious imitation, fall back again into his hereditary level.*
>
> 3. *And how perfect a proof of the natural fitness and, I may almost say, the divine origin of the aristocratic constitution of the States of Flatland!*

图　5-7

接下来，我们要考虑为提取脚注的位置加标记和编号了。为了简单起见，我们这次需要重写现有的代码，不再依赖隐式迭代。

显式迭代

我们知道，.each()方法就是一个**显式迭代器**，与最近加入JavaScript语言中的数组迭代器forEach()非常相似。如果在使用隐式迭代的情况下，我们想为每个匹配的元素应用的代码显得太过复杂，就可以转而使用.each()。这个方法接受一个回调函数，这个函数会针对匹配的元素集中的每个元素都调用一次，如代码清单5-11所示。

代码清单5-11

```
$(document).ready(function() {
  var $notes = $('<ol id="notes"></ol>').insertBefore('#footer');
  $('span.footnote').each(function(index) {
    $(this).appendTo($notes).wrap('<li></li>');
  });
});
```

这样修改的动机稍后大家就会明白。首先，需要理解传递给.each()回调的信息。

与其他回调函数（比如本章前面介绍的值回调函数）类似，在回调函数中，this关键字指向当前正在操作的DOM元素，在代码清单5-11中，我们使用这个上下文创建了指向脚注<span>的jQuery对象，将它添加到id为notes的<ol>中，最后把它封装在<li>元素里。

为了在正文中标记提取脚注的位置，可以利用.each()回调的参数。这个参数表示迭代的次数，从0开始，每迭代一次就加1。因此这个数值始终都比当前的脚注编号小1。可以利用这个参数在正文中生成适当的标签，如代码清单5-12所示。

代码清单5-12

```
$(document).ready(function() {
var $notes = $('<ol id="notes"></ol>').insertBefore('#footer');
  $('span.footnote').each(function(index) {
    $('<sup>' + (index + 1) + '</sup>').insertBefore(this);
    $(this).appendTo($notes).wrap('<li></li>');
  });
});
```

这样，在脚注被从正文中提取出来并插入到页面底部之前，我们创建了一个包含脚注编号的<sup>元素，并将它插入到正文中。这里的操作顺序十分重要。必须要在脚注被移动之前插入这个编码，否则就找不到原始位置了。另外，还要注意表达式index+1必须放在括号中，这样才表示是一个加法运算，因为“+”在JavaScript中也可以用于拼接字符串。

这时候再看看页面（参见图5-8），其中原来的脚注位置就出现了相应的编号。

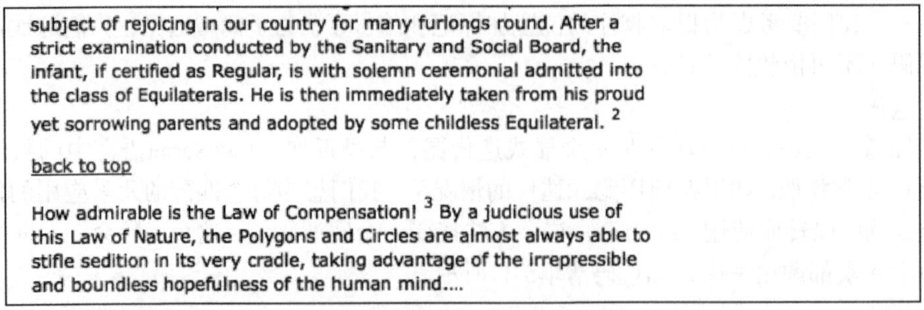

subject of rejoicing in our country for many furlongs round. After a
strict examination conducted by the Sanitary and Social Board, the
infant, if certified as Regular, is with solemn ceremonial admitted into
the class of Equilaterals. He is then immediately taken from his proud
yet sorrowing parents and adopted by some childless Equilateral. [2]

back to top

How admirable is the Law of Compensation! [3] By a judicious use of
this Law of Nature, the Polygons and Circles are almost always able to
stifle sedition in its very cradle, taking advantage of the irrepressible
and boundless hopefulness of the human mind....

图   5-8

5.2.6   使用反向插入方法

在代码清单5-12中，我们先把创建的内容插入到元素前面，然后再把同一个元素插入到文档
中的另一个位置。通常，当在jQuery中操作元素时，利用连缀方法更简洁也更有效。可是我们现
在没有办法这样做，因为this是.insertBefore()的目标，是.appendTo()的内容。此时，利
用反向插入方法，可以帮我们解决问题。

像.insertBefore()和.appendTo()这样的插入方法，一般都有一个对应的反向方法。反
向方法也执行相同的操作，只不过"目标"和"内容"正好相反。例如：

```
$('<p>Hello</p>').appendTo('#container');
```

与下面的代码结果一样：

```
$('#container').append('<p>Hello</p>');
```

下面我们就使用.before()代替.insertBefore()来重构代码，参见代码清单5-13。

代码清单5-13

```
$(document).ready(function() {
  var $notes = $('<ol id="notes"></ol>')
    .insertBefore('#footer');
  $('span.footnote').each(function(index) {
    $(this)
      .before('<sup>' + (index + 1) + '</sup>')
      .appendTo($notes)
      .wrap('<li></li>');
  });
});
```

插入方法回调

反向插入方法可以接受一个函数作为参数，与.attr()和.css()方法类似。
这个传入的函数会针对每个目标元素调用，返回被插入的HTML字符串。在此其
实也可以使用这个技术，但由于这样就需要对每个脚注都重复一遍相同的操作，
所以还是使用一个.each()方法来得更清晰。

现在，我们可以考虑最后一步了：在正文中相应的位置创建指向匹配脚注的链接和在脚注中创建指向正文位置的链接。为此，每个脚注需要4处标记：两个链接，一个在正文中，一个在脚注中；以及两个id属性。因为这样一来，传入`.before()`方法的参数会变得复杂，所以有必要在这里使用一种新的创建字符串的方法。

在代码清单5-13中，我们使用了"+"操作符来拼接字符串。使用+操作符虽然没有问题，但如果要拼接的字符串太多，那看起来就会很乱。所以，我们在这里使用数组的`.join()`方法来构建一个更大的数组。换句话说，下面的两行代码结果相同。

```
var str = 'a' + 'b' + 'c';
var str = ['a', 'b', 'c'].join('');
```

虽然这个例子要求输入更多字符，但使用`.join()`方法可以避免因要拼接的字符串过多而引起混乱。下面我们再看看示例代码吧，代码清单5-14就是使用`.join()`创建字符串的过程。

代码清单5-14

```
$(document).ready(function() {
  var $notes = $('<ol id="notes"></ol>')
    .insertBefore('#footer');
  $('span.footnote').each(function(index) {
    $(this)
      .before([
        '<sup>',
        index + 1,
        '</sup>'
      ].join(''))
      .appendTo($notes)
      .wrap('<li></li>');
  });
});
```

注意，由于数组的每个元素会分别执行运算，因此不再需要把index+1放在括号里了。

使用这种技巧，可以为脚注标签添加一个指向页面底部的链接和一个唯一的id值。同时在后面的方法中，也要给<li>元素中添加相应的id属性，以便该链接有匹配的目标，参见代码清单5-15。

代码清单5-15

```
$(document).ready(function() {
  var $notes = $('<ol id="notes"></ol>')
    .insertBefore('#footer');
  $('span.footnote').each(function(index) {
    $(this)
      .before([
        '<a href="#footnote-',
        index + 1,
        '" id="context-',
        index + 1,
        '" class="context">',
        '<sup>',
        index + 1,
        '</sup></a>'
```

```
    ].join(''))
      .appendTo($notes)
      .wrap('<li id="footnote-' + (index + 1) + '"></li>');
    });
  });
```

添加了这些标记之后，每个脚注标签就有了指向页面底部对应脚注的链接。那么所剩的就是在脚注中创建一个指向其上下文的链接了。为此，可以使用 .appendTo() 的反向方法 .append()，参见代码清单5-16。

代码清单5-16

```
$(document).ready(function() {
  var $notes = $('<ol id="notes"></ol>')
    .insertBefore('#footer');
  $('span.footnote').each(function(index) {
    $(this)
      .before([
        '<a href="#footnote-',
        index + 1,
        '" id="context-',
        index + 1,
        '" class="context">',
        '<sup>',
        index + 1,
        '</sup></a>'
      ].join(''))
      .appendTo($notes)
      .append([
        ' (<a href="#context-',
        index + 1,
        '">context</a>)'
      ].join(''))
      .wrap('<li id="footnote-' + (index + 1) + '"></li>');
    });
  });
```

注意，这里的 href 指向了脚注标签中的 id。在图5-9中，可以看到包含新链接的脚注。

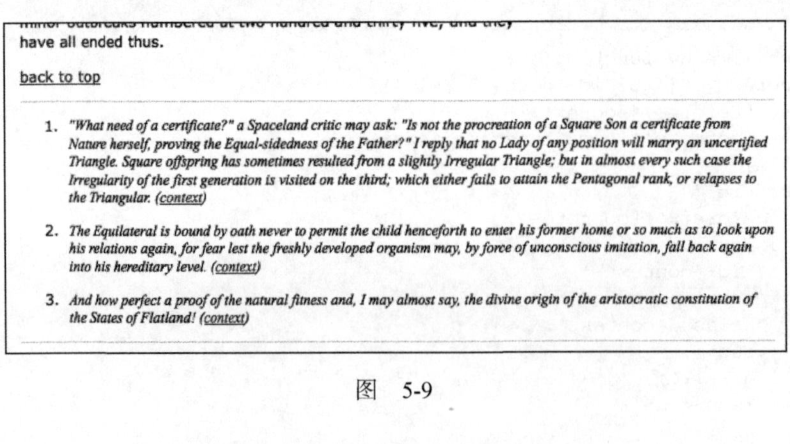

have all ended thus.

back to top

1. *"What need of a certificate?" a Spaceland critic may ask: "Is not the procreation of a Square Son a certificate from Nature herself, proving the Equal-sidedness of the Father?" I reply that no Lady of any position will marry an uncertified Triangle. Square offspring has sometimes resulted from a slightly Irregular Triangle; but in almost every such case the Irregularity of the first generation is visited on the third; which either fails to attain the Pentagonal rank, or relapses to the Triangular.* (context)

2. *The Equilateral is bound by oath never to permit the child henceforth to enter his former home or so much as to look upon his relations again, for fear lest the freshly developed organism may, by force of unconscious imitation, fall back again into his hereditary level.* (context)

3. *And how perfect a proof of the natural fitness and, I may almost say, the divine origin of the aristocratic constitution of the States of Flatland!* (context)

图   5-9

5.3　复制元素

本章到目前为止已经示范的操作包括：插入新创建的元素、将元素从文档中的一个位置移动到另一个位置，以及通过新元素来包装已有的元素。可是，有时候也会用到复制元素的操作。例如，可以复制出现在页面顶部的导航菜单，并把副本放到页脚上。实际上，无论何时，只要能通过复制元素增强页面的视觉效果，都是以重用代码来实现的好机会。毕竟，如果能够只编写一次代码并让jQuery替我们完成复制，何必要重写两遍同时又增加双倍的出错机会呢？

在复制元素时，需要使用jQuery的.clone()方法，这个方法能够创建任何匹配的元素集合的副本以便将来使用。与本章前面使用$()创建元素时一样，在为复制的元素应用一种插入方法之前，这些元素不会出现在文档中。

例如，下面这行代码将创建<div class="chapter">中第一段落的副本：

```
$('div.chapter p:eq(0)').clone();
```

但仅创建副本还不足以改变页面的内容。要想让复制的内容显示在网页中，可以使用插入方法将其放到<div class="chapter">前面。

```
$('div.chapter p:eq(0)').clone().insertBefore('div.chapter');
```

这样，同一个段落就会出现两次。可见，.clone()与插入方法的关系就如同复制和粘贴一样。

连同事件一起复制

在默认情况下，.clone()方法不会复制匹配的元素或其后代元素中绑定的事件。不过，可以为这个方法传递一个布尔值参数，将这个参数设置为true，就可以连同事件一起复制，即.clone(true)。这样一来，就可以避免每次复制之后还要手工重新绑定事件的麻烦（第3章曾讨论过）。

通过复制创建突出引用

很多网站都和它们的印刷版一样，使用了突出引用（pull quote）来强调小块的文本并吸引读者的眼球。所谓突出引用，就是从正文中提取一部分文本，然后为这段文本应用特殊的图形样式。通过.clone()方法可以轻而易举地完成这种装饰效果。首先，我们来看一看例子文本的第三段：

```
<p>
  <span class="pull-quote">It is a Law of Nature
  <span class="drop">with us</span> that a male child shall
  have <strong>one more side</strong> than his father</span>,
  so that each generation shall rise (as a rule) one step in
  the scale of development and nobility. Thus the son of a
  Square is a Pentagon; the son of a Pentagon, a Hexagon; and
  so on.
</p>
```

我们注意到这个段落以<span class="pull-quote">元素开始，其中的类是为了复制而准备的。当把复制的<span>中的文本粘贴到其他位置上时，还需要修改它的样式属性，以便它与原来的文本区别开来。

要实现这种样式，需要为复制的<span>添加一个pulled类，并在样式表中为这个类添加如下样式规则：

```
.pulled {
  position: absolute;
  width: 120px;
  top: -20px;
  right: -180px;
  padding: 20px;
  font: italic 1.2em "Times New Roman", Times, serif;
  background: #e5e5e5;
  border: 1px solid #999;
  border-radius: 8px;
  box-shadow: 1px 1px 8px rgba(0, 0, 0, 0.6);
}
```

这样，就为pull-quote添加了浅灰色的背景、一些内边距和不同的字体。更重要的是将它绝对定位到了在DOM中（绝对或相对）定位的最近祖先元素的上方20px、右侧20px。如果祖先元素中没有应用定位（除了static）的元素，那么pull-quote就会相对于文档中的<body>元素定位。为此，需要在jQuery代码中确保复制的pull-quote的父元素应用了position:relative样式。

计算CSS位置

虽然pull-quote盒子的上沿位置比较直观，但说到它的左边位于其定位的父元素右侧20像素时，恐怕就没有那么好理解了。要得到这个数字，需要先计算pull-quote盒子的总宽度，即width属性的值加上左右内边距，或者说145px + 5px + 10px，结果是160px。当为pull-quote设置right属性时，值为0会使pull-quote的右边与其父元素的右边对齐。因此，要使它的左边位于父元素右侧20px，需要在相反的方向上将它移动比其总宽度多20px的距离，即-180px。

现在我们再回到jQuery代码中，看看怎么应用样式。首先，从匹配所有<span class="pull-quote">元素的选择符表达式开始，然后为选择的元素应用position:relative样式，参见代码清单5-17。

代码清单5-17

```
$(document).ready(function() {
  $('span.pull-quote').each(function(index) {
    var $parentParagraph = $(this).parent('p');
    $parentParagraph.css('position', 'relative');
  });
});
```

这里，我们同样把需要多次用到的选择符表达式保存在变量$parentParagraph中，以提升性能和可读性。

接下来就是创建突出引用本身，以便利用准备好的CSS样式。此时，我们先复制每个<span>元素，然后为得到的副本添加pulled类，最后再把这个副本插入到其父段落的开始处，参见代码清单5-18。

代码清单5-18

```
$(document).ready(function() {
  $('span.pull-quote').each(function(index) {
    var $parentParagraph = $(this).parent('p');
    $parentParagraph.css('position', 'relative');
    var $clonedCopy = $(this).clone();
    $clonedCopy
      .addClass('pulled')
      .prependTo($parentParagraph);
  });
});
```

这里，我们又定义了一个新变量$clonedCopy，以便后面使用。

因为前面已经为这个复制的元素设置了绝对的定位，因此它在段落中的位置是无所谓的。根据CSS规则中的设置，只要它处于这个段落的内部，它就会相对于段落的上边和右边进行定位。

目前，段落与其中插入的突出引用的外观如图5-10所示。

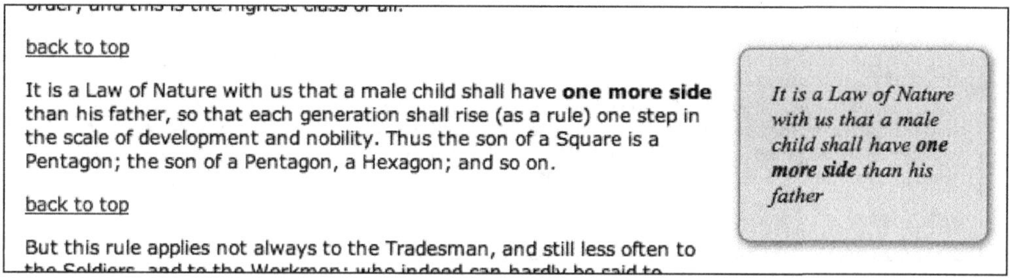

图 5-10

这个开头不错。在接下来的任务中，我们对突出引用的内容进行一番整理。

5.4 内容 setter 和 getter 方法

如果能够对突出引用稍作修改，去掉一些文本并代之以省略号，那么效果会更好。为此，我们在例子文本中已经将某些文本包装在了<span class="drop">元素中。

实现这种替换的最简便方式，就是直接用新的HTML代替旧的内容。此时，就要用到.html()方法了，参见代码清单5-19。

代码清单5-19

```
$(document).ready(function() {
  $('span.pull-quote').each(function(index) {
    var $parentParagraph = $(this).parent('p');
    $parentParagraph.css('position', 'relative');

    var $clonedCopy = $(this).clone();
    $clonedCopy
      .addClass('pulled')
      .find('span.drop')
        .html('&hellip;')
      .end()
      .prependTo($parentParagraph);
  });
});
```

代码清单5-19中新增的几行代码使用了我们在第2章讨论过的DOM遍历技术。首先，使用`.find()`方法找到`<span class="drop">`元素，对这些元素进行操作，然后通过调用`.end()`方法重新返回`<span class="drop">`元素集合。在此期间，我们调用`.html()`把相应的内容改成了省略号（使用的是相应的HTML实体）。

在调用`.html()`而不传递参数的情况下，这个方法返回匹配的元素中的HTML标记。而传入参数后，元素的内容将被传入的HTML替换掉。在此要注意传入的HTML必须是有效的，而且要对特殊字符进行转义。

这样，引用中的特定文本就被替换成了省略号，如图5-11所示。

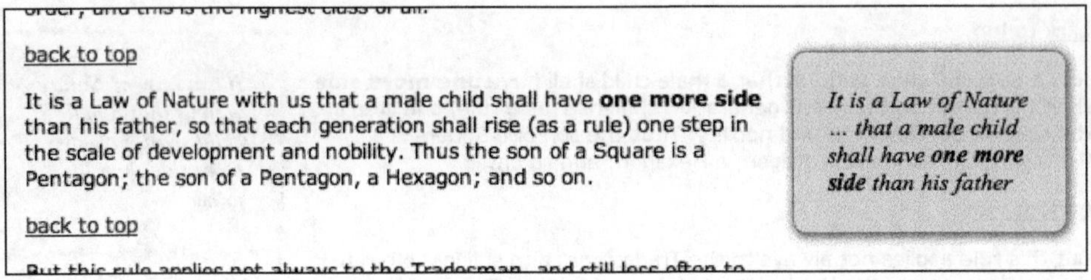

图　5-11

引用一般不会使用原来的字体样式，例如one more side的粗体。换句话说，我们真正想在引用中显示的是去掉了`<span class="pull-qoute">`中的`<strong>`、`<em>`、`<a href>`及其他行内标签之后的文本。要想去掉这些HTML标签，就得使用`.html()`方法的"伙伴"`.text()`方法了。

与`.html()`方法类似，`.text()`也可以取得匹配元素的内容，或者用新字符串替换匹配元素的内容。但是，与`.html()`不同的是，`.text()`始终会取得或设置纯文本内容。在使用`.text()`取得内容时，所有HTML标签都将被忽略，而所有HTML实体也会被转换成对应的字符。而在通过它设置内容时，诸如`<`这样的特殊字符，都会被转换成等价的HTML实体，如代码清单5-20所示。

代码清单5-20

```
$(document).ready(function() {
  $('span.pull-quote').each(function(index) {
    var $parentParagraph = $(this).parent('p');
    $parentParagraph.css('position', 'relative');
    var $clonedCopy = $(this).clone();
    $clonedCopy
      .addClass('pulled')
      .find('span.drop')
        .html('&hellip;')
      .end()
      .text($clonedCopy.text())
      .prependTo($parentParagraph);
  });
});
```

在使用以上代码取得引用的内容时，我们得到的是纯文本，没有任何标签。因此在将这些文本重新传入.text()时，就没有标记、粗体文本了，如图5-12所示。

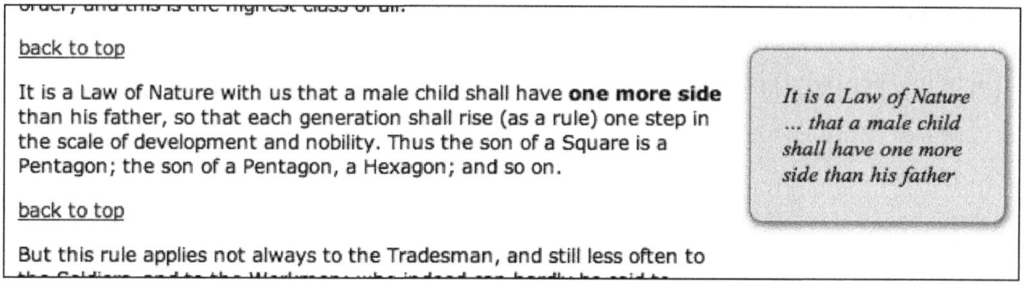

图 5-12

5.5 DOM 操作方法的简单归纳

对于jQuery提供的大量DOM操作方法，应该根据要完成的任务和元素的位置作出不同的选择。本章只介绍了一部分DOM操作方法，但其他方法的使用与这些方法类似；第12章还将更全面地讨论DOM操作方法。下面，我们简单地归纳出一些方法，这些方法几乎能够在任何情况下，完成任何任务。

(1) 要在HTML中创建新元素，使用$()函数。

(2) 要在每个匹配的元素中插入新元素，使用：

.append()

.appendTo()

.prepend()

.prependTo()

(3) 要在每个匹配的元素相邻的位置上插入新元素，使用：

```
.after()
.insertAfter()
.before()
.insertBefore()
```

(4) 要在每个匹配的元素外部插入新元素，使用：

```
.wrap()
.wrapAll()
.wrapInner()
```

(5) 要用新元素或文本替换每个匹配的元素，使用：

```
.html()
.text()
.replaceAll()
.replaceWith()
```

(6) 要移除每个匹配的元素中的元素，使用：

```
.empty()
```

(7) 要从文档中移除每个匹配的元素及其后代元素，但不实际删除它们，使用：

```
.remove()
.detach()
```

5.6   小结

在本章中，我们使用jQuery的DOM操作方法完成了元素的创建、复制、重组以及内容修饰等操作。通过在一个网页上应用这些方法，将一组普通的段落转换成了带脚注、突出引用、返回链接以及经过样式化的文本摘录。总之，这一章展示了使用jQuery添加、删除和重排内容有多么容易。此外，我们还学习了如何修改页面元素的CSS和DOM属性。

下一章我们将通过jQuery的Ajax方法享受一次到服务器的往返旅行。

延伸阅读

第12章将会更深入地介绍DOM操作。要了解有关DOM操作完整介绍，请参考本书附录C或jQuery官方文档：http://api.jquery.com/。

5.7   练习

要完成以下练习，读者需要本章的index.html文件，以及complete.js中包含的已经完成的JavaScript代码。可以从Packt Publishing网站http://www.packtpub.com/support下载这些文件。

"挑战"练习有一些难度，完成这些练习的过程中可能需要参考jQuery官方文档：http://api.jquery.com/。

(1) 修改添加back to top链接的代码，以便这些链接只从第四段后面才开始出现。

(2) 在单击back to top链接时，为每个链接后面添加一个新段落，其中包含You were here字样。确保链接仍然有效。

(3) 在单击作者名字时，把文本改为粗体（通过添加一个标签，而不是操作类或CSS属性）。

(4) **挑战**：在随后单击粗体作者名字时，删除之前添加的<b>元素（也就是在粗体文本与正常文本之间切换）。

(5) **挑战**：为正文中的每个段落添加一个inhabitants类，但不能调用.addClass()方法。确保不影响现有的类。

第 6 章

通过Ajax发送数据

Ajax（Asynchronous JavaScript and XML，异步JavaScript和XML）这个概念是由Jesse James Garrett在2005年发明的。它的含义可谓丰富，因为这个术语本身涵盖的是一组相关的能力和技术。从根本上来说，一个Ajax解决方案中涉及如下技术。

- □ JavaScript：处理与用户及其他浏览器相关事件的交互，解释来自服务器的数据，并将其呈现在页面上。
- □ `XMLHttpRequest`：这个对象可以在不中断其他浏览器任务的情况下向服务器发送请求。
- □ 文本文件：服务器提供的XML、HTML或JSON格式的文本数据。

Ajax技术已经成为Web开发更上一层楼的关键，它能将静态的网页转换成具有交互性的Web应用。丝毫不用奇怪，浏览器对`XMLHttpRequest`对象的实现也不完全一致，但jQuery可以帮我们解决这个问题。

本章，我们要学习如下内容：

- □ 不刷新页面而从服务器加载数据；
- □ 通过JavaScript在浏览器中向服务器发送数据；
- □ 在客户端使用HTML、XML和JSON等数据；
- □ 向用户反馈Ajax请求的状态。

6.1 基于请求加载数据

在所有炒作和粉饰的背后，Ajax只不过是一种无需刷新页面即可从服务器（或客户端）上加载数据的手段。这些数据的格式可以是很多种，而且，当数据到达时也有很多处理它们的方法可供选择。本章后面，当我们以多种方式完成同样的基本任务时，就能够清楚地看到这一点。

假设我们要创建一个页面，用以显示字典中的词条，词条按照英文首字母分组。那么，定义页面内容区的HTML代码可以像这下面这样：

```
<div id="dictionary">
</div>
```

对，没错！这个页面一开始没有内容。下面我们将使用jQuery的各种Ajax方法取得字典词条并用来填充这个`<div>`。

下载代码示例

　　如同本书其他HTML、CSS以及JavaScript示例一样，上面的标记只是完整文档的一个片段。如果读者想试一试这些示例，可以从以下地址下载完整的示例代码：Packt Publishing网站http://www.packtpub.com/support，或者本书网站http://book.learningjquery.com/。

因为需要一种触发加载过程的方式，所以我们添加了几个调用事件处理程序的按钮：

```
<div class="letters">
  <div class="letter" id="letter-a">
    <h3><a href="entries-a.html">A</a></h3>
  </div>
  <div class="letter" id="letter-b">
    <h3><a href="entries-a.html">B</a></h3>
  </div>
  <div class="letter" id="letter-c">
    <h3><a href="entries-a.html">C</a></h3>
  </div>
  <div class="letter" id="letter-d">
    <h3><a href="entries-a.html">D</a></h3>
  </div>
  <!-- and so on -->
</div>
```

这些简单的链接可以把我们引导到包含字母对应的字典条目的页面。我们将根据渐进增强的原则，让这些链接在不重新加载整个页面的前提下更新页面。

再添加一些CSS规则，就得到了如图6-1所示的页面。

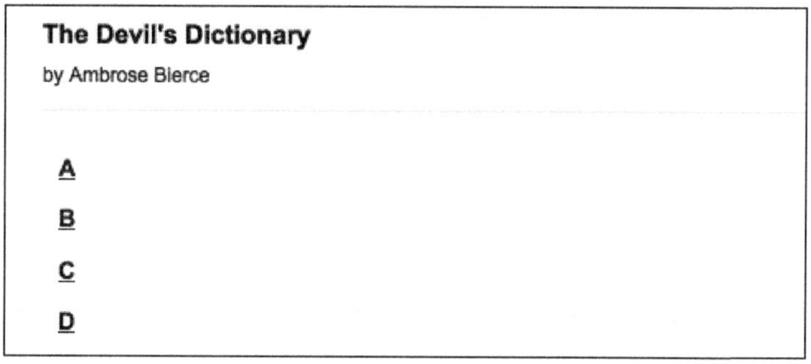

The Devil's Dictionary

by Ambrose Bierce

_____

A

B

C

D

图　6-1

下面，我们关注的焦点就是如何向页面中填充内容。

6.1.1　追加 HTML

　　Ajax应用程序通常只不过是一个针对HTML代码块的请求。这种被称作AHAH（Asynchronous HTTP and HTML，异步HTTP和HTML）的技术，通过jQuery来实现只是小菜一碟。首先，需要一些供插入用的HTML，我们把这些HTML放在与主文档位于同一目录下的a.html文件中。第二个HTML文件开始处的代码如下：

```html
<div class="entry">
  <h3 class="term">ABDICATION</h3>
  <div class="part">n.</div>
  <div class="definition">
    An act whereby a sovereign attests his sense of the high
    temperature of the throne.
    <div class="quote">
      <div class="quote-line">Poor Isabella's Dead, whose
      abdication</div>
      <div class="quote-line">Set all tongues wagging in the
      Spanish nation.</div>
      <div class="quote-line">For that performance 'twere
      unfair to scold her:</div>
      <div class="quote-line">She wisely left a throne too
      hot to hold her.</div>
      <div class="quote-line">To History she'll be no royal
      riddle &mdash; </div>
      <div class="quote-line">Merely a plain parched pea that
      jumped the griddle.</div>
      <div class="quote-author">G.J.</div>
    </div>
  </div>
</div>

<div class="entry">
  <h3 class="term">ABSOLUTE</h3>
  <div class="part">adj.</div>
  <div class="definition">
    Independent, irresponsible.  An absolute monarchy is one
    in which the sovereign does as he pleases so long as he
    pleases the assassins.  Not many absolute monarchies are
    left, most of them having been replaced by limited
    monarchies, where the sovereign's power for evil (and for
    good) is greatly curtailed, and by republics, which are
    governed by chance.
  </div>
</div>
```

这个页面的HTML代码中还包含更多词条。单独查看这个文档，结果显示它非常简单，如图6-2所示。

我们注意到，a.html并不是一个真正的HTML文档，它不包含`<html>`、`<head>`或者`<body>`，只包含最基本的代码。通常，我们把这种文件叫做**片段**；它唯一目的就是供插入到其他HTML文档中使用，插入的过程如代码清单6-1所示。

代码清单6-1

```javascript
$(document).ready(function() {
  $('#letter-a a').click(function(event) {
    event.preventDefault();
```

```
      $('#dictionary').load('a.html');
  });
});
```

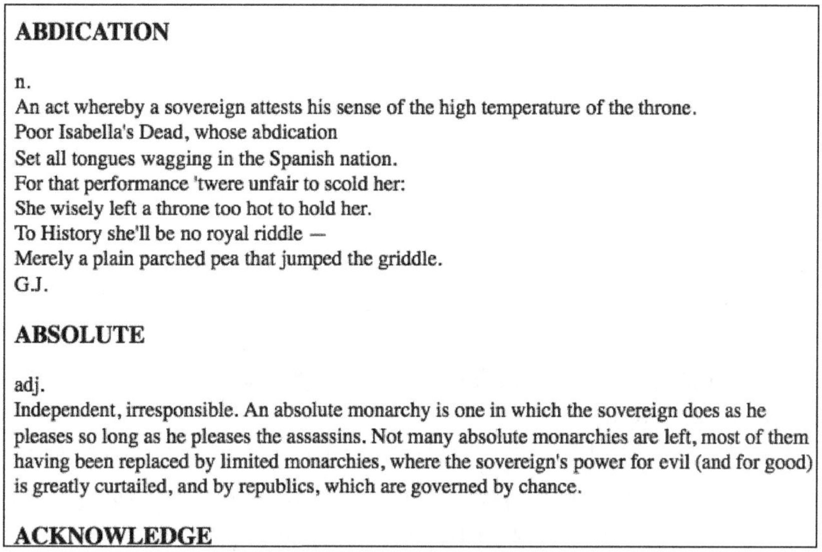

ABDICATION

n.
An act whereby a sovereign attests his sense of the high temperature of the throne.
Poor Isabella's Dead, whose abdication
Set all tongues wagging in the Spanish nation.
For that performance 'twere unfair to scold her:
She wisely left a throne too hot to hold her.
To History she'll be no royal riddle —
Merely a plain parched pea that jumped the griddle.
G.J.

ABSOLUTE

adj.
Independent, irresponsible. An absolute monarchy is one in which the sovereign does as he pleases so long as he pleases the assassins. Not many absolute monarchies are left, most of them having been replaced by limited monarchies, where the sovereign's power for evil (and for good) is greatly curtailed, and by republics, which are governed by chance.

ACKNOWLEDGE

图　6-2

其中，.load()方法替我们完成了所有烦琐复杂的工作！这里，我们通过常规的jQuery选择符为HTML片段指定了目标位置，然后将要加载的文件的URL作为参数传递给.load()方法。现在，当单击第1个按钮时，这个文件就会被加载并插入到<div id="dictionary">内部。而且，当插入完成后，浏览器会立即呈现新的HTML，如图6-3所示。

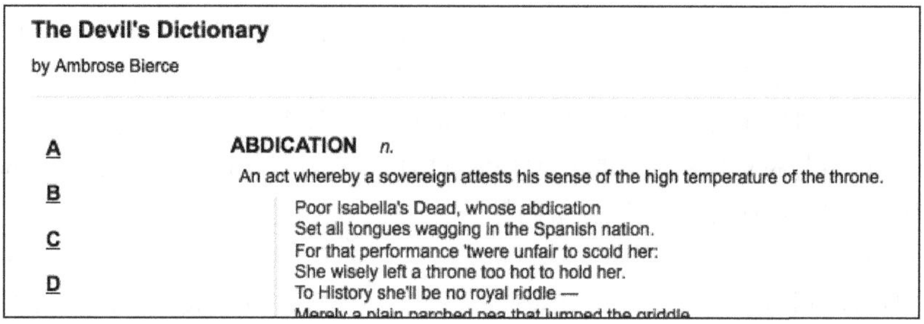

The Devil's Dictionary
by Ambrose Bierce

A

B

C

D

ABDICATION　*n.*
An act whereby a sovereign attests his sense of the high temperature of the throne.

Poor Isabella's Dead, whose abdication
Set all tongues wagging in the Spanish nation.
For that performance 'twere unfair to scold her:
She wisely left a throne too hot to hold her.
To History she'll be no royal riddle —
Merely a plain parched pea that jumped the griddle.

图　6-3

从图6-3中可以看出，虽然这个HTML片段之前没有样式，但现在已经应用了样式。这些样式是主文档中的CSS规则所添加的，即当新HTML片段插入时，相应的CSS规则也会立即应用到它的标签上。

测试这个例子：当单击按钮时，字典中的解释会立即出现。这只是在本地运行应用程序的一种特殊情况。如果通过网络来传递相同的文档，那么需要多长的时间延迟或中断是很难估计的。下面我们添加一个警告框，使其在加载完解释内容后立即显示，参见代码清单6-2。

代码清单6-2

```
$(document).ready(function() {
  $('#letter-a a').click(function(event) {
    event.preventDefault();
    $('#dictionary').load('a.html');
    alert('Loaded!');
  });
});
```

根据代码中的结构，你可能会认为警告框只有在加载过程完成后才会显示。因为JavaScript通常以**同步**方式执行代码，即严格按照顺序逐行执行。

然而，当我们在运行中的服务器上测试上面这些代码时，由于网络延迟，警告框很可能先于加载完成就出现了。这是因为所有Ajax请求在默认情况下都是**异步**的，否则，我们就要称它为Sjax了①，而后者显然难以与Ajax相提并论②！

异步加载意味着在发出取得HTML片段的HTTP请求后，会立即恢复脚本执行，无需等待。在之后的某个时刻，当浏览器收到服务器的响应时，再对响应的数据进行处理。这通常都是人们期望的行为，但它不会导致在等待数据返回期间锁定整个Web浏览器。

对于必须要延迟到加载完成才能继续的操作，jQuery提供了一个**回调函数**。我们在第4章就已经使用过回调函数了。通过回调函数可以在某些效果完成之后执行操作。Ajax回调的功能与此类似，只不过是在数据从服务器返回后执行操作。本章后面将会在学习从服务器加载JSON数据时展示使用回调函数的例子。

6.1.2　操作 JavaScript 对象

通过请求获取充分格式化的HTML虽然很方便，但这也意味着必须在传输文本内容的同时也传输很多HTML标签。有时候，我们希望能够尽量少传输一些数据，然后马上处理这些数据。在这种情况，我们希望取得能够通过JavaScript进行遍历的数据结构。

使用jQuery的选择符可以遍历和操作取得的HTML结构，但是还有一种JavaScript内置的数据格式，既能减少数据传输量，也会减少编码量。

1. 取得JSON

前面我们曾经看到过，JavaScript对象是由一些"键-值"对组成的，而且还可以方便地使用花括号（{}）来定义。另一方面，JavaScript的数组则可以使用方括号（[]）和隐式声明的逐渐递增的键进行动态定义。将这两种语法组合起来，可以轻松地表达复杂而且庞大的数据结构。

---

① S是synchronous的首字母，即同步。

② 作者这里的意思是，如果不是Ajax，而是SJAX，即不是异步加载，而是同步加载，那么就不会有那么大的影响了。

Douglas Crockford为这种简单的语法起了一个名字，叫做JSON（JavaScript Object Notation，JavaScript对象表示法）。通过这种表示法能够方便地取代数据量庞大的XML格式：

```
{
  "key": "value",
  "key 2": [
    "array",
    "of",
    "items"
  ]
}
```

在**对象字面量**和**数组字面量**的基础上，JSON格式的语法具有很强的表达能力，但对其中的值也有一定的限制。例如，JSON规定所有对象键以及所有字符串值，都必须包含在双引号中。而且，函数也不是有效的JSON值。由于存在这些限制，开发人员最好不手工编辑JSON，而应该用服务器端语言来生成。

 要了解JSON的语法要求以及它有哪些优势，都有哪些语言支持这种数据格式，请访问http://json.org/。

如果用这种格式对字典中的解释进行编码，那么可能会有很多种编码方式。这里，我们把一些字典的词条放在一个名叫b.json的JSON文件中，这个文件开头部分的代码如下：

```
[
  {
    "term": "BACCHUS",
    "part": "n.",
    "definition": "A convenient deity invented by the...",
    "quote": [
      "Is public worship, then, a sin,",
      "That for devotions paid to Bacchus",
      "The lictors dare to run us in,",
      "And resolutely thump and whack us?"
    ],
    "author": "Jorace"
  },
  {
    "term": "BACKBITE",
    "part": "v.t.",
    "definition": "To speak of a man as you find him when..."
  },
  {
    "term": "BEARD",
    "part": "n.",
    "definition": "The hair that is commonly cut off by..."
  },
  ... file continues ...
```

要取得这些数据，可以使用$.getJSON()方法，这个方法会在取得相应文件后对文件进行

处理。在数据从服务器返回后，它只是一个简单的JSON格式的文本字符串。`$.getJSON()`方法
会解析这个字符串，并将处理得到的JavaScript对象提供给调用代码。

2. 使用全局jQuery函数

到目前为止，我们使用的所有jQuery方法都需要通过`$()`函数构建的一个jQuery对象进行调
用。通过选择符表达式，我们可以指定一组要操作的DOM节点，然后再用这些jQuery方法以某种
方式对它们进行操作。然而，`$.getJSON()`函数却不一样。从逻辑上说，没有该方法适用的DOM
元素；作为结果的对象只能提供给脚本，而不能插入到页面中。为此，`getJSON()`是作为**全局
jQuery对象**（由jQuery库定义的`jQuery`或`$`对象）的方法定义的，也就是说，它不是**个别jQuery
对象实例**（即通过`$()`函数创建的对象）的方法。

如果JavaScript中有类似其他面向对象语言中的类，那我们可以把`$.getJSON()`称为类方法。
为了便于理解，我们在这里称其为**全局函数**；实际上，为了不与其他函数名称发生冲突，这些全
局函数使用的是jQuery**命名空间**。

在使用这个函数时，我们还需要像以前一样为它传递文件名，如代码清单6-3所示。

代码清单6-3

```
//未完成的代码
$(document).ready(function() {
  $('#letter-b a').click(function(event) {
    event.preventDefault();
    $.getJSON('b.json');
  });
});
```

当单击按钮时，我们看不到以上代码的效果。因为虽然函数调用加载了文件，但是并没有告
诉JavaScript对返回的数据如何处理。为此，我们需要使用一个回调函数。

`$.getJSON()`函数可以接受第2个参数，这个参数是当加载完成时调用的函数。如上所述，
Ajax请求都是**异步**的，回调函数提供了一种等待数据返回的方式，而不是立即执行代码。回调函
数也需要一个参数，该参数中保存着返回的数据。因此，我们的代码要写成代码清单6-4这样。

代码清单6-4

```
//未完成的代码
$(document).ready(function() {
  $('#letter-b a').click(function(event) {
    event.preventDefault();
    $.getJSON('b.json', function(data) {
    });
  });
});
```

我们在此使用了**匿名函数表达式**作为回调函数，这在jQuery代码中很常见，主要是为了保持
代码简洁。当然，对**函数声明**的引用同样也可以作为回调函数。

这样，我们就可以在函数中通过`data`变量来遍历JSON数据结构了。具体来说，需要迭代顶
级数组，为每个项构建相应的HTML代码。虽然可以在这里使用标准的`for`循环，但我们要借此

机会介绍jQuery的另一个实用全局函数$.each()，在第5章中，我们曾看到过它的对应方法.each()。$.each()函数不操作jQuery对象，它以数组或对象作为第一个参数，以回调函数作为第二个参数。此外，还需要将每次循环中数组或对象的当前索引和当前项作为回调函数的两个参数，参见代码清单6-5。

代码清单6-5

```
$(document).ready(function() {
  $('#letter-b a').click(function(event) {
    event.preventDefault();
    $.getJSON('b.json', function(data) {
      var html = '';
      $.each(data, function(entryIndex, entry) {
        html += '<div class="entry">';
        html += '<h3 class="term">' + entry.term + '</h3>';
        html += '<div class="part">' + entry.part + '</div>';
        html += '<div class="definition">';
        html += entry.definition;
        html += '</div>';
        html += '</div>';
      });
      $('#dictionary').html(html);
    });
  });
});
```

这里通过$.each()函数依次遍历每个项，并使用entry对象的内容构建起HTML代码结构。构建好HTML之后，通过.html()把它插入到<div id="dictionary">中，替换其中原有的所有内容。

安全的HTML

　　这种方法要求数据中包含可以直接用来构建HTML的安全内容，例如，数据中不能包含任何<字符。

现在所剩的就是处理词条中的引用语了，这需要使用另一个$.each()循环，参见代码清单6-6。

代码清单6-6

```
$(document).ready(function() {
  $('#letter-b a').click(function(event) {
    event.preventDefault();
    $.getJSON('b.json', function(data) {
      var html = '';
      $.each(data, function(entryIndex, entry) {
        html += '<div class="entry">';
        html += '<h3 class="term">' + entry.term + '</h3>';
        html += '<div class="part">' + entry.part + '</div>';
```

```
      html += '<div class="definition">';
      html += entry.definition;
  if (entry.quote) {
    html += '<div class="quote">';
    $.each(entry.quote, function(lineIndex, line) {
      html += '<div class="quote-line">' + line + '</div>';
    });
    if (entry.author) {
      html += '<div class="quote-author">' + entry.author + '</div>';
    }
    html += '</div>';
  }
  html += '</div>';
  html += '</div>';
      });
      $('#dictionary').html(html);
    });
  });
});
```

编写完这些代码后，就可以单击下一个B链接来验证我们的成果了，如图6-4所示，页面右侧出现了相应的字典条目。

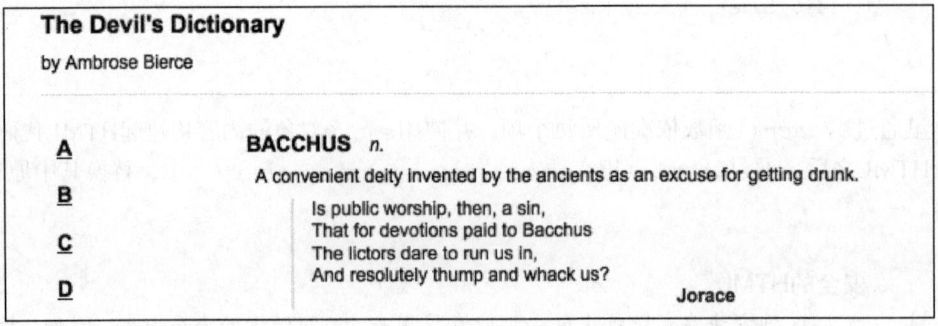

The Devil's Dictionary

by Ambrose Bierce

A

B

C

D

BACCHUS *n.*

A convenient deity invented by the ancients as an excuse for getting drunk.

Is public worship, then, a sin,
That for devotions paid to Bacchus
The lictors dare to run us in,
And resolutely thump and whack us?

Jorace

图　6-4

尽管JSON格式很简洁，但它却不容许任何错误。所有方括号、花括号、引号和逗号都必须合理且正确地使用，否则文件不会加载。而且，在多数浏览器中，当文件加载失败时我们看不到任何错误信息；脚本只是静默地彻底终止运转。

3. 执行脚本

有时候，在页面初次加载时就取得所需的全部JavaScript也是没有必要的。具体需要取得哪个脚本，要视用户的操作而定。虽然可以在需要时动态地引入<script>标签，但注入所需代码的更优雅的方式则是通过jQuery直接加载.js文件。

向页面中注入脚本与加载HTML片段一样简单。但在这种情况下，需要使用全局函数 $.getScript()，这个全局函数与它的同辈函数类似，接受一个URL参数以查找脚本文件，参见代码清单6-7。

代码清单6-7

```
$(document).ready(function() {
  $('#letter-c a').click(function(event) {
    event.preventDefault();
    $.getScript('c.js');
  });
});
```

在前一个例子中，接下来要做的应该是处理结果数据，以便有效地利用加载的文件。然而，对于一个脚本文件来说，这个过程是自动化；换句话说，脚本会自动执行。

以这种方式取得的脚本会在当前页面的**全局环境**下执行。这意味着脚本有权访问在全局环境中定义的函数和变量，当然也包括jQuery自身。因而，我们可以模仿JSON的例子来准备脚本代码，以便在脚本执行时将HTML插入到页面中。现在，将以下脚本代码保存到c.js中：

```
var entries = [
  {
    "term": "CALAMITY",
    "part": "n.",
    "definition": "A more than commonly plain and..."
  },
  {
    "term": "CANNIBAL",
    "part": "n.",
    "definition": "A gastronome of the old school who..."
  },
  {
    "term": "CHILDHOOD",
    "part": "n.",
    "definition": "The period of human life intermediate..."
  }
  //省略的内容
];

var html = '';

$.each(entries, function() {
  html += '<div class="entry">';
  html += '<h3 class="term">' + this.term + '</h3>';
  html += '<div class="part">' + this.part + '</div>';
  html += '<div class="definition">' + this.definition + '</div>';
  html += '</div>';
});

$('#dictionary').html(html);
```

最后，单击C链接，应该会看到我们预期的结果。

6.1.3 加载 XML 文档

XML是缩写词Ajax中的一部分，但我们至今还没有谈到加载XML文档。加载XML文档很简单，而且与JSON技术也相当接近。首先，需要将希望显示的数据包含在一个名为d.xml的XML文件中：

```xml
<?xml version="1.0" encoding="UTF-8"?>
<entries>
  <entry term="DEFAME" part="v.t.">
    <definition>
      To lie about another.  To tell the truth about another.
    </definition>
  </entry>
  <entry term="DEFENCELESS" part="adj.">
    <definition>
      Unable to attack.
    </definition>
  </entry>
  <entry term="DELUSION" part="n.">
    <definition>
      The father of a most respectable family, comprising
      Enthusiasm, Affection, Self-denial, Faith, Hope,
      Charity and many other goodly sons and daughters.
    </definition>
    <quote author="Mumfrey Mappel">
      <line>All hail, Delusion!  Were it not for thee</line>
      <line>The world turned topsy-turvy we should see;
        </line>
      <line>For Vice, respectable with cleanly fancies,
        </line>
      <line>Would fly abandoned Virtue's gross advances.
        </line>
    </quote>
  </entry>
</entries>
```

当然，通过XML来表示这些数据的形式有很多种，而其中一些能够非常近似地模仿我们已经确定的HTML结构或者前面使用的JSON。不过，这里我们示范了XML的一些更方便阅读的特性，例如使用**属性**term和part，而不是**标签**。

下面以我们熟悉的方式开始编写函数，参见代码清单6-8。

代码清单6-8

```javascript
//未完成的代码
$(document).ready(function() {
  $('#letter-d a').click(function(event) {
    event.preventDefault();
    $.get('d.xml', function(data) {

    });
  });
});
```

这次，帮助我们完成任务的是$.get()函数。通常，这个函数只是取得由URL指定的文件，然后将纯文本格式的数据提供给回调函数。但是，在根据服务器提供的**MIME类型**知道响应的是XML的情况下，提供给回调函数的将是XML DOM树。

好在，我们已经领略过了jQuery强大的DOM遍历能力。遍历XML文档的方式同HTML文档一样，也可以使用常规的`.find()`、`.filter()`及其他遍历方法，参见代码清单6-9。

代码清单6-9

```
$(document).ready(function() {
  $('#letter-d a').click(function(event) {
    event.preventDefault();
    $.get('d.xml', function(data) {
      $('#dictionary').empty();
      $(data).find('entry').each(function() {
        var $entry = $(this);
        var html = '<div class="entry">';
        html += '<h3 class="term">' + $entry.attr('term');
          html += '</h3>';
        html += '<div class="part">' + $entry.attr('part');
          html += '</div>';
        html += '<div class="definition">';
        html += $entry.find('definition').text();
        var $quote = $entry.find('quote');
        if ($quote.length) {
          html += '<div class="quote">';
          $quote.find('line').each(function() {
            html += '<div class="quote-line">';
              html += $(this).text() + '</div>';
          });
          if ($quote.attr('author')) {
            html += '<div class="quote-author">';
              html += $quote.attr('author') + '</div>';
          }
          html += '</div>';
        }
        html += '</div>';
        html += '</div>';
        $('#dictionary').append($(html));
      });
    });
  });
});
```

这样，当单击D链接时，也可以得到预期的效果，如图6-5所示。

这是我们已知的DOM遍历方法的新用途，而且，jQuery对CSS选择符支持的灵活性由此也可见一斑。CSS的选择符语法一般适合美化HTML页面，位于标准.css文件中的选择符，如div和body等标签名都是为了在HTML中找到内容。然而，jQuery可以使用任意XML标签名，如这里的entry和difinition，就和使用标准HTML标签一样方便。

jQuery内部先进的选择符引擎，对于在更复杂的情况下查找XML文档中的元素同样很有帮助。例如，假设我们想把显示的内容限定为那些带有引用进而带有作者属性的词条。那么，通过将entry修改为entry:has(quote)就可以把词条限定为必须包含嵌套的引用元素。然后，还可以通过entry:has(quote[author])进一步限定词条中的引用元素必须包含author属性。

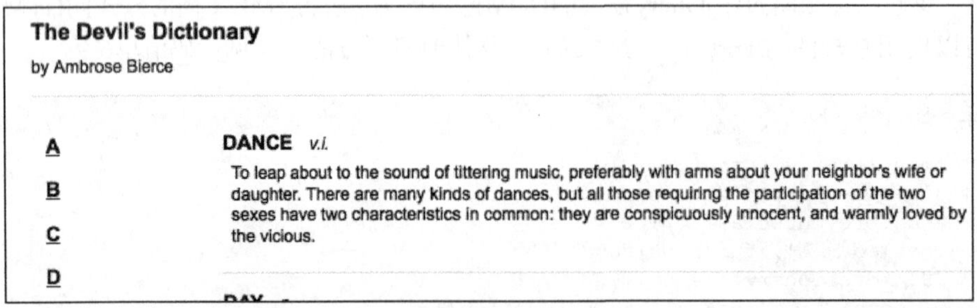

图　6-5

这样，代码清单6-9中带有初始选择符的代码行应该写成：

```
$(data).find('entry:has(quote[author])').each(function() {
```

由图6-6可以看出，新的选择符表达式对返回的词条进行了适当的限制。

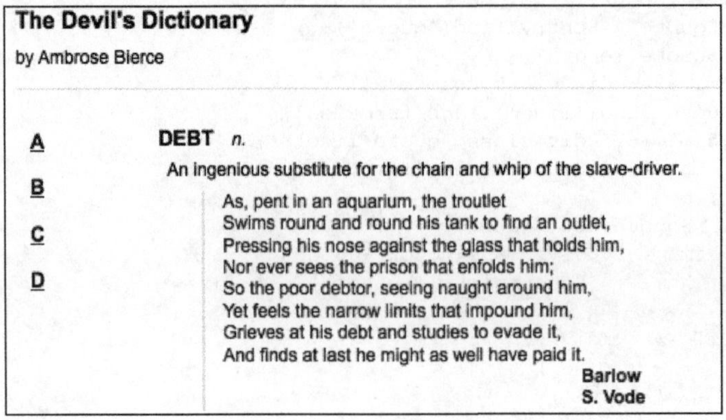

图　6-6

6.2　选择数据格式

我们已经看到了4种外部数据的格式，每种格式都可以通过jQuery本地的Ajax函数加以处理。而且，我们也亲自验证了这4种格式都能够用来方便地处理任务，在用户请求它时（而不是之前）将信息加载到现有的页面上。那么，当确定在应用程序中使用哪种格式时，应该考虑什么因素呢？

HTML片段实现起来只需要很小的工作量。这种格式的外部数据可以通过一种简单的方法加载并插入到页面中，甚至连回调函数都不必使用。也就是说，对于将新HTML添加到现有页面中的简单任务来说，无需遍历数据。但另一方面，这种数据的结构方式却不一定能够在其他应用程序中得到重用，因为这种外部文件与它们的目标容器必须紧密结合。

JSON文件的结构使它可以方便地被重用。而且，它们非常简洁，也容易阅读。这种数据结构必须通过遍历来提取相关信息，然后再将信息呈现到页面上，不过通过标准的JavaScript技术就能做到这一点。由于现代浏览器调用原生的JSON.parse()就能解析这种格式的文件，所以读取JSON文件的速度非常快。另外，JSON文件中的错误可能会导致页面上的脚本静默地中止运行，甚至还会带来其他的负面影响。因此，这种数据必须由信得过的人仔细构建。

JavaScript文件能够提供极大的灵活性，但它却不是一种真正的数据存储机制。因为这种文件针对特定的语言，所以不能通过它们将同样的信息提供给完全不同的系统。然而，能够加载JavaScript，则意味着可以将很少用到的行为提取到外部文件中，从而在加载该文件之前有效地减少页面中的代码量。

虽然JavaScript开发人员更钟爱JSON，导致XML已经有些失宠，但以这种格式提供可重用的数据仍然还是很常见的。的确，很多流行的Web服务（比如Yahoo! Weather：http://developer.yahoo.com/weather）都以XML格式输出它们的数据，从而催生了使用它们数据的很多有价值的Mashup应用[①]。不过，XML格式的文件体积相对较大，所以同其他文件格式相比，解析和操作它们的速度要慢一些。

通过以上对各种数据格式优缺点的分析，我们知道在不需要与其他应用程序共享数据的情况下，以HTML片段提供外部数据一般来说是最简单的。如果数据需要重用，而且其他应用程序也可能因此受到影响，那么在性能和文件大小方面具有优势的JSON通常是不错的选择。而当远程应用程序未知时，XML则能够为良好的互操作性提供最可靠的保证。

最后一个要考虑的问题是，数据是否已经可以使用。如果是，那么这几种格式都可能成为首选，关键是作出最适合我们需求的决定。

6.3 向服务器传递数据

此前，我们的例子都是从Web服务器上取得**静态**的数据文件。然而，Ajax的价值只有当服务器能够基于浏览器的输入**动态**形成数据时才能得到充分体现。在这种情况下，jQuery同样也能为我们提供帮助；前面介绍的所有方法在经过修改之后，都可以实现双向的数据传送。

与服务器端代码交互

由于示范这些技术需要同Web服务器进行交互，因此我们这里将首次用到服务器端代码。在给定的例子中，我们使用PHP脚本编程语言，该语言使用非常普遍而且能够免费取得。不过，我们不会在这里介绍如何设置支持PHP的Web服务器，只是建议大家考虑XAMPP，下载地址为：http://www.apachefriends.org/en/xampp.html，这个包可以帮你迅速建立Web服务器。

① Mashup应用，指利用几个相关或不相关的网站提供的API，将相应网站提供的内容直接或经过适当地加工之后整合显示在自己的网站中。

6.3.1　执行 GET 请求

为了示范客户端（使用JavaScript）与服务器（在我们这个例子中使用PHP）之间的通信，我们要编写一个基于每次请求只向浏览器发送一个字典词条的脚本。词条的选择取决于从浏览器发送到服务器的参数。服务器端脚本将从如下内部数据结构中提取相应的数据：

```php
<?php
$entries = array(
  'EAVESDROP' => array(
    'part' => 'v.i.',
    'definition' => 'Secretly to overhear a catalogue of the
      crimes and vices of another or yourself.',
    'quote' => array(
      'A lady with one of her ears applied',
      'To an open keyhole heard, inside,',
      'Two female gossips in converse free &mdash;',
      'The subject engaging them was she.',
      '"I think," said one, "and my husband thinks',
      'That she\'s a prying, inquisitive minx!"',
      'As soon as no more of it she could hear',
      'The lady, indignant, removed her ear.',
      '"I will not stay," she said, with a pout,',
      '"To hear my character lied about!"',
    ),
    'author' => 'Gopete Sherany',
  ),
  'EDIBLE' => array(
    'part' => 'adj.',
    'definition' => 'Good to eat, and wholesome to digest, as
      a worm to a toad, a toad to a snake, a snake to a pig,
      a pig to a man, and a man to a worm.',
  ),
// and so on
);
?>
```

在这个例子的产品版中，这些数据可能会保存在数据库中，并基于每次请求加载相应的数据。这里，由于我们把数据直接放在了脚本中，因此取得数据的代码非常直观。首先要对通过请求发送的数据进行检查，然后再构建返回给浏览器显示的HTML片段：

```php
<?php
if (isset($entries[strtoupper($_REQUEST['term'])])) {
  $term = strtoupper($_REQUEST['term']);
  $entry = $entries[$term];
  echo build_entry($term, $entry);
} else {
  echo '<div>Sorry, your term was not found.</div>';
}

function build_entry($term, $entry) {
  $html = '<div class="entry">';
  $html .= '<h3 class="term">';
```

```php
  $html .= $term;
  $html .= '</h3>';

  $html .= '<div class="part">';
  $html .= $entry['part'];
  $html .= '</div>';

  $html .= '<div class="definition">';
  $html .= $entry['definition'];
  if (isset($entry['quote'])) {
    foreach ($entry['quote'] as $line) {
      $html .= '<div class="quote-line">'. $line .'</div>';
    }
    if (isset($entry['author'])) {
      $html .= '<div class="quote-author">'.
        $entry['author'] .'</div>';
    }
  }
  $html .= '</div>';

  $html .= '</div>';
  return $html;
}
?>
```

这样，当我们调用e.php来请求这个脚本时，它就会根据GET请求的参数返回相应的HTML片段。例如，在使用e.php?term=eavesdrop请求这个脚本时，会得到如图6-7所示的HTML片段。

EAVESDROP

v.i.
Secretly to overhear a catalogue of the crimes and vices of another or yourself.
A lady with one of her ears applied
To an open keyhole heard, inside,
Two female gossips in converse free —
The subject engaging them was she.
"I think," said one, "and my husband thinks
That she's a prying, inquisitive minx!"
As soon as no more of it she could hear
The lady, indignant, removed her ear.
"I will not stay," she said, with a pout,
"To hear my character lied about!"
Gopete Sherany

图 6-7

同样，这与我们在本章前面曾经看到过的HTML片段一样，由于还没有应用CSS规则，所以返回的HTML片段也缺少应有的样式。

由于我们要展示如何向服务器传送数据，所以这里不再借助一直沿用的独立按钮，而是使用另外一种方式请求词条——构建一个由要查询的词语组成的链接列表，通过单击其中任何一个链接，来加载相应的解释。下面是要添加到主页面中的HTML代码：

```
<div class="letter" id="letter-e">
  <h3>E</h3>
  <ul>
    <li><a href="e.php?term=Eavesdrop">Eavesdrop</a></li>
    <li><a href="e.php?term=Edible">Edible</a></li>
    <li><a href="e.php?term=Education">Education</a></li>
    <li><a href="e.php?term=Eloquence">Eloquence</a></li>
    <li><a href="e.php?term=Elysium">Elysium</a></li>
    <li><a href="e.php?term=Emancipation">Emancipation</a>
      </li>
    <li><a href="e.php?term=Emotion">Emotion</a></li>
    <li><a href="e.php?term=Envelope">Envelope</a></li>
    <li><a href="e.php?term=Envy">Envy</a></li>
    <li><a href="e.php?term=Epitaph">Epitaph</a></li>
    <li><a href="e.php?term=Evangelist">Evangelist</a></li>
  </ul>
</div>
```

接下来，要通过JavaScript代码以正确的参数来调用前面的PHP脚本。虽然可以使用常规的.load()机制在URL后面添加查询字符串，即通过类似e.php?term=eavesdrop这样的地址直接取得数据。但是，在此我们想让jQuery基于我们提供给$.get()函数的对象来构建查询字符串，参见代码清单6-10。

代码清单6-10

```
$(document).ready(function() {
  $('#letter-e a').click(function(event) {
    event.preventDefault();
    var requestData = {term: $(this).text()};
    $.get('e.php', requestData, function(data) {
      $('#dictionary').html(data);
    });
  });
});
```

前面我们已经看到过jQuery提供的其他Ajax接口了，因此对这个函数的使用也应该熟悉。其中唯一的差别是第二个参数，该参数是一个用来构建查询字符串的键和值的对象。在这个例子中，键始终是term，而值则取自每个链接的文本。现在，单击列表中的第一个链接会导致相应词语的解释出现在页面中，如图6-8所示。

值得一提的是，列表中的链接无论有无代码使用它们都已经带有了给定的地址。这样，就为禁用了或者无法使用JavaScript的用户提供了查询相关信息的替代方法（这也是一种**渐进增强**的做法）。但在正常情况下，为了防止单击这些链接时打开新URL，我们在事件处理程序中调用了.preventDefault()方法。

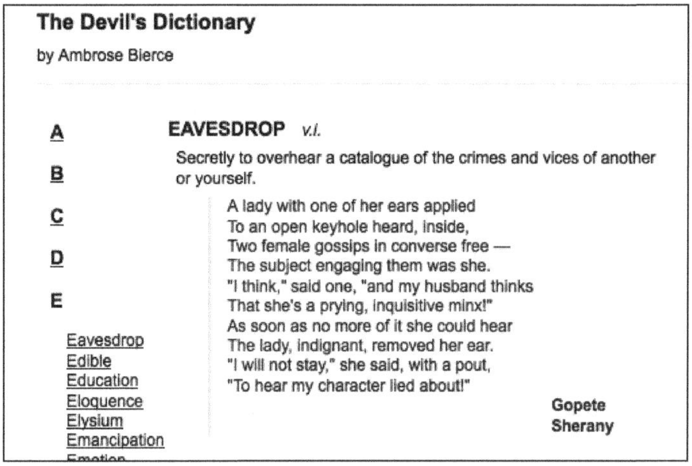

图 6-8

> **返回false还是阻止默认动作**
>
> 在本章的click处理程序中，我们传入了event对象并使用event.preventDefault()而不是return false结束该处理程序。当默认动作是重新加载页面或打开新页面时，我们推荐这种做法。例如，如果click处理程序中包含JavaScript错误，那么在第一行代码中（在碰到错误之前）阻止默认动作就能确保不会提交表单，而且浏览器的错误控制台也会收到错误报告。第3章曾介绍过，return false意味着同时调用event.preventDefault()和event.stopPropagation()。因此要想停止事件冒泡，我们还得再调用后者。

6.3.2 执行 POST 请求

使用POST方法与使用GET方法的HTTP请求几乎是一样的。从视觉上来看，它们之间一个最大的区别就是GET请求把参数放在作为URL一部分的查询字符串中，而POST请求则不是。但是，在Ajax请求中，即使是这种区别对一般用户而言也是不可见的。通常，决定使用哪种方法的唯一理由就是遵照服务器端代码的约定，或者要传输大量的数据——GET方法对传输的数据量有更严格的限制。由于我们编写的PHP代码能够妥善地处理任何一种方法发送的请求，因此只需改变调用的jQuery函数，就可以在GET和POST之间进行转换，参见代码清单6-11。

代码清单6-11

```
$(document).ready(function() {
  $('#letter-e a').click(function(event) {
    event.preventDefault();
    var requestData = {term: $(this).text()};
    $.post('e.php', requestData, function(data) {
      $('#dictionary').html(data);
```

```
    });
  });
});
```

虽然参数相同，但这里的请求是通过POST方法发送的。而通过使用.load()方法还可以进一步简化这些代码，因为.load()方法在接收到包含数据的对象参数时，会默认使用POST方法发送请求，参见代码清单6-12。

代码清单6-12

```
$(document).ready(function() {
  $('#letter-e a').click(function(event) {
    event.preventDefault();
    var requestData = {term: $(this).text()};
    $('#dictionary').load('e.php', requestData);
  });
});
```

当单击链接时，这个缩减版的函数仍然能起到相同的作用，如图6-9所示。

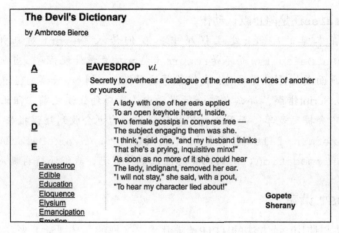

图   6-9

6.3.3   序列化表单

向服务器发送数据经常会涉及用户填写表单。常规的表单提交机制会在整个浏览器窗口中加载响应，而使用jQuery的Ajax工具箱则能够异步地提交表单，并将响应放到当前页面中。

为了试验，需要构建一个简单的表单：

```
<div class="letter" id="letter-f">
  <h3>F</h3>
  <form action="f.php">
    <input type="text" name="term" value="" id="term" />
    <input type="submit" name="search" value="search"
      id="search" />
```

```
    </form>
  </div>
```

这一次，需要把提供的搜索词语作为字典中词条的子字符串来搜索，并从PHP脚本中返回一组词条。我们将使用e.php中的build_entry()函数返回与前面相同的数据结构，但在f.php中稍微修改一下相应的逻辑：

```php
<?php
$output = array();
foreach ($entries as $term => $entry) {
  if (strpos($term, strtoupper($_REQUEST['term'])) !== FALSE) {
    $output[] = build_entry($term, $entry);
  }
}

if (!empty($output)) {
  echo implode("\n", $output);
} else {
  echo '<div class="entry">Sorry, no entries found for ';
  echo '<strong>' . $_REQUEST['term'] . '</strong>.';
  echo '</div>';
}
?>
```

其中，调用的strpos()函数会扫描与提供的搜索字符串匹配的单词。接下来，我们可以通过遍历DOM树来响应表单提交并构造适当的查询字符串，如代码清单6-13所示。

代码清单6-13

```javascript
$(document).ready(function() {
  $('#letter-f form').submit(function(event) {
    event.preventDefault();
    $.get('f.php', {'term': $('input[name="term"]').val()},
      function(data) {
        $('#dictionary').html(data);
    });
  });
});
```

虽然以上代码能够实现预期的效果，但通过名称属性逐个搜索输入字段并将字段的值添加到对象中总是有点麻烦。特别是随着表单变得更复杂，这种方法也会明显变得缺乏扩展性。好在，jQuery为这种常用的操作提供了一种简化方式——.serialize()方法。这个方法作用于一个jQuery对象，将匹配的DOM元素转换成能够随Ajax请求传递的查询字符串。通过使用.serialize()方法，可以把前面的提交处理程序一般化为如代码清单6-14所示。

代码清单6-14

```javascript
$(document).ready(function() {
  $('#letter-f form').submit(function(event) {
    event.preventDefault();
    var formValues = $(this).serialize();
    $.get('f.php', formValues, function(data) {
```

```
        $('#dictionary').html(data);
      });
    });
  });
```

这样，即使在增加表单中字段的情况下，同样的脚本仍然能够用于提交表单。例如，如果我们搜索"fid"，就会出现包含这个子字符串的词条，如图6-10所示。

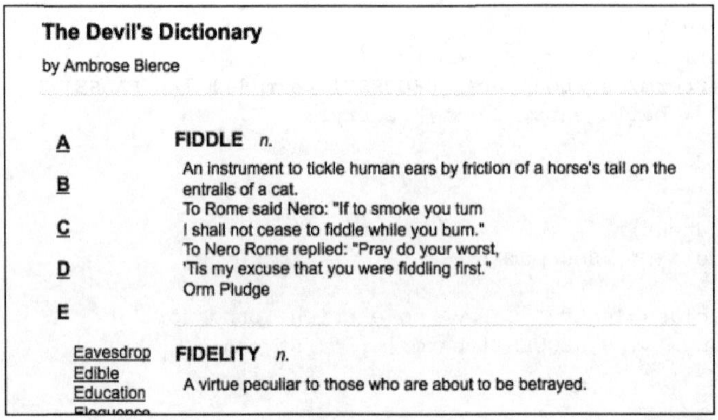

The Devil's Dictionary

by Ambrose Bierce

A

B

C

D

E

FIDDLE n.

An instrument to tickle human ears by friction of a horse's tail on the entrails of a cat.
To Rome said Nero: "If to smoke you turn
I shall not cease to fiddle while you burn."
To Nero Rome replied: "Pray do your worst,
'Tis my excuse that you were fiddling first."
Orm Pludge

Eavesdrop
Edible
Education
Eloquence

FIDELITY n.

A virtue peculiar to those who are about to be betrayed.

图   6-10

6.4   为 Ajax 请求提供不同的内容

在返回HTML数据的情况下，我们知道如果只让浏览器自己打开页面而不使用JavaScript，那么没有样式的文档片段会很难看。为了给没有JavaScript用户提供比这里更好的体验，可以有条件的加载包含<html>、<head>和<body>以及其他所有内容的完整的页面。为此，就要利用jQuery随同Ajax请求一起发送的请求头部。在服务器端代码（这里是PHP）中，我们需要检查X-Requested-With头部。如果存在这个头部而且它的值为XMLHttpRequest，那么就会只发送文档片段；否则，就发送完整的文档。下面是这个想法的基本实现。

```
<?php
$ajax = isset($_SERVER['HTTP_X_REQUESTED_WITH']) &&
    $_SERVER['HTTP_X_REQUESTED_WITH'] == 'XMLHttpRequest';

if (!$ajax):
//不是Ajax请求，输出<head>及开始的<boby>标签
?>
  <!DOCTYPE HTML>
  <html lang="en">
  <head>
    <!-- title, meta, link elements -->
  </head>
  <body>
  <!-- page heading, form, etc. -->
<?php
```

```
endif;

//对Ajax及非Ajax显示相同内容


if (!$ajax):
//关闭针对非Ajax请求的<div>、<boby>和<html>标签
?>

</body>
</html>

<?php endif; ?>
```

现在，我们就有了一个真正**渐进增强**的例子。没有JavaScript的用户也可以看到可用的表单及有样式的结果，而那些能使用JavaScript的用户则可以得到更好的体验。

这种在服务器端提供不同内容的技术甚至支持区别更大的情况。例如，可以对Ajax请求返回JSON数据，而对其他请求返回HTML：

```
<?php
$ajax = isset($_SERVER['HTTP_X_REQUESTED_WITH']) &&
$_SERVER['HTTP_X_REQUESTED_WITH'] == 'XMLHttpRequest';

//设置$entries数组

if ($ajax) {
  header('Content-type: application/json');
  echo json_encode($entries);
}
else {
  //输出完整的HTML文档
}
```

这样传输的数据就少多了，但在客户端必须构建HTML，就像在代码清单6-9中所做的那样。

6.5 关注请求

到现在为止，我们已经学习了如何调用Ajax方法，并且始终都在处理响应。然而，有时候多了解一些调用Ajax方法过程中的HTTP请求也会给我们带来方便。为满足这种需求，jQuery提供了一组函数，通过它们能够为各种与Ajax相关的事件注册**回调函数**。

其中，`.ajaxStart()`和`.ajaxStop()`方法就是这些"观察员"函数中的两个例子，可以把它们添加给任何jQuery对象。当Ajax请求开始且尚未进行其他传输时，会触发`.ajaxStart()`的回调函数。相反，当最后一次活动请求终止时，则会执行通过`.ajaxStop()`注册的回调函数。所有这些"观察员"都是**全局性**的，因为无论创建它们的代码位于何处，当Ajax通信发生时都需要调用它们。而且这些方法都与`.ready()`方法一样，只能由`$(document)`调用。

在网络连接的速度比较慢时，可以通过这些方法为用户提供一些反馈。页面中用作反馈的HTML可以包含适当的Loading...（加载中）信息，例如：

```
<div id="loading">
  Loading...
</div>
```

反馈信息就是一个HTML片段，比如可以包含用作动态指示器的一幅动态GIF图像。此时，可以在CSS文件中添加一些简单的样式，这样当显示该信息时，页面的外观如图6-11所示。

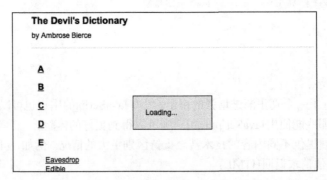

图   6-11

但是，依照渐进增强的原则，我们并没有把HTML标记直接放在页面中。因为这段信息只能在JavaScript有效的情况下使用，所以应该通过jQuery来插入它：

```
$(document).ready(function() {
  $('<div id="loading">Loading...</div>')
    .insertBefore('#dictionary')
});
```

而在CSS文件中，我们为这个<div>添加了一条display:none;样式规则，以便在初始时隐藏这条信息。要在恰当的时机显示这条信息，只需通过.ajaxStart()将它注册为一个"观察员"即可：

```
$(document).ready(function() {
  var $loading = $('<div id="loading">Loading...</div>')
    .insertBefore('#dictionary');

  $(document).ajaxStart(function() {
  $loading.show();
  });
});
```

而且，可以在此基础上继续**连缀**相应的隐藏行为：

代码清单6-15

```
$(document).ready(function() {
  var $loading = $('<div id="loading">Loading...</div>')
    .insertBefore('#dictionary');

  $(document).ajaxStart(function() {
    $loading.show();
```

```
    }).ajaxStop(function() {
      $loading.hide();
    });
  });
```

好的！我们的加载反馈系统已经就位了。

同样，我们注意到，这两个方法没有通过特别的方式与Ajax通信的开始建立联系。链接A上的`.load()`和链接B上的`.getJSON()`都可以导致反馈操作发生。

在这种情况下，全局行为是有必要的。假如我们想要建立具体的联系，也有一些可控的选项。某些观察员方法，如`.ajaxError()`，会向它们的回调函数发送一个对`XMLHttpRequest`对象的引用。这样就可以做到区别不同的请求来提供不同的行为。其他更具体的处理可以通过使用低级的`$.ajax()`函数来完成。

不过，与请求最常见的交互方式（我们已经介绍过了），是成功（`success`）回调函数。在前面的几个例子中，我们就是使用这个回调函数来解析从服务器返回的数据，然后将结果填充到页面上。当然，也可以使用其他回调函数。现在，仍然以代码清单6-1中使用的`.load()`方法为例：

```
$(document).ready(function() {
  $('#letter-a a').click(function(event) {
    event.preventDefault();
    $('#dictionary').load('a.html');
  });
});
```

此时，通过使加载的内容淡入视图而不是突然出现，可以从视觉上加入一些增强的效果。`.load()`方法可以接受一个加载完成时触发的回调函数，参见代码清单6-16。

代码清单6-16

```
$(document).ready(function() {
  $('#letter-a a').click(function(event) {
    event.preventDefault();
    $('#dictionary').hide().load('a.html', function() {
      $(this).fadeIn();
    });
  });
});
```

以上代码首先隐藏了目标元素，然后开始加载。当加载完成时，又通过回调函数以淡入方式逐渐显示出新生成的元素。

6.6 错误处理

到现在为止，我们的请求都能够成功地完成，新内容都能如期显示在页面中。但负责任的开发也会考虑到网络或数据发生错误的可能性，并适当地记录或报告这些错误。在本地环境中开发Ajax应用有时候会让开发人员过于乐观，因为除了拼错URL这种简单的情况外，Ajax错误不会发生在本地。更加严重的，`$.get()`和`.load()`等快捷的Ajax方法并没有提供错误回调参数，因此我们需要找找其他地方是否有解决方案。

除了使用全局的 .ajaxError() 方法，我们还可以利用 jQuery 的延迟对象系统。第 11 章将讨论延迟对象的具体细节，现在只要知道可以给 .load() 之外的 Ajax 方法连缀 .done()、.always() 和 .fail() 方法，并通过它们添加相应的回调函数即可。比如，可以在代码清单 6-16 的基础上，把 URL 改为一个不存在的地址，然后测试 .fail() 方法，如代码清单 6-17 所示。

代码清单6-17

```
$(document).ready(function() {
  $('#letter-e a').click(function(event) {
    event.preventDefault();
    var requestData = {term: $(this).text()};
    $.get('z.php', requestData, function(data) {
      $('#dictionary').html(data);
    }).fail(function(jqXHR) {
      $('#dictionary')
      .html('An error occurred: ' + jqXHR.status)
      .append(jqXHR.responseText);
    });
  });
});
```

现在，单击字母 E 开头的任何链接都会产生一个错误，如图 6-12 所示。根据服务器的配置不同，jqXHR.responseText 的内容可能会有所不同。

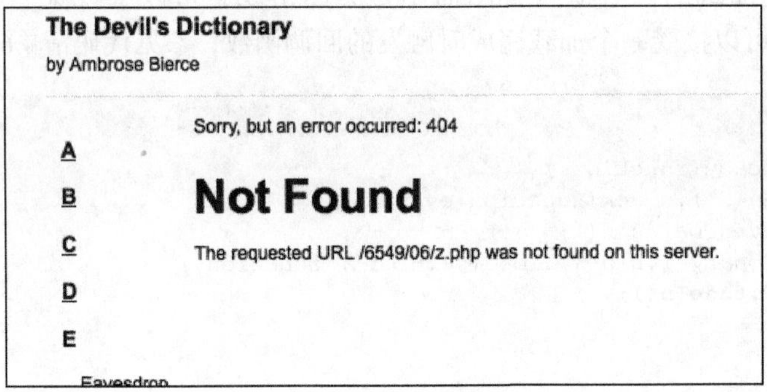

图　6-12

此外，.status 属性中包含着服务器返回的状态码。这些代码由 HTTP 规范定义，当触发 .fail() 处理程序时，可以根据下表解读错误。

响 应 码	说　　明
400	请求语法错误
401	未授权
403	禁止访问
404	未发现请求的 URL
500	服务器内部错误

W3C站点（http://www.w3.org/Protocols/rfc2616/rfc2616-sec10.html）有完整的响应码列表。第13章还会更深入地介绍错误处理。

6.7　Ajax 和事件

假设我们想让字典词条名来控制后面解释的可见性，即单击词条名可以显示或隐藏相应的解释。使用到目前为止介绍的技术，实现这一点应该很简单，参见代码清单6-18。

代码清单6-18

```
//未完成的代码
$(document).ready(function() {
  $('h3.term').click(function() {
    $(this).siblings('.definition').slideToggle();
  });
});
```

当词条被单击时，该元素找到类名中包含definition的相邻节点，并根据情况滑入或滑出这些节点。

虽然看起来一切正常，但在现有代码基础上单击不会有什么结果。因为在添加click处理程序的时候，词条还没有被添加到文档中。而且即使已经把click处理程序添加到词条元素，只要一单击其他字母，这些处理程序仍然会丢失绑定。

这是通过Ajax生成页面内容时的一个常见问题。对此，一种常见的解决方案就是在页面内容更新时**重新绑定**处理程序。但这样做会相当繁琐，因为哪怕页面的DOM结构有一点点变化，都会调用绑定处理程序的代码。

另外一种值得推荐的做法是第3章介绍的**事件委托**。在此，事件委托的本质就是把事件处理程序绑定到一个祖先元素，而这个祖先元素始终不变。对于这个例子而言，我们可以使用.on()方法把click处理程序绑定到<body>元素，以这种方式来捕获单击事件，参见代码清单6-19。

代码清单6-19

```
$(document).ready(function() {
  $('body').on('click', 'h3.term', function() {
    $(this).siblings('.definition').slideToggle();
  });
});
```

.on()方法告诉浏览器密切注意页面上发生的任何单击事件。当（且仅当）被单击的元素与h3.term选择符匹配时，才会执行事件处理程序。这样，无论单击哪个词条，都可以正常切换相应的解释，即使对应的解释内容是通过Ajax后来添加到文档中的也没有问题。

6.8　安全限制

尽管构建动态的Web应用程序非常实用，但XMLHttpRequest（jQuery的Ajax实现背后的底层浏览器技术）常常会受到严格限制。为了防止各种**跨站点脚本攻击**，一般情况下从提供原始页面的服务器之外的站点请求文档是不可能的。

这通常都是一种积极的情形。例如，对接收到的JSON数据，可以调用eval()来解析（相对而言，jQuery.parseJSON()更安全一些）。如果数据文件中存在恶意代码，那么通过eval()解析就会执行这些恶意代码。不过，JavaScript的安全模型会限制数据文件必须与网页保存在相同的服务器上，这样就可以保证数据的可靠性。

但是，从第三方来源中加载数据往往是很有必要的。因而，也有许多方式可以绕过上述安全限制，即能够实现通过Ajax请求取得其他站点的数据。

其中一种方法是通过服务器加载远程数据，然后在客户请求时提供给浏览器。这是一种非常有效的手段，因为服务器能够对数据进行预处理。例如，可以从几个来源加载包含RSS新闻的XML文件，然后在服务器上将这些XML文件聚合到一个源文件中，当请求发生时再将这个新文件发布给客户。

如果想不通过服务器的参与加载远程地址中的数据，那我们就必须聪明一些。例如，加载外来JavaScript文件的一种流行方法是根据请求注入<script>标签。由于jQuery能帮我们插入新的DOM元素，因此向文档中注入<script>标签非常简单：

```
$(document.createElement('script'))
  .attr('src', 'http://example.com/example.js')
  .appendTo('head');
```

实际上，$.getScript()方法在检测到其URL参数中包含远程主机时，就会自动采用这种技术；也就是说，该方法已经替我们想到了这一点。

此时，浏览器会执行加载的脚本，但却没有任何机制能够从脚本中取得结果。为此，使用这种技术要求同远程主机进行协作。加载的脚本必须执行某些操作，例如设置一个对本地环境有影响的全局变量。而远程主机上的服务除了发布能够通过这种方式执行的脚本外，还会提供一个API以便同远程脚本进行交互[①]。

另一种方法是使用<iframe>这个HTML标签来加载远程数据。可以为<iframe>元素指定任何URL作为其获取数据的来源，包括与提供页面的服务器不匹配的URL。因此，第三方服务器上的数据能够轻易地加载到<iframe>中，并在当前页面上显示出来。然而，要操作<iframe>中的数据，仍然存在同使用<script>标签时一样的协作需求；位于<iframe>中的脚本需要明确地向父文档中的对象提供数据。

---

① 由于在动态注入的<script>标签中，脚本可以来源于任何一个域（src属性可以指向任何第三方站点），也就意味着可以通过该脚本中的XMLHttpRequest对象取得任何其他域中的信息，因而就绕过了"同源策略"的安全限制。Google Map的Google Maps API（http://google.com/apis/maps）就采用了这种动态生成<script>标签的技术。

跨域共享资源

　　最近，W3C又制定了一项技术草案，叫做Cross-Origin Resource Sharing（CORS，跨域资源共享）。这项技术要求一个域向另一个域发送的请求中要包含另一个域期待的自定义HTTP头部。接收请求的域如果接受请求，必须返回Access-Control-Allow-Oreigin响应头部。要了解CORS的更多信息，请访问http://www.w3.org/TR/cors/。

使用 JSONP 加载远程数据

　　使用<script>标签从远程获取JavaScript文件的思路，可以变通为从其他服务器取得JSON文件。不过，这样需要对服务器上的JSON文件稍加修改。在实现这一技术的众多解决方案中，jQuery直接支持的是JSONP（JSON with Padding，填充式JSON）。

　　JSONP的格式是把标准JSON文件包装在一对圆括号中，圆括号又前置一个任意字符串。这个字符串，即所谓的P（Padding，填充），由请求数据的客户端来决定。而且，由于有一对圆括号，因此返回的数据在客户端可能会导致一次函数调用，或者是为某个变量赋值——取决于客户端请求中发送的填充字符串。

　　用PHP在服务器端实现对JSONP的支持非常简单：

```php
<?php
  print($_GET['callback'] .'('. $data .')');
?>
```

　　这里，$data是一个包含JSON文件字符串表示的变量。调用这段脚本时，从客户端请求中取得的callback查询字符串参数，会被添加到包含JSON数据文件的圆括号前面。

　　为演示这一技术，需要稍微修改一下代码清单6-6中的JSON示例，以便调用这个远程数据源。$.getJSON()函数利用了一个特殊的占位符?来实现这一点，参见代码清单6-20。

代码清单6-20

```javascript
$(document).ready(function() {
  var url = 'http://examples.learningjquery.com/jsonp/g.php';
  $('#letter-g a').click(function(event) {
    event.preventDefault();
    $.getJSON(url + '?callback=?', function(data) {
      var html = '';
      $.each(data, function(entryIndex, entry) {
        html += '<div class="entry">';
        html += '<h3 class="term">' + entry.term + '</h3>';
        html += '<div class="part">' + entry.part + '</div>';
        html += '<div class="definition">';
        html += entry.definition;
        if (entry.quote) {
          html += '<div class="quote">';
          $.each(entry.quote, function(lineIndex, line) {
```

```
            html += '<div class="quote-line">' + line +
        '</div>';
          });
          if (entry.author) {
            html += '<div class="quote-author">' +
            entry.author + '</div>';
          }
          html += '</div>';
        }
        html += '</div>';
        html += '</div>';
      });
      $('#dictionary').html(html);
    });
  });
});
```

正常情况下，我们是不能从远程服务器（这个例子中的examples.learningjquery.com）取得JSON数据的。但是，由于远程文件经过设置以JSONP格式提供数据，因此通过在URL后面添加一个查询字符串，并使用?作为callback参数的占位符就可以获得数据。请求返回之后，jQuery会为我们替换?、解析结果并通过data参数将数据传入成功函数。结果就好像是在处理本地JSON数据一样。

注意，前面提到的安全注意事项在这里也适用，即服务器返回的任何结果都将在用户的计算机中执行。因此，应该只针对来自可信任站点的数据使用JSONP技术。

6.9　其他工具

jQuery的Ajax工具箱中包含的工具非常丰富，前面我们介绍的只是其中一小部分。鉴于有用的工具确实很多，下面我们就概述一些定制Ajax通信过程中较为重要的工具。

6.9.1　低级 Ajax 方法

前面已经介绍了一些用于启动Ajax通信的方法。但在内部，jQuery会把这些方法都映射为$.ajax()全局函数的一种变体。这个函数不针对任何特定的Ajax通信类型，而是接收一个选项对象参数，并根据该参数来决定相应的行为。

我们介绍的第一个例子，是使用$('#dictionary').load('a.html')加载HTML片段。同样的操作如果使用$.ajax()来实现，应该如代码清单6-21所示。

代码清单6-21

```
$.ajax({
  url: 'a.html',
  success: function(data) {
    $('#dictionary').html(data);
  }
});
```

这里，$.ajax()接受了一个包含30余项设置（settings）的对象作为参数（或者一个URL字符串作为第一个参数，一个对象作为第二个参数），提供了极大的灵活性。使用低级的$.ajax()函数时，可以获得下列特殊的好处。

- □ 避免浏览器缓存来自服务器的响应。非常适合服务器动态生成数据的情况。
- □ 抑制正常情况下所有Ajax交互都可以触发的全局处理程序（例如通过$.ajaxStart()注册的处理程序）。
- □ 在远程主机需要认证的情况下，可以提供用户名和密码。

要了解如何利用上述及其他特性，请参考在线API（http://api.jquery.com/jQuery.Ajax）。

6.9.2 修改默认选项

使用$.ajaxSetup()函数可以修改调用Ajax方法时每个选项的默认值。这个函数与$.ajax()接受相同的选项对象参数，之后的所有Ajax请求都将使用传递给该函数的选项——除非明确覆盖，参见代码清单6-22。

代码清单6-22

```
$.ajaxSetup({
  url: 'a.html',
  type: 'POST',
  dataType: 'html'
});

$.ajax({
  type: 'GET',
  success: function(data) {
    $('#dictionary').html(data);
  }
});
```

这里的操作与前面使用$.ajax()时实现的操作相同，不过由于已经通过$.ajaxSetup()为请求指定了默认的URL，因此调用$.ajax()时就不需要再指定该选项了。相对而言，虽然已经把type参数的默认值指定为POST，但在$.ajax()调用中仍然可以覆盖这个值，将其修改为GET。

6.9.3 部分加载HTML页面

本章讨论的第一种，也是最简单的一种Ajax技术，就是取得并将HTML片段插入到当前页面中。不过，有时候服务器提供的页面中虽然包含我们需要的部分，但该部分之外的HTML却不是我们所需要的。当遇到这种服务器不能提供适当的数据格式的情况时，也可以在客户端求助于jQuery。

如果在本章第一个例子中，我们需要的字典解释包含在如下所示的完整的HTML页面（h.html）中：

```html
<html lang="en">
  <head>
    <meta charset="utf-8"/>
    <title>The Devil's Dictionary: H</title>

    <link rel="stylesheet" href="dictionary.css"
      media="screen" />
  </head>
  <body>
    <div id="container">
      <div id="header">
        <h2>The Devil's Dictionary: H</h2>
        <div class="author">by Ambrose Bierce</div>
      </div>

      <div id="dictionary">
        <div class="entry">
          <h3 class="term">HABEAS CORPUS</h3>
          <div class="part">n.</div>
          <div class="definition">
            A writ by which a man may be taken out of jail
            when confined for the wrong crime.
          </div>
        </div>

        <div class="entry">
          <h3 class="term">HABIT</h3>
          <div class="part">n.</div>
          <div class="definition">
            A shackle for the free.
          </div>
        </div>
      </div>

    </div>
  </body>
</html>
```

那么，可以通过代码清单6-1中的技术把整个文档都加载到页面中，如代码清单6-23所示。

代码清单6-23

```javascript
//未完成的代码
$(document).ready(function() {
  $('#letter-h a').click(function(event) {
    event.preventDefault();
    $('#dictionary').load('h.html');
  });
});
```

不过产生的结果并不理想，因为文档中包含不需要的内容（加载的内容中包含页面标题和作者名，这显然与已有内容重复了），如图6-13所示。

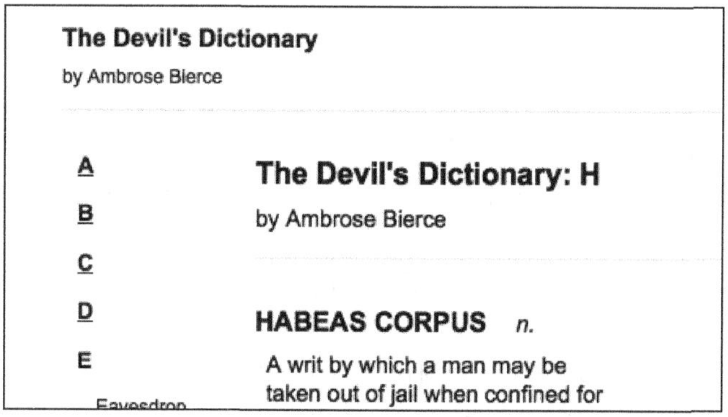

图 6-13

要去掉页面中多余的内容，可以利用.load()的一些新特性——在指定要加载文档的URL时，也可以提供一个jQuery选择符表达式。如果指定了这个表达式，.load()方法就会利用它查找加载文档的匹配部分。最终，只有匹配的部分才会被插入到页面中。具体来说，我们可以利用这个技术，只取得文档中的词条部分，然后插入到页面中，如代码清单6-24所示。

代码清单6-24

```
$(document).ready(function() {
  $('#letter-h a').click(function(event) {
    event.preventDefault();
    $('#dictionary').load('h.html .entry');
  });
});
```

这样，文档中无关的部分已经从页面中去掉了，如图6-14所示。

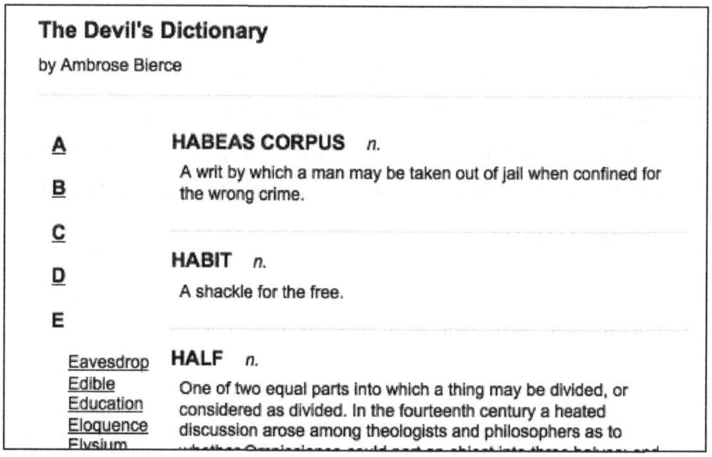

图 6-14

6.10 小结

本章中，我们学习了使用jQuery提供的Ajax方法，在不刷新页面的情况下，从服务器上加载几种不同格式的数据。而且，我们也可以基于请求执行来自服务器的脚本，并且能够向服务器发送数据。

同时，我们还学习了如何处理常见的异步加载技术的问题，例如在加载发生后绑定处理程序，以及从第三方服务器中加载数据。

这一章是本书教程部分的最后一章。到目前为止，我们已经学习了jQuery提供的主要工具。下一章，我们就介绍使用jQuery插件来扩展现有的功能。

延伸阅读

第13章更深入地讨论了有关Ajax的主题。要了解有关Ajax方法的完整介绍，请参考本书附录C或jQuery官方文档：http://api.jquery.com/。

6.11 练习

要完成以下练习，读者需要本章的index.html文件，以及complete.js中包含的已经完成的JavaScript代码。可以从Packt Publishing网站http://www.packtpub.com/support下载这些文件。

"挑战"练习有一些难度，完成这些练习的过程中可能需要参考jQuery官方文档：http://api.jquery.com/。

(1) 页面加载后，把exercises-content.html的主体（body）内容提取到页面的内容区域。

(2) 不要一次就显示整个文档，请为左侧的字母列表创建"提示条"，当用户鼠标放到字母上时，从exercises-content.html中加载与该字母有关的内容。

(3) 为页面加载添加错误处理功能，在页面的内容区显示错误消息。修改脚本，请求does-not-exist.html而不是exercises-content.html，以测试错误处理功能。

(4) **挑战**：页面加载后，向GitHub发送一个JSONP请求，取得某个用户代码库的列表。把每个代码库的名称和URL插入到页面的内容区。取得jQuery项目代码库的URL是https://api.github.com/users/jquery/repos。

第 7 章

使用插件

7

本书前6章讨论了jQuery的核心组件，介绍了使用jQuery库完成各种任务的许多方式。但是，唯独还没有深入讨论的一个方面就是同它的核心一样强大的扩展能力。通过使用jQuery简洁的插件架构，开发者能够把jQuery的功能扩展得更加丰富。

jQuery社区不断发展，其创造的插件已经达到了数百个——小到选择器助手，大到全套的用户界面部件。本章就来介绍怎么挖掘这个巨大的宝藏。

本章，我们将介绍如下内容：

❑ 下载和配置插件；
❑ 调用插件提供的jQuery方法；
❑ 使用插件定义的选择符查找元素；
❑ 使用jQuery UI添加专业的用户界面行为；
❑ 使用jQuery Mobile实现适合移动设备的功能。

7.1 查找插件和帮助

jQuery官方网站的**插件库**（地址为http://plugins.jquery.com/）囊括了大量插件。这个插件注册表（The jQuery Plugin Registry）中列出了每个插件的演示、示例代码及教程的链接。由于所有插件都托管在GitHub（http://github.com/）代码库，因此通过查看一个插件的星级、有多少"分支"代码，可以大致了解该插件的品质，至少是它的流行程度。这些信息都会在插件页面的侧边栏中给出，查阅方便。

假如在上述官方网站、GitHub、作者网站及插件说明中，仍然找不到相关问题的答案，还可以访问jQuery社区，以寻求帮助。jQuery论坛中专门有一个区域，讨论插件的使用，地址为：http://forum.jquery.com/using-jquery-plugins/。很多插件作者都是这个讨论组的积极参与者，他们会积极解答新用户面临的难题。

7.2 使用插件

使用jQuery插件很简单。只要找到插件的URL，在HTML中引用它，然后在脚本中使用即可。为了演示这个过程，我们需要找一个插件作为例子。

jQuery的Cycle插件就是一个不错的例子。这个插件是由Mike Alsup开发的，通过它可以把静态的页面元素变成交互式的幻灯片。与其他广受欢迎的插件类似，这个插件能够满足各种复杂的需求，但使用起来却很简单。

7.2.1   下载并包含 Cycle 插件

可以在jQuery插件注册表或它的主页http://www.malsup.com/jquery/cycle/中找到Cycle插件。在下载页面中可以下载到这个插件的完整版和简化版。我们在这里下载使用完整版，文件名是jquery.cycle.all.js。

把文件下载到站点目录之后，需要在文档的<head>中引入这个插件。此时，注意把引入它的代码放在引入jQuery主文件的代码后面，但要位于使用这个插件的脚本前面。

```
<head>
  <meta charset="utf-8">
  <title>jQuery Book Browser</title>
  <link rel="stylesheet" href="07.css" type="text/css" />
  <script src="jquery.js"></script>
  <script src="jquery.cycle.all.js"></script>
  <script src="07.js"></script>
</head>
```

这样就安装了第一个插件。安装插件与安装jQuery一样简单。然后，就可以在脚本中使用这个插件了。

7.2.2   调用插件提供的方法

Cycle插件可以作用于页面中的任何一组同辈元素。为展示这一点，我们需要一个简单的HTML文档，文档中是一个包含图书封面和相关信息的列表，可以添加到HTML文档的主体中：

```
<ul id="books">
  <li>
    <img src="images/jq-game.jpg" alt="jQuery Game Development
      Essentials" />
    <div class="title">jQuery Game Development Essentials</div>
    <div class="author">Salim Arsever</div>
  </li>
  <li>
    <img src="images/jqmobile-cookbook.jpg" alt="jQuery Mobile
      Cookbook" />
    <div class="title">jQuery Mobile Cookbook</div>
    <div class="author">Chetan K Jain</div>
  </li>
  ...
</ul>
```

在CSS文件中写一些样式，就可以让这些图书封面并列地显示出来，如图7-1所示。

图 7-1

通过Cycle插件可以将这个列表转换成可以交互的幻灯片。在DOM中适当的容器上调用`.cycle()`方法，就可以实现这一转换，参见代码清单7-1。

代码清单7-1

```
$(document).ready(function() {
  $('#books').cycle();
});
```

这个语法简单得不能再简单了。和之前使用其他内置的jQuery方法一样，我们也在一个包含DOM元素的jQuery对象上调用了`.cycle()`。即使没有提供任何参数，`.cycle()`也可以帮我们完成转换工作。其中包括修改页面的样式，以便每次只显示一个列表项，然后每4秒就以交叉淡入淡出的方式切换到下一个列表项，如图7-2所示。

图 7-2

如此简单易用是典型的jQuery插件的特征。就这么一个简简单单的方法调用，就可以实现专业实用的效果。不过，与其他插件一样，Cycle也提供了很多自定义的选项，可以通过配置改变效果。

7.2.3   为插件方法指定参数

为插件方法传递参数与向jQuery方法中传递参数没有什么不一样。多数情况下，传递的参数是放在一个对象中的，对象由参数的键值对构成（正如第6章为$.ajax()传递的参数那样）。Cylce可以接受的参数非常之多，仅.cycle()方法本身就可以接受50个配置选项。这个插件的文档详细说明了每个选项的作用，有的还有详细的示例。

我们可以修改Cycle插件的两个幻灯片之间的播放速度和动画样式，修改幻灯片变换的触发方式，还可以使用回调函数针对动画完成作出响应。为了演示某些功能，我们为这个方法提供了三个简单的选项，参见代码清单7-2。

代码清单7-2

```
$(document).ready(function() {
  $('#books').cycle({
    timeout: 2000,
    speed: 200,
    pause: true
  });
});
```

第一个timeout选项用于指定切换幻灯片之间等待的毫秒数（2000），而speed决定切换本身要花的毫秒数（200）。在把pause设置为true的情况下，幻灯片会在鼠标进入时暂停播放，这在幻灯片中包含可以单击的链接时非常有用。

7.2.4   修改参数默认值

即使不给Cycle传递任何参数，也可以得到非常棒的效果。为此，这个插件为未提供的选项维护了一组默认值。

Cycle其实也遵循了一个常见的模式，那就是把所有默认值放在一个对象中。具体到Cycle来说，包含所有默认选项的对象是$.fn.cycle.defaults。如果有插件像这样把默认值保存在一个公共可见的地方，那么我们就可以在自己的脚本中修改它的默认值，以便在多次调用插件时把代码写得更简单，因为不用每次都通过选项来指定新值了。修改默认值非常简单，如代码清单7-3所示。

代码清单7-3

```
$.fn.cycle.defaults.timeout = 10000;
$.fn.cycle.defaults.random = true;

$(document).ready(function() {
  $('#books').cycle({
    timeout: 2000,
    speed: 200,
```

```
      pause: true
   });
});
```

这里，我们在调用.cycle()之前为两个选项timeout和random设置了默认值。在调用.cycle()并传递timeout:2000的情况下，默认值10000会被忽略；而random的新值true则会发挥作用，使幻灯片以随机的方式进行变换。

7.3 其他形式的插件

插件并不局限于提供更多的jQuery方法，也可以扩展jQuery的功能，甚至修改已有的特性。

插件也可以改变jQuery库其他部分的运作方式。例如，有些插件为动画提供**缓动风格**（easing style），有的插件能够响应应用户动作触发更多的jQuery**事件**。Cycle插件通过添加新的**自定义选择符**提供了一个类似的增强特性。

7.3.1 自定义选择符

支持自定义选择符表达式的插件扩展了jQuery内置选择符引擎的功能，可以让我们以全新的方式查找元素。Cycle就支持一种自定义选择符，下面我们就来体验一下这个功能。

Cycle的幻灯片通过调用.cycle('pause')和.cycle('resume')可以暂停和恢复播放。而通过以下代码，可以轻松地添加几个按钮来控制幻灯片，参见代码清单7-4。

代码清单7-4

```
$(document).ready(function() {
  var $books = $('#books');
  var $controls = $('<div id="books-controls"></div>');
  $controls.insertAfter($books);
  $('<button>Pause</button>').click(function(event) {
    event.preventDefault();
    $books.cycle('pause');
  }).appendTo($controls);
  $('<button>Resume</button>').click(function(event) {
    event.preventDefault();
    $books.cycle('resume');
  }).appendTo($controls);
});
```

假设页面中有多组幻灯片，我们想通过Resume按钮恢复页面中所有暂停的幻灯片。那就需要找到页面中所有被暂停的幻灯片所在的<ul>元素，然后全部恢复。利用Cycle自定义的:paused选择符，可以轻松地实现这个功能，参见代码清单7-5。

代码清单7-5

```
$(document).ready(function() {
  $('<button>Resume</button>').click(function(event) {
    event.preventDefault();
```

```
  $('ul:paused').cycle('resume');
}).appendTo($controls);
});
```

Cycle在加载之后，$('ul:paused')就会创建一个jQuery对象，引用页面中所有暂停的幻灯片，然后我们就可以按照意愿去操作它们。类似这样的由插件提供的选择符扩展，能够与jQuery标准的选择符随意地结合使用。不难想象，通过选择适当的插件，可以把jQuery塑造得更符合我们的要求。

7.3.2　全局函数插件

很多流行的插件在jQuery命名空间中提供了一些新的全局函数。在插件提供的功能与页面中的DOM元素无关，因而不适合扩展标准jQuery方法的情况下，这种模式是很常见的。例如，Cookie插件（https://github.com/carhartl/jquery-cookie）提供了读写页面中cookie值的接口。而这个功能是通过$.cookie()函数提供的，这个函数可以取得或设置个别的cookie值。

例如，假设我们想在用户单击幻灯片的Pause按钮时保持暂停状态，当用户离开当前页面再返回时仍然保持暂停。那么，在加载Cookie插件后，只要将cookie名作为参数就可以读取到cookie的值了，如代码清单7-6所示。

代码清单7-6

```
if ( $.cookie('cyclePaused') ) {
  $books.cycle('pause');
}
```

这里，我们检查名为cyclePaused的cookie是否存在。此时这个cookie的值是什么并不重要。如果存在这个cookie，则暂停播放幻灯片。把这个暂停条件判断语句插到对.cycle()的调用后面，就可以使幻灯片暂停在第一幅图像的状态，直到用户在某一时刻单击Resume按钮。

当然，由于我们还没有设置cookie的值，因此幻灯片会照常播放所有图像。设置cookie就和取得cookie的值一样简单，只要传递一个字符串作为第二个参数即可，参见代码清单7-7。

代码清单7-7

```
var $controls = $('<div id="books-controls"></div>')
  .insertAfter($books);
$('<button>Pause</button>').click(function(event) {
  event.preventDefault();
  $books.cycle('pause');
  $.cookie('cyclePaused', 'y');
}).appendTo($controls);
$('<button>Resume</button>').click(function(event) {
  event.preventDefault();
  $('ul:paused').cycle('resume');
  $.cookie('cyclePaused', null);
}).appendTo($controls);
```

在单击Pause按钮时，将cookie的值设置为y，而在单击Resume按钮时，通过传递null将这个

cookie删除。默认情况下，cookie的值将在会话期间保持，直到关闭浏览器标签页为止。此外，默认情况下，cookie还是与设置它的页面关联的。如果想改变这个默认设置，可以为这个函数提供一个选项对象作为第三个参数。这是jQuery插件乃至jQuery核心函数的典型使用模式。

比如，要想让cookie在整个站点中都可以访问到，而且让它在7天之后再过期，就可以像这样来调用函数：`$.cookie('cyclePaused', 'y', {path: '/', expires: 7})`。要了解这方面的更多信息，以及调用`$.cookie()`时可以使用的选项，请参考这个插件的文档。

7.4 jQuery UI 插件库

与Cycle、Cookie等大多数插件只做一件事相比，jQuery UI能够做的事则可谓包罗万象（而且，做得也都很好）。实际上，虽然jQuery UI经常只保存在一个文件中，但它可不仅仅是一个插件，而是一个完整的插件库。

jQuery UI团队创建了大量核心**交互组件**及成熟的**部件**（widget），使用它们可以创造出更加类似桌面应用程序的Web体验。**交互式组件**包括用于拖动、放置、排序和调整项目大小的方法。当前稳定的**部件**有按钮、折叠窗格、日期选择器、对话框，等等。此外，jQuery UI还为补充和增强jQuery的核心动画功能提供了相当多的高级**效果**。

本章不可能面面俱到地介绍jQuery UI库——那可是得用一本书介绍的主题。好在这个库非常注重功能的一致性，因此深入介绍其中几个特性，就能起到以小见大的作用。

访问http://jqueryui.com/，可以下载所有jQuery UI模块，或者查看相应的文档及示例。其中下载页面中提供了涵盖所有特性的组合下载，也提供了可以自由组合的自定义下载。下载的ZIP文件中还包含一个样式表和一些图片，用于jQuery UI的交互组件及部件。

7.4.1 效果

jQuery UI中的**效果**（effect）模块由一个核心文件和一组独立的效果文件组成。其中，核心文件为创建颜色动画和基于类的动画提供了支持，同时也提供了高级的缓动函数。

1. 颜色动画

在文档中引用核心效果文件的情况下，扩展的`.animate()`方法可以接受另外一些样式属性，例如`borderTopColor`、`backgroundColor`和`color`。代码清单7-8实现的效果就是将黑色背景上的白色文本逐渐变为浅灰色背景上的黑色文本。

代码清单7-8

```
$books.hover(function() {
  $books.find('.title').animate({
    backgroundColor: '#eee',
    color: '#000'
  }, 1000);
}, function() {
  $books.find('.title').animate({
    backgroundColor: '#000',
```

```
        color: '#fff'
    }, 1000);
});
```

现在，把鼠标移动到页面中的幻灯片区域，图书书名的文本和背景颜色就会在1秒（1000毫秒）的周期内平滑地完成动画，如图7-3所示。

图　7-3

2. 基于类的动画

前几章介绍过三个操作CSS类的方法：`.addClass()`、`.removeClass()`和`.toggleClass()`。这三个方法在jQuery UI中经过扩展，都可以接受第二个可选的参数，用于控制动画时长。在指定这个参数的情况下，页面的行为就像是调用了`.animate()`并直接指定了所有样式属性一样，最终结果就是得到为元素应用类之后的外观，参见代码清单7-9。

代码清单7-9

```
$(document).ready(function() {
    $('h1').click(function() {
        $(this).toggleClass('highlighted', 'slow');
    });
});
```

执行了代码清单7-9中的代码之后，再单击页面的标题就会给它添加或删除`hightlighted`类。因为这里指定的速度是`slow`，所以最终的颜色、边框和外边距都会以动画形式慢慢地呈现，而不是一下子就应用这些样式，如图7-4所示。

图　7-4

3. 高级缓动函数

jQuery在某个时长内不会以稳定的速度来执行动画。例如，如果我们调用`$('#my-div').`

slideUp(1000)，那么相应元素的高度变为零要经过整整1秒的时间。但在这1秒的开始和结尾，元素的高度变化比较慢，而在这1秒的中间，高度变化比较快。这种速度的变化就是**缓动**，缓动有助于让动画更流畅、更自然。

高级**缓动**函数可以改变加速或减速曲线，以产生与众不同的结果。例如，easeInExpo函数会让动画速度以指数方式加快，最终的动画速度要数倍于开始时的速度。在任何核心jQuery动画方法或jQuery UI效果方法中，都可以指定自定义的缓动函数。具体指定方式根据使用的语法不同，可能是添加一个参数，也可能是为选项对象中添加一个选项。

为了演示缓动函数的作用，下面我们就在代码清单7-9的基础上，为.toggleClass()方法传入一个easeInExpo参数作为缓动样式，参见代码清单7-10。

代码清单7-10

```
$(document).ready(function() {
  $('h1').click(function() {
    $(this).toggleClass('highlighted', 'slow', 'easeInExpo');
  });
});
```

这样，再单击页面中的标题，通过切换类而修改的样式会在开始的时候慢慢地应用，然后突然加速完成整个变换。

观看缓动函数的示例

要查看完整的缓动函数的演示效果，请访问http://api.jqueryui.com/easings/。

4. 其他效果

效果模块的独立效果文件中包含了非常多的变换，其中一些变换远比jQuery本身提供的简单滑动和淡化动画复杂得多。这些变换都可以通过调用.effect()方法实现，这个方法是jQuery UI添加的。对于那些隐藏和显示元素的动画，可以视情况调用.show()、.hide()和.toggle()方法。

jQuery UI提供的效果可以满足各种不同的需求。比如，transfer和size可以用来改变元素的形状和位置，explode和puff可以产生更吸引人的隐藏动画，而pulsate和shake则可以让元素更吸引眼球。

观看效果的示例

要查看jQuery UI效果的完整演示，请访问http://jqueryui.com/effect/#default。

比如，shake效果特别适合强调当前不能接受的动作。这个效果可以应用到Resume按钮无效的情况下，参见代码清单7-11。

代码清单7-11

```
$('<button>Resume</button>').click(function(event) {
  event.preventDefault();
  var $paused = $('ul:paused');
```

```
  if ($paused.length) {
    $paused.cycle('resume');
  }
  else {
    $(this).effect('shake', {
      distance: 10
    });
  }
}).appendTo($controls);
```

以上代码检查了`$('ul:paused')`的长度，确定页面中是否存在暂停的可以恢复的幻灯片。如果有，则像以前一样执行Cycle的`resume`操作。否则，就执行`shake`效果。我们看到，`shake`效果（与其他效果一样）有很多选项，用于微调它的外观。在此，我们设置了效果的`distance`比默认值小一些，以便在有人单击时比较快地来回摇摆。

7.4.2　交互组件

接下来要介绍jQuery UI中的**交互式组件**。交互式组件就是一组行为，可以跟自定义代码结合起来生成复杂的交互式应用。例如，Resizable就是这样一个组件，这个组件可以让用户通过自然地拖动把元素调整成任意大小。

为元素应用交互行为非常简单，只需要在元素上调用与组件同名的方法即可。例如，通过调用`.resizable()`方法，就可以把图书书名区域变成可以调整大小的元素。

代码清单7-12

```
$books.find('.title').resizable();
```

文档中引用了jQuery UI的CSS文件后，以上代码就会在书名所在盒状区域右下角添加一个调整大小的手柄。拖动这个手柄就可以修改这个区域的宽度和高度，如图7-5所示。

图　7-5

想必读者已经猜到了，这些方法都可以接受很多自定义的选项。比如，假设我们想限制只能调整垂直方向上的高度，通过指定应该添加的拖动手柄即可，参见代码清单7-13。

代码清单7-13

```
$books.find('.title').resizable({
```

```
    handles: 's'
});
```

代码中的s表示south（也就是底部），即在区域底部添加拖动手柄。于是，这个区域就只能调节高度了，如图7-6所示。

图　7-6

其他交互式组件

　　jQuery UI还包括其他交互式组件，比如Draggable、Droppable和Sortable。这些组件与Resizable类似，可以配置很多选项。要了解这些组件及其选项，请访问http://jqueryui.com/。

7.4.3　部件

除了交互式组件之外，jQuery UI库中还提供了一批可靠的用户界面**部件**。无论从外观还是功能上看，这些"开箱即用"的部件都非常类似我们熟悉的桌面应用程序中的相应元素。有些部件十分简单，例如Button部件仅仅是用来增强页面上的按钮和链接的，具有相对更漂亮一些的样式和翻转状态。

要为页面中所有的按钮添加上述外观和行为极其简单，参见代码清单7-14。

代码清单7-14

```
$(document).ready(function() {
  $('button').button();
});
```

在引用jQuery UI Smoothness主题及样式表的情况下，这些按钮就会有平滑、有斜面的外观，如图7-7所示。

图　7-7

与其他UI部件和交互式组件一样，Button部件也可以接受一些选项。比如，假设我们想为页面中的两个按钮提供适当的图标，那么就可以使用Button部件随附的大量预定义的图标。为此，需要把对`.button()`的调用分成两次，分别为每个按钮指定相应的图标，如代码清单7-15所示。

代码清单7-15

```
$('<button>Pause</button>').click(function(event) {
  // ...
}).button({
  icons: {primary: 'ui-icon-pause'}
}).appendTo($controls);
$('<button>Resume</button>').click(function(event) {
  // ...
}).button({
  icons: {primary: 'ui-icon-play'}
}).appendTo($controls);
```

代码中指定的`primary`图标对应着jQuery UI主题框架中的标准类名。默认情况下，`primary`图标显示在按钮文本的左侧，而`secondary`图标则显示在文本右侧，如图7-8所示。

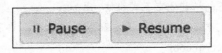

图　7-8

其他部件相对来说要更复杂一些。Slider部件就引入了一个全新的表单元素，它与HTML5的`range`元素类似，但却能兼容所有主流的浏览器。对于Slider组件，可以自定义的选项就更多了，参见代码清单7-16。

代码清单7-16

```
$('<div id="slider"></div>').slider({
  min: 0,
  max: $('#books li').length - 1
}).appendTo($controls);
```

就这么简单地调用`.slider()`，即可把一个`<div>`元素转换成一个滑动条部件。可以通过拖动或按键盘上的方向键（考虑无障碍性）来控制滑动条，如图7-9所示。

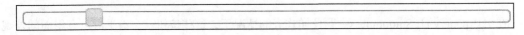

图　7-9

在代码清单7-16中，我们将滑动条的最小值指定为0，最大值指定为幻灯片中最后一本书的索引值。然后，就可以利用这个滑动条来手工控制幻灯片了——只要在两者的状态发生变化时，在幻灯片和滑动条之间同步发送消息即可。

　　为了响应滑动条的值的变化，可以绑定一个由滑动条触发的**自定义事件**。这个事件名为 slide，虽然它不是原生JavaScript事件，但在jQuery代码中，它就像是原生事件一样。而且，监听这种事件也不用显式地调用.on()，只要把事件处理程序传递给.slider()方法即可，参见代码清单7-17。

代码清单7-17

```
$('<div id="slider"></div>').slider({
  min: 0,
  max: $('#books li').length - 1,
  slide: function(event, ui) {
    $books.cycle(ui.value);
  }
}).appendTo($controls);
```

　　无论什么时候调用slide回调函数，其参数ui中都会保存着部件相关的信息，包括滑动条当前的值。把这个值传递给Cycle插件，就可以实现通过滑动条控制幻灯片了。

　　当然，我们还需要在幻灯变换时更新滑动条部件。要实现相反方向的通信，可以使用Cycle的before回调函数，这个函数会在每次幻灯变换时触发，参见代码清单7-18。

代码清单7-18

```
$(document).ready(function() {
  var $books = $('#books').cycle({
    timeout: 2000,
    speed: 200,
    pause: true,
    before: function() {
      $('#slider')
        .slider('value', $('#books li').index(this));
    }
  });
});
```

　　在before回调函数中，我们再次调用了.slider()方法。这一次，我们给它传递的第一个参数是'value'，用以设置滑动条的新值。用jQuery UI的话来说，这个value是Slider的一个**方法**，尽管这个方法是通过调用.slider()方法来调用的，并没有使用它的方法名。

　　其他部件

　　　　jQuery UI的Datepicker、Dialog、Tabs以及Accordion等部件都有一些可以配置的选项、事件和方法。要详细了解这些内容，请访问http://jqueryui.com/。

7.4.4　jQuery UI 主题卷轴

　　jQuery UI库最近增添的一项名为ThemeRoller（主题卷轴）的功能，这是一个面向UI部件的基于Web的交互式主题引擎。有了ThemeRoller，就可以在瞬间创建出高度自定义、专业化的元素。

如前例所示,我们为刚才创建的按钮和滑动条只应用一种主题;在没有应用自定义设置的情况下,这个主题可以通过ThemeRoller输出(如图7-10所示)。

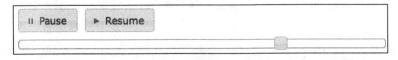

图   7-10

如果想生成另一套不同的样式,只要访问 http://jqueryui.com/themeroller/,根据需要改几个选项,然后单击Download Theme按钮即可。下载后的样式表文件及图像被打包在一个 .zip 文件中,将该文件解压缩至适当文件夹后,即可使用它们。例如,通过选择不同的颜色和纹理,就可以在几分钟内把前面的对话框外观修改成如图7-11所示。

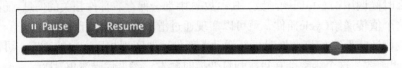

图   7-11

7.5   jQuery Mobile 插件库

前面介绍了jQuery UI库,它能帮我们构建起完善的用户界面,也解决了很多难题。但是,还有另一类问题需要应对,那就是在移动设备中优雅地展示页面和交互。如果你需要为智能手机和平板电脑创建网站或应用,那可以考虑jQuery Mobile项目。

与jQuery UI类似,jQuery Mobile同样由一组相关的组件构成,可以按需取用,又能无缝结合,流畅运行。jQuery Moblie提供Ajax驱动的导航系统、面向移动设备优化的交互式元素,以及高级的触摸事件处理程序。同样与jQuery UI类似,要探索jQuery Mobile的所有功能也不容易,为此我们只看几个简单的例子,具体细节请大家自己参考网上的文档。

要下载jQuery Mobile并浏览其文档和演示,请访问:http://jquerymobile.com。
我们jQuery Mobile的例子要使用Ajax技术,因此还需要准备Web服务器。相关信息请参考第6章。

7.5.1   HTML5 自定义数据属性

到目前为止,为演示插件功能,本章的例子一直在使用插件提供的JavaScript API。我们也了解了jQuery对象方法、全局函数和自定义选择符等几种插件提供给脚本的服务。jQuery Mobile同样也具备这些入口点,但与之交互最常见的方法还是使用HTML5的data-*属性。

HTML5规范允许我们在元素中插入任何需要的属性，只要该属性前缀data-即可。这种属性在页面渲染期间会被忽略，但jQuery脚本却可以访问它们。在页面中包含了jQuery Mobile之后，脚本可以扫描页面中的data-*属性，然后为相应的元素添加适合移动设备的特性。

 jQuery Mobile需要找到一些自定义的数据属性。第12章将详细介绍如何通过脚本操作数据属性。

基于jQuery Mobile的这种设计，我们可以不用编写JavaScript代码即可在这里演示它的一些强大功能。

7.5.2　移动导航

jQuery Mobile中最重要的一个功能，就是把页面中的链接转换成Ajax驱动的导航。转换之后，导航将具有一些简单的动画效果，同时还能保留标准的浏览器历史记录。下面就来看一个例子，先看看示例页面，其中包含一些指向几本图书的链接（与前面构建幻灯片时用到的页面相同）：

```html
<!DOCTYPE html>
<html>
<head>
  <title>jQuery Book Browser</title>
  <link rel="stylesheet" href="booklist.css" type="text/css" />
  <script src="jquery.js"></script>
</head>
<body>

<div>
  <div>
    <h1>Selected jQuery Books</h1>
  </div>

  <div>
    <ul>
      <li><a href="jq-game.html">jQuery Game Development
        Essentials</a></li>
      <li><a href="jqmobile-cookbook.html">jQuery Mobile
        Cookbook</a></li>
      <li><a href="jquery-designers.html">jQuery for
        Designers</a></li>
      <li><a href="jquery-hotshot.html">jQuery Hotshot</a></li>
      <li><a href="jqui-cookbook.html">jQuery UI Cookbook</a></li>
      <li><a href="mobile-apps.html">Creating Mobile Apps with
        jQuery Mobile</a></li>
      <li><a href="drupal-7.html">Drupal 7 Development by
        Example</a></li>
      <li><a href="wp-mobile-apps.html">WordPress Mobile
        Applications with PhoneGap</a></li>
    </ul>
  </div>
</div>
```

```
</div>

</body>
</html>
```

 在下载到的本章代码中，完成后的HTML页面名为mobile.html。

现在，页面中还没有加载jQuery Mobile，因此浏览器会使用默认样式渲染它，如图7-12所示。

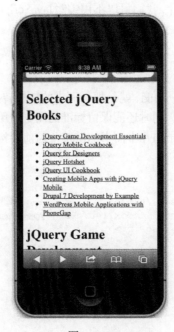

图 7-12

接下来，我们就修改文档的`<head>`部分，引用jQuery Mobile及其样式表：

```
<head>
  <title>jQuery Book Browser</title>
  <meta name="viewport"
    content="width=device-width, initial-scale=1">
  <link rel="stylesheet" href="booklist.css"
    type="text/css" />
  <link rel="stylesheet"
    href="jquery.mobile/jquery.mobile.css" type="text/css" />
  <script src="jquery.js"></script>
  <script src="jquery.mobile/jquery.mobile.js"></script>
</head>
```

特别要注意，这里添加了一个`<meta>`标签，用于定义页面的视口（viewport）。这个声明是告诉浏览器将其页面内容缩放到恰好填满设备的宽度。jQuery Mobile的样式也应用到了页面上，页面文本变成了无衬线字体，字号也变大了，还添加了颜色和间距，如图7-13所示。

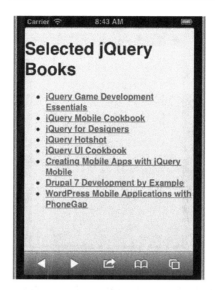

图　7-13

为了创建导航，jQuery Mobile需要理解页面结构。为此，我们要使用data-role属性来提供这些信息：

```
<div data-role="page">
  <div data-role="header">
    <h1>Selected jQuery Books</h1>
  </div>

  <div data-role="content">
    <ul>
      <li><a href="jq-game.html">jQuery Game Development
        Essentials</a></li>
      <li><a href="jqmobile-cookbook.html">jQuery Mobile
        Cookbook</a></li>
      <li><a href="jquery-designers.html">jQuery for
        Designers</a></li>
      <li><a href="jquery-hotshot.html">jQuery Hotshot</a></li>
      <li><a href="jqui-cookbook.html">jQuery UI Cookbook</a></li>
      <li><a href="mobile-apps.html">Creating Mobile Apps with
        jQuery Mobile</a></li>
      <li><a href="drupal-7.html">Drupal 7 Development by
        Example</a></li>
      <li><a href="wp-mobile-apps.html">WordPress Mobile
        Applications with PhoneGap</a></li>
    </ul>
  </div>
</div>
```

刷新页面，jQuery Mobile发现了页面标题，于是就渲染出一个标准的横跨页面的移动版标题，如图7-14所示。

图   7-14

在标题文本过长时，jQuery Mobile会将其截断，并在末尾加上省略号。在此，只要旋转手机，变成横向摆放，就可以看到完整的标题了（如图7-15所示）。

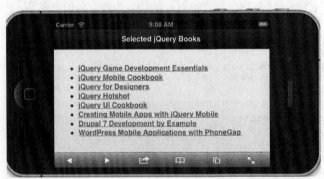

图   7-15

更重要的是，这些就是创建Ajax导航的所有代码。在链接指向的页面中，我们使用了类似的标记：

```
<div data-role="page">
  <div data-role="header">
    <h1>WordPress Mobile Applications with PhoneGap</h1>
  </div>
  <div data-role="content">
    <img src="images/wp-mobile-apps.jpg" alt="WordPress Mobile
      Applications with PhoneGap" />
    <div class="title">WordPress Mobile Applications with
      PhoneGap</div>
    <div class="author">Yuxian Eugene Liang</div>
  </div>
</div>
```

点击页面中的链接，jQuery Mobile会通过Ajax调用加载相应的页面，取得页面中标记为`data-role="page"`的部分，通过渐变过渡显示出来（如图7-16所示）。

图　7-16

7.5.3　一个文档支持多个页面

除了能通过Ajax加载其他文档，jQuery Mobile还可以基于包含所有内容的单个文档实现同样的导航功能。为演示这一点，只要在文档链接中使用标准的#符号，同时就像标记独立文档一样使用`data-role="page"`属性标记那些内容区块：

```
<div data-role="page">
  <div data-role="header">
    <h1>Selected jQuery Books</h1>
  </div>

  <div data-role="content">
    <ul>
      <li><a href="#jq-game">jQuery Game Development
        Essentials</a></li>
      <li><a href="#jqmobile-cookbook">jQuery Mobile
        Cookbook</a></li>
      <li><a href="#jquery-designers">jQuery for
        Designers</a></li>
      <li><a href="#jquery-hotshot">jQuery Hotshot</a></li>
      <li><a href="#jqui-cookbook">jQuery UI Cookbook</a></li>
      <li><a href="#mobile-apps">Creating Mobile Apps with jQuery
        Mobile</a></li>
      <li><a href="#drupal-7">Drupal 7 Development by
        Example</a></li>
      <li><a href="wp-mobile-apps.html">WordPress Mobile
        Applications with PhoneGap</a></li>
```

```
      </ul>
    </div>
  </div>

  <div id="jq-game" data-role="page">
    <div data-role="header">
      <h1>jQuery Game Development Essentials</h1>
    </div>
    <div data-role="content">
      <img src="images/jq-game.jpg" alt="jQuery Game Development
        Essentials" />
      <div class="title">jQuery Game Development Essentials</div>
      <div class="author">Salim Arsever</div>
    </div>
  </div>
```

至于这两种技术如何选择，取决于你自己。使用独立的文档保存内容，可以在需要时再加载，但代价就是请求多个页面会影响速度。

7.5.4　交互式元素

jQuery Mobile中的大部分组件都是交互式元素。这些元素可用于增强基本的网页功能，让页面元素更适合触控操作。折叠式区块、可切换开关、幻灯片式面板，以及响应式表格，都是交互式元素的例子。

　　　　　　　　jQuery UI与jQuery Mobile有相当数量的元素是重复的。我们不推荐在一个页面中同时使用它们，毕竟最重要的部件它们各自都有。

1. 列表视图
由于手机屏幕比较小，所以很多手机应用都会使用列表。通过jQuery Mobile很容易将页面中的列表转换成移动应用中的列表。同样，只要添加HTML5数据属性即可：

```
<ul data-role="listview" data-inset="true">
  <li><a href="#jq-game">jQuery Game Development
    Essentials</a></li>
  <li><a href="#jqmobile-cookbook">jQuery Mobile Cookbook</a></li>
  <li><a href="#jquery-designers">jQuery for Designers</a></li>
  <li><a href="#jquery-hotshot">jQuery Hotshot</a></li>
  <li><a href="#jqui-cookbook">jQuery UI Cookbook</a></li>
  <li><a href="#mobile-apps">Creating Mobile Apps with jQuery
    Mobile</a></li>
  <li><a href="#drupal-7">Drupal 7 Development by Example</a></li>
  <li><a href="wp-mobile-apps.html">WordPress Mobile Applications
    with PhoneGap</a></li>
</ul>
```

添加的data-role="listview"告诉jQuery Mobile把列表中的链接转换成适合手指触摸的大按钮。而data-inset="true"则用于给列表添加一个漂亮的边框，以便它们与周围内容泾渭分明。结果呢，就是我们非常熟悉的原生控件的样子，如图7-17所示。

图   7-17

有了适合手指触摸的列表后，可以进一步添加筛选搜索框，以便通过关键词来筛选（减少）列表项。为此，只要再添加一个data-filter属性即可：

```
<ul data-role="listview" data-inset="true" data-filter="true">
```

结果就有一个圆角输入框，内嵌一个图标，出现在了列表上方（如图7-18所示）。

图   7-18

不仅搜索区域与原生控件无异，就连其功能也相差无几（见图7-19），而我们则连一行代码都没写过。

图　7-19

2. 工具栏按钮

jQuery Mobile增强的另一个用户界面元素是工具栏按钮。如同jQuery UI可以帮我们标准化按钮外观一样，jQuery Mobile也针对触摸操作优化了按钮的大小和外观。

某些情况下，jQuery Mobile甚至会帮我们创建原来没有的按钮。比如，移动应用的工具栏中经常会出现按钮，其中一个标准的按钮就是屏幕左上角的Back，点击可以返回上一层。只要给页面中的<div>元素添加data-add-back-btn属性，就可以得到这么一个按钮：

```
<div data-role="page" data-add-back-btn="true">
```

添加了这个属性后，导航到每个页面，其顶部都会出现如图7-20所示的Back按钮。

图　7-20

要了解用于初始化和配置jQuery Mobile部件的所有HTML5数据属性，请访问：http://jquerymobile.com/。

7.5.5 高级功能

考虑到每个应用都需要定制的用户界面和更复杂的交互，jQuery Mobile也提供了稳定可靠的工具。所有这些工具的文档都可以在jQuery Mobile官网查到。虽然不可能一一介绍这些功能，但我们在此可以简单地提几个。

- 移动优化的事件。在页面引用jQuery Mobile后，jQuery代码就可以访问一些特殊的事件，比如tap、taphold和swipe。这些事件的处理程序同样以.on()方法绑定，与绑定其他事件一样。其中，taphold和swipe默认的配置（包括触摸时长）可以通过$.event.special.taphold和$.event.special.swipe对象来修改。除了基于触摸的事件，jQuery Mobile还支持能响应滚动、屏幕翻转和页面导航不同阶段的特殊事件，以及一组虚拟的鼠标事件，能够同时响应鼠标和触摸操作。
- 主题定制。与jQuery UI一样，jQuery Mobile也提供ThemeRoller（http://jquerymobile.com/themeroller/）用于定制部件的外观。
- PhoneGap集成。使用PhoneGap（Cordova）很容易将通过jQuery Mobile构建的网站转换成原生应用，从而能够访问移动设备的API（相机、加速计和地理定位等）和应用商店。通过$.support.cors和$.mobile.allowCrossDomainPages属性，甚至可以访问不包含在应用中的页面，比如包含在远程服务器中的页面。

7.6 小结

本章介绍了在网页中整合第三方插件的各种方式。其中，着重讨论了Cycle、jQuery UI和jQuery Mobile，并展示了在其他插件中同样会遇到的一些模式。下一章，我们探讨如何利用jQuery的插件架构开发不同类型的自定义插件。

7.7 练习

要完成以下练习，读者需要本章的index.html文件，以及complete.js中包含的已经完成的JavaScript代码。可以从Packt Publishing网站http://www.packtpub.com/support下载这些文件。

(1) 把幻灯片的切换周期延长到1.5秒，把动画效果修改为下一张幻灯片淡入之前，前一张幻灯片淡出。请参考Cycle插件的文档，找到实现上述功能的选项。

(2) 设置名为cyclePaused的cookie，将它的有效期设置为30天。

(3) 限制书名区域，每次缩放只允许以10像素为单位。

(4) 修改滑动条的动画，让幻灯片切换时，滑动块从当前位置平滑地移动到下一个位置。

(5) 不像以前那样循环播放幻灯片，而是在播放完最后一张幻灯片后停止。当幻灯片停止播放时，也禁用相应的按钮和滑动条。

(6) 创建一个新的jQuery UI主题，让部件背景为浅蓝色，文本为深蓝色，并将这个自定义主题应用到我们的示例文档上。

(7) 修改mobile.html中的HTML代码，让列表视图根据书名的字第一个字母分隔开来。可以参考jQuery Mobile官方中关于data-role="list-divider"的介绍。

第8章

开发插件

众多的第三方插件虽然能够增强我们的编程体验，但有时候我们还需要走得更远一些。当我们编写的代码可以供其他人甚至我们自己重用的时候，我们会希望把这些代码打包成一个新插件。好在，这个过程与编写使用插件的代码相比，不会复杂多少。

本章，我们将学习以下内容：

❑ 在jQuery命名空间中添加新的全局函数；
❑ 添加新的jQuery方法，以操作DOM元素；
❑ 使用jQuery UI插件工厂创建完善的插件；
❑ 对外发布完工的插件。

8.1 在插件中使用$别名

在编写jQuery插件时，必须假设jQuery库已经加载到了页面中。可是，我们不能假设$别名一定可用。第3章曾经讲过，`$.noConflict()`方法就是用于让渡这个快捷方式使用权的。考虑到这一点，我们自定义的插件就应该始终都使用jQuery这个名字来调用jQuery方法，或者也可以在内部定义一个$别名。

对于代码比较长的插件来说，很多开发人员都觉得不能使用$别名会导致代码难以理解。为了解决这个问题，我们可以在插件的作用域内定义这个快捷方式，方法就是定义一个函数并马上调用它。这种定义并立即调用函数的语法通常被称为**立即调用的函数表达式**（IIFE，Immediately Invoked Function Expression）：

```
(function($) {
  //在这里添加代码
})(jQuery);
```

这个包装函数只接收一个参数，我们通过这个参数传入了jQuery对象。这个参数的名字是$，因此在这个函数内部，使用$别名就不会有冲突了。

8.2 添加新的全局函数

jQuery内置的某些功能是通过全局函数提供的。所谓**全局函数**，实际上就是jQuery对象的

方法，但从实践的角度上看，它们是位于jQuery**命名空间**内部的函数。

　　使用这种技术的一个典型的例子就是$.ajax()函数。$.ajax()所做的一切都可以通过简单地调用一个名为ajax()的常规全局函数来实现，但是，这种方式会给我们带来函数名冲突的问题。通过把这个函数放在jQuery的命名空间内，我们只需避免它与其他的jQuery方法冲突即可。对想要使用插件的人而言，jQuery命名空间也是一个提醒，即要使用这个插件，必须要有jQuery库。

　　核心jQuery库提供的很多全局函数都是**实用方法**；所谓实用方法，就是一些常用功能的快捷方式，但即使手工编写同样功能的代码也不是很难。数组处理方法$.each()、$.map()和$.grep()都是实用方法。为了演示这些实用方法的创建方式，我们再给jQuery核心库添加两个小函数。

　　要向jQuery的命名空间中添加一个函数，只需将这个新函数指定为jQuery对象的一个**属性**即可参见代码清单8-1。

代码清单8-1

```
(function($) {
  $.sum = function(array) {
    //在这里添加代码
  };
})(jQuery);
```

于是，我们就可以在使用这个插件的任何代码中，编写如下代码：

```
$.sum();
```

这跟一个基本的调用没什么两样，调用之后就会执行函数体内的代码。

　　这个求和函数接受一个数组作为参数，然后把数组的值加在一起，最后返回结果。这个插件的代码非常简单，如代码清单8-2所示。

代码清单8-2

```
(function($) {
  $.sum = function(array) {
    var total = 0;

    $.each(array, function(index, value) {
      value = $.trim(value);
      value = parseFloat(value) || 0;

      total += value;
    });
    return total;
  };
})(jQuery);
```

注意，我们在这里使用了$.each()方法遍历了数组的值。当然也可以在此使用for循环，但既然我们能够确定页面会在加载插件之前先加载jQuery库，使用习以为常的语法是很自然的。同样，$.each()的好处在于它的第一个参数是一个对象。

为了测试这个新插件，我们创建了一个表格，其中包含库存的食品：

```
<table id="inventory">
  <thead>
    <tr class="one">
      <th>Product</th> <th>Quantity</th> <th>Price</th>
    </tr>
  </thead>
  <tfoot>
    <tr class="two" id="sum">
      <td>Total</td> <td></td> <td></td>
    </tr>
    <tr id="average">
      <td>Average</td> <td></td> <td></td>
    </tr>
  </tfoot>
  <tbody>
    <tr>
      <td><a href="spam.html" data-tooltip-text="Nutritious and delicious!">Spam
      </a></td> <td>4</td> <td>2.50</td>
    </tr>
    <tr>
      <td><a href="egg.html" data-tooltip-text="Farm fresh or scrambled!">Egg</a>
      </td> <td>12</td> <td>4.32</td>
    </tr>
    <tr>
      <td><a href="gourmet-spam.html" data-tooltip-text="Chef Hermann's recipe.">
      Gourmet Spam</a></td> <td>14</td> <td>7.89</td>
    </tr>
  </tbody>
</table>
```

下载代码示例

　　如同本书其他HTML、CSS以及JavaScript示例一样，上面的标记只是完整文档的一个片段。如果读者想试一试这些示例，可以从以下地址下载完整的示例代码：Packt Publishing网站http://www.packtpub.com/support，或者本书网站http://book.learningjquery.com/。

接下来，我们再写几行脚本，让它负责填写表格中表示数量之和的单元格，参见代码清单8-3。

代码清单8-3

```
$(document).ready(function() {
  var $inventory = $('#inventory tbody');
  var quantities = $inventory.find('td:nth-child(2)')
    .map(function(index, qty) {
      return $(qty).text();
    }).get();
```

8

```
var sum = $.sum(quantities);
$('#sum').find('td:nth-child(2)').text(sum);
});
```

通过浏览器查看HTML页面的结果表明，我们的插件工作正常，如图8-1所示。

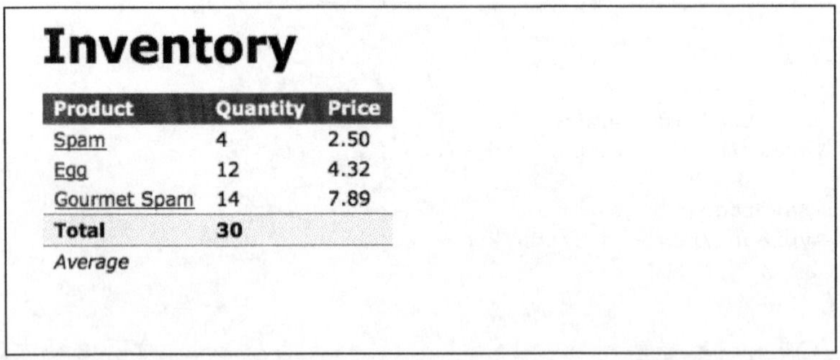

图　8-1

添加多个函数

如果我们想在插件中提供多个全局函数，可以独立地声明这些函数。下面，我们再来增强插件，添加一个用于计算数值数组平均值的函数，参见代码清单8-4。

代码清单8-4

```
(function($) {
  $.sum = function(array) {
    var total = 0;

    $.each(array, function(index, value) {
      value = $.trim(value);
      value = parseFloat(value) || 0;

      total += value;
    });
    return total;
  };
  $.average = function(array) {
    if ($.isArray(array)) {
      return $.sum(array) / array.length;
    }
    return '';
  };
})(jQuery);
```

为了方便起见，我们使用了$.sum()插件作为辅助，以方便地返回$.average()的值。同时，为避免出错，这里还检测了传入的参数，在计算平均值之前确保它是一个数组：

好了，现在第二个方法也就绪了，接下我们就用同样的方式来调用它，参见代码清单8-5。

代码清单8-5

```
$(document).ready(function() {
  var $inventory = $('#inventory tbody');
  var prices = $inventory.find('td:nth-child(3)')
    .map(function(index, qty) {
      return $(qty).text();
    }).get();

  var average = $.average(prices);
  $('#average').find('td:nth-child(3)').text(average.toFixed(2));
});
```

于是，平均值出现了在表格的第三栏，如图8-2所示。

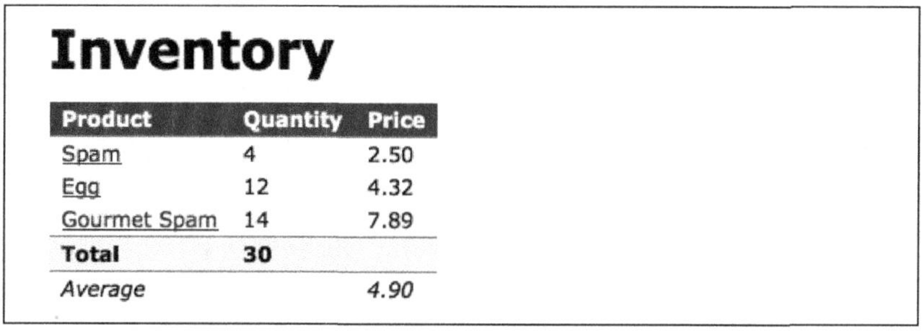

Inventory

Product	Quantity	Price
Spam	4	2.50
Egg	12	4.32
Gourmet Spam	14	7.89
Total	**30**	
Average		*4.90*

图　8-2

1. 扩展全局jQuery对象

事实上，利用$.extend()函数，还可以通过另外一种语法来定义全局函数，参见代码清单8-6。

代码清单8-6

```
(function($) {
  $.extend({
    sum: function(array) {
      var total = 0;

      $.each(array, function(index, value) {
        value = $.trim(value);
        value = parseFloat(value) || 0;

        total += value;
      });
      return total;
    },
    average: function(array) {
      if ($.isArray(array)) {
        return $.sum(array) / array.length;
```

```
    }
      return '';
    }
  });
})(jQuery);
```

这样调用$.extend()就可以给全局jQuery对象添加属性（如果原来有相同的属性，就会替换原来的属性）。这样也定义了相同的$.sum()和$.average()方法。

2. 使用命名空间隔离函数

我们的插件在jQuery命名空间中创建了两个独立的全局函数。但这样写有可能污染命名空间。换句话说，其他jQuery插件也可能定义相同的函数名。为了避免冲突，最好的办法是把属于一个插件的全局函数都封装到一个对象中，如代码清单8-7所示。

代码清单8-7

```
(function($) {
  $.mathUtils = {
    sum: function(array) {
      var total = 0;

      $.each(array, function(index, value) {
        value = $.trim(value);
        value = parseFloat(value) || 0;

        total += value;
      });
      return total;
    },
    average: function(array) {
      if ($.isArray(array)) {
        return $.mathUtils.sum(array) / array.length;
      }
      return '';
    }
  };
})(jQuery);
```

这个模式的本质是为所有的全局函数又创建了一个命名空间，叫做jQuery.mathUtils。虽然我们还称它们为全局函数，但实际上它们已经成了mathUtils对象的方法了，而mathUtils对象则保存在jQuery对象的属性中。结果，在调用它们时就必须得加上插件的名字了：

```
$.mathUtils.sum(sum);
$.mathUtils.average(average);
```

使用这种技术（以及足够独特的命名空间），就能够避免全局函数污染命名空间。至此，我们已经掌握了开发插件的基本方法。在把这些函数保存到名为jquery.mathutils.js的文件中之后，就可以将其包含在其他页面中通过其他脚本来使用这些函数了。

选择命名空间

对于仅限于个人使用的函数，一般来说还是把它保存在项目的命名空间中最方便。换句话说，不要保存在 jQuery 命名空间中，而要选择一个我们自己的全局对象。比如说，可以将 ljQ 作为全局对象，那么 `$.mathUtils.sum()` 和 `$.mathUtils.average()` 就要写成 `ljQ.mathUtils.sum()` 和 `ljQ.math-Utils.average()` 了。这样，就可以彻底避免自定义的插件方法与第三方插件方法发生命名冲突。

我们已经介绍了如何保护命名空间，以及确保 jQuery 插件假定的库的有效性。不过，这些都还是组织上的好处。要想真正体验到 jQuery 插件的威力，还需要学会为个别 jQuery 对象实例创建新的方法。

8.3 添加 `jQuery` 对象方法

jQuery 中大多数内置的功能都是通过其对象实例的方法提供的，而且这些方法也是插件之所以诱人的关键。当函数需要操作 DOM 元素时，就是将函数创建为 jQuery 实例方法的好机会。

前面我们已经看到，添加全局函数需要以新方法来扩展 jQuery 对象。添加实例方法也与此类似，但扩展的却是 `jQuery.fn` 对象：

```
jQuery.fn.myMethod = function() {
  alert('Nothing happens.');
};
```

`jQuery.fn` 对象是 `jQuery.prototype` 的别名，使用别名是出于简洁的考虑。

然后，就可以在使用任何选择符表达式之后调用这个新方法了：

```
$('div').myMethod();
```

当调用这个方法时会弹出一个警告框（文档中的每个 `<div>` 显示一次）。由于这里并没有在任何地方用到匹配的 DOM 节点，所以为此编写一个全局函数也是一样的。由此可见，一个合理的实例方法应该包含对它的上下文的操作。

8.3.1 对象方法的上下文

在任何插件方法内部，关键字 `this` 引用的都是当前的 jQuery 对象。因而，可以在 `this` 上面调用任何内置的 jQuery 方法，或者提取它包含的 DOM 节点并操作该节点。为了确定可以怎样利用对象的上下文，下面我们来编写一个小插件，用以操作匹配元素的类。

这个新方法接受两个类名，每次调用更换应用于每个元素的类。尽管 jQuery UI 有一个健壮

的 .switchClass() 方法，甚至该方法都支持以动画方式切换类，但为了演示需要，我们还是自己再来写一个吧，参见代码清单8-8。

代码清单8-8

```
//未完成的代码
(function($) {
  $.fn.swapClass = function(class1, class2) {
    if (this.hasClass(class1)) {
      this.removeClass(class1).addClass(class2);
    }
    else if (this.hasClass(class2)) {
      this.removeClass(class2).addClass(class1);
    }
  };
})(jQuery);

$(document).ready(function() {
  $('table').click(function() {
    $('tr').swapClass('one', 'two');
  });
});
```

首先，测试每个匹配的元素是否已经应用了class1，如果是，则将该类替换成class2。然后，再测试class2并在必要时替换成class1。如果两个类都不存在，则什么也不做。

在使用这个插件的代码中，我们为表格绑定了click处理程序，当单击表格时在每一个行上都调用 .swapClass()。我们的目的是想把表头行的类one切换成two，把合计行的类two切换成one。然而，预期的结果并没有发生，如图8-3所示。

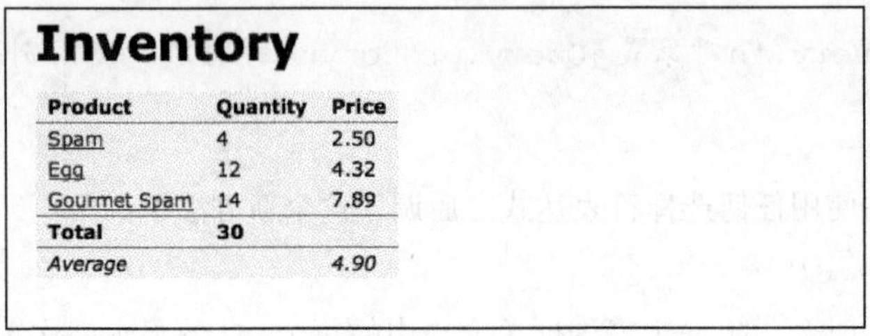

Inventory

Product	Quantity	Price
Spam	4	2.50
Egg	12	4.32
Gourmet Spam	14	7.89
Total	30	
Average		4.90

图　8-3

结果是每一行都应用了two类。为了纠正这个问题，需要基于多次选择的元素来正确地处理jQuery对象。

8.3.2   隐式迭代

读者大概还记得，jQuery的选择符表达式可能会匹配零、一或多个元素。因此，在设计插件时必须考虑到所有这些可能的情况。然而，我们在此调用的 .hasClass() 只会检查匹配的第一个元素。换句话说，我们应该独立检查和操作每一个元素。

要在无论匹配多个元素的情况下都保证行为正确，最简单的方式就是始终在方法的上下文上调用.each()方法；这样就会执行**隐式迭代**，而执行隐式迭代对于维护插件与内置方法的一致性是至关重要的。

在调用的.each()方法内部，this依次引用每个DOM元素，因此可以调整代码依次检测每个匹配的元素，并为它们应用相应的类，参见代码清单8-9。

代码清单8-9

```
(function($) {
  $.fn.swapClass = function(class1, class2) {
    this.each(function() {
      var $element = $(this);
      if ($element.hasClass(class1)) {
        $element.removeClass(class1).addClass(class2);
      }
      else if ($element.hasClass(class2)) {
        $element.removeClass(class2).addClass(class1);
      }
    });
  };
})(jQuery);
```

this的含义

注意！在对象方法体内，关键字this引用的是一个jQuery对象，但在每次调用的.each()方法中，this引用的则是一个DOM元素。

这样，再单击表格，切换类的操作就不会影响到不带有任何类的行了，如图8-4所示。

Inventory

Product	Quantity	Price
Spam	4	2.50
Egg	12	4.32
Gourmet Spam	14	7.89
Total	**30**	
Average		*4.90*

图　8-4

8.3.3　方法连缀

除了隐式迭代之外，jQuery用户也应该能够正常使用**连缀**行为。因而，我们必须在所有插件方法中返回一个jQuery对象，除非相应的方法明显用于取得不同的信息。返回的jQuery对象通常就是this所引用的对象。如果我们使用.each()迭代遍历this，那么可以只返回迭代的结果，参见代码清单8-10。

代码清单8-10

```
(function($) {
  $.fn.swapClass = function(class1, class2) {
    return this.each(function() {
      var $element = $(this);
      if ($element.hasClass(class1)) {
        $element.removeClass(class1).addClass(class2);
      }
      else if ($element.hasClass(class2)) {
        $element.removeClass(class2).addClass(class1);
      }
    });
  };
})(jQuery);
```

前面在调用了.swapClass()之后，如果想对元素再执行其他操作，必须通过一条新语句重新取得元素。而在添加return之后，就可以在我们的插件方法上面连缀内置的方法了。

8.4   提供灵活的方法参数

在第7章中，我们看到了一些通过调整参数来使插件满足自己需求的例子。那些巧妙构思的插件通过定义恰当的默认值，并允许我们覆盖这些默认值提供了极大的灵活性。在轮到我们编写插件的时候，也应该替用户考虑到这一点。

为说明让插件用户定制插件行为的不同方式，我们来看一个例子，其中包含可以调整和修改的多项设置。这个例子是一个为元素块加投影的插件方法。同样的效果可以通过高级的CSS技术完成，但我们这里要使用一个更"暴力"的JavaScript方式：创建一些部分透明的元素，然后把它们相继排列在页面的不同位置上，参见代码清单8-11。

代码清单8-11

```
(function($) {
  $.fn.shadow = function() {
    return this.each(function() {
      var $originalElement = $(this);
      for (var i = 0; i < 5; i++) {
        $originalElement
          .clone()
          .css({
            position: 'absolute',
            left: $originalElement.offset().left + i,
            top: $originalElement.offset().top + i,
            margin: 0,
            zIndex: -1,
            opacity: 0.1
          })
```

```
        .appendTo('body');
      }
    });
  };
})(jQuery);
```

对于每个调用此方法的元素，都要复制该元素一定数量的副本，调整每个副本的不透明度。然后，再通过绝对定位方式，以该元素为基准按照不同的偏移量定位这些副本。现在，这个插件方法不接受任何参数，因此调用该方法很简单。

```
$(document).ready(function() {
  $('h1').shadow();
});
```

调用结果就是在标题下方添加了阴影效果，如图8-5所示。

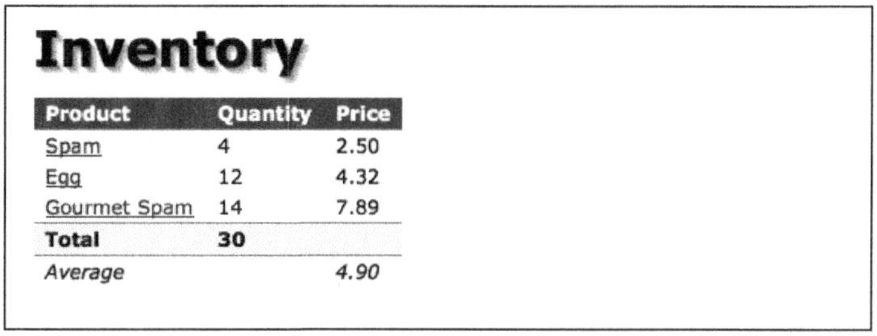

图　8-5

接下来，我们就赋予这个插件方法一些灵活性。这个方法的操作取决于一些用户可能想要修改值。可以把这些值提取出来作为**参数**，以便用户根据需要修改。

8.4.1　参数对象

在介绍jQuery API时，我们曾看到过很多将对象作为（.animate()、$.ajax()等）方法参数的例子。作为一种向插件用户公开选项的方式，对象要比刚刚使用的参数列表更加友好。**对象**会为每个参数提供一个有意义的标签，同时也会让参数次序变得无关紧要。而且，只要有可能通过插件来模仿jQuery API，就应该使用对象来提高一致性和易用性，参见代码清单8-12。

代码清单8-12

```
(function($) {
  $.fn.shadow = function(options) {
    return this.each(function() {
      var $originalElement = $(this);
      for (var i = 0; i < options.copies; i++) {
        $originalElement
          .clone()
          .css({
```

```
                position: 'absolute',
                left: $originalElement.offset().left + i,
                top: $originalElement.offset().top + i,
                margin: 0,
                zIndex: -1,
                opacity: options.opacity
            })
            .appendTo('body');
        }
    });
};
})(jQuery);
```

这样，副本的数量和不透明度就可以自定义了。在这个插件中，可以通过函数参数 options
的属性来访问每一个值。

再调用这个方法则需要传递一个包含选项值的对象，而不是独立的参数了：

```
$(document).ready(function() {
  $('h1').shadow({
    copies: 3,
    opacity: 0.25
  });
});
```

配置能力得到了改进，但每次都必须提供两个选项才行。下一节，我们就来解决这个问题，
看看怎么让用户可以忽略任何一个选项。

8.4.2　默认参数值

随着方法的参数逐渐增多，始终指定每个参数并不是必须的。此时，一组合理的**默认值**可以
增强插件接口的易用性。所幸的是，以对象作为参数可以帮我们很好地达成这一目标，它可以为
用户未指定的参数自动传入默认值，参见代码清单8-13。

代码清单8-13

```
(function($) {
  $.fn.shadow = function(opts) {
    var defaults = {
      copies: 5,
      opacity: 0.1
    };
    var options = $.extend(defaults, opts);

    // ...
  };
})(jQuery);
```

在这个方法的定义中，我们定义了一个新对象，名为 defaults。实用函数 $.extend()
可以用接受的 opts 对象参数覆盖 defaults 中的选项，并保持选项对象中未指定的默认项
不变。

接下来，我们仍然以对象调用同一个方法，但这次只指定一个有别于默认值的不同参数：

```
$(document).ready(function() {
  $('h1').shadow({
    copies: 3
  });
});
```

未指定的参数使用预先定义的默认值。`$.extend()`方法甚至可以接受null值，在用户可以接受所有默认参数时，我们的方法可以直接执行而不会出现JavaScript错误。

```
$(document).ready(function() {
  $('h1').shadow();
});
```

8.4.3 回调函数

当然，方法参数也可能不是一个简单的数字值，可能会更复杂。在各种jQuery API中经常可以看到另一种参数类型，即**回调函数**。回调函数可以极大地增加插件的灵活性，但却用不着在创建插件时多编写多少代码。

要在方法中使用回调函数，需要接受一个函数对象作为参数，然后在方法中适当的位置上调用该函数。例如，可以扩展前面定义的文本投影方法，让用户能够自定义投影相对于文本的位置，参见代码清单8-14。

代码清单8-14

```
(function($) {
  $.fn.shadow = function(opts) {
    var defaults = {
      copies: 5,
      opacity: 0.1,
      copyOffset: function(index) {
        return {x: index, y: index};
      }
    };
    var options = $.extend(defaults, opts);

    return this.each(function() {
      var $originalElement = $(this);
      for (var i = 0; i < options.copies; i++) {
        var offset = options.copyOffset(i);
        $originalElement
          .clone()
          .css({
            position: 'absolute',
            left: $originalElement.offset().left + offset.x,
            top: $originalElement.offset().top + offset.y,
            margin: 0,
            zIndex: -1,
            opacity: options.opacity
```

8

```
        })
        .appendTo('body');
      }
    });
  };
})(jQuery);
```

投影的每个"切片"相对于原始文本都有不同的偏移量。此前，这个偏移量简单地等于切片的索引值。现在，偏移量都根据copyOffset()函数来计算，而这个函数是用户可以覆盖的参数。例如，用户可以在两个方向上指定负值偏移量：

```
$(document).ready(function() {
  $('h1').shadow({
    copyOffset: function(index) {
      return {x: -index, y: -2 * index};
    }
  });
});
```

这样会导致投影叠加起来并向左上方（不是向右下方）延伸，如图8-6所示。

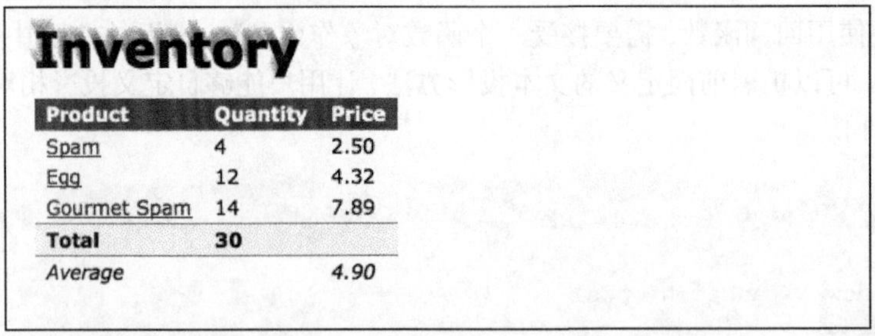

图   8-6

回调函数可以像这样简单地修改投影方向，也可以根据插件用户的定义，对投影位置作出更复杂的调整。如果未指定回调函数，则会使用默认行为。

8.4.4   可定制的默认值

我们在前面已经看到了，通过为方法参数设定合理的默认值，能够显著改善用户使用插件的体验。但是，到底什么默认值合理有时候也很难说。如果用户脚本会多次调用我们的插件，每次调用都要传递一组不同于默认值的参数，那么通过定制默认值就可以减少很多需要编写的代码量。

要支持默认值的可定制，需要把它们从方法定义中移出，然后放到外部代码可以访问的地方，如代码清单8-15所示。

代码清单8-15

```
(function($) {
  $.fn.shadow = function(opts) {
```

```
    var options = $.extend({}, $.fn.shadow.defaults, opts);
    // ...
  };

  $.fn.shadow.defaults = {
    copies: 5,
    opacity: 0.1,
    copyOffset: function(index) {
      return {x: index, y: index};
    }
  };
})(jQuery);
```

默认值被放在了投影插件的命名空间里，可以通过`$.fn.shadow.defaults`直接引用。而对`$.extend()`的调用也必须修改，以适应这种变化。由于现在所有对`.shadow()`的调用都要重用`defaults`对象，因此不能让`$.extend()`修改它。我们就在此将一个空对象（`{}`）作为`$.extend()`的第一个参数，让这个新对象成为被修改的目标。

于是，使用我们插件的代码就可以修改默认值了，修改之后的值可以被所有后续对`.shadow()`的调用共享。而且，在调用方法时仍然可以传递选项。

```
$(document).ready(function() {
  $.fn.shadow.defaults.copies = 10;
  $('h1').shadow({
    copyOffset: function(index) {
      return {x: -index, y: index};
    }
  });
});
```

因为在此提供了新的默认值，以上脚本会创建带10个切片的投影。由于在调用方法时提供了`copyOffset`回调函数，所以投影也将朝向左下方，如图8-7所示。

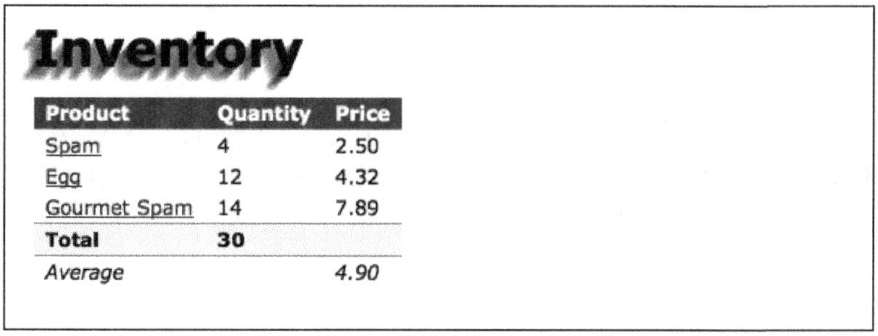
Inventory

Product	Quantity	Price
Spam	4	2.50
Egg	12	4.32
Gourmet Spam	14	7.89
Total	**30**	
Average		*4.90*

图 8-7

8.5 使用 jQuery UI 部件工厂创建插件

在第7章我们看到过，jQuery UI也提供了一套**部件**，这些部件本身是插件，只不过用于生成特定的UI元素，例如按钮或滑动条。这些部件对JavaScript开发人员而言，有一组非常统一的API，因而学习起来非常简单。如果我们自己要编写的插件会创建新的用户界面元素，通常最好以扩展jQuery UI库的方式来实现。

每个部件都会包含一组复杂的功能，但所幸的是，我们不需要自己承担这些复杂性。jQuery UI库的核心包含了一个工厂方法，叫$.widget()，这个方法能帮我们做很多事情。使用这个方法可以确保我们的代码达到所有jQuery UI部件用户认可的API标准。

使用部件工厂创建的插件具有很多不错的特性。只要编写少量代码，就可以额外获得这些功能（甚至更多）：

(1) 插件具有了"状态"，可以检测、修改甚至在应用之后完全颠覆插件的原始效果；

(2) 自动将用户提供的选项与定制的选项合并到一起；

(3) 多个插件方法无缝组合为一个jQuery方法，这个方法接受一个表明要调用哪个子方法的字符串；

(4) 插件触发的自定义事件处理程序可以访问部件实例的数据。

事实上，鉴于这些功能如此诱人，在构建任何适当的（无论与UI有关还是无关的）复杂插件时，谁都希望使用部件工厂方法。

8.5.1　创建部件

在下面的例子中，我们要编写一个插件为元素添加自定义的提示条。为了创建这个提示条，需要为页面中的每个元素创建一个`<div>`容器，然后在鼠标悬停在元素上时，把这个容器放在相应元素的旁边。先来看看这个插件的代码（代码清单8-16），然后我们再一点点地分析。

 在最近的版本中，jQuery UI库包含了自己内置的提示条部件，这个部件比我们例子中的要高级。我们这个部件会覆盖内置的.tooltip()方法，这在真实的项目中是应该避免的。但出于学习演示的目的，这样却可以验证一些重要的概念。

每次调用$.widget()都会通过部件工厂创建一个jQuery UI插件。这个函数接受部件的名称和一个包含部件属性的对象作为参数。部件名称必须带命名空间，在这里我们使用ljq作为命名空间，使用tooltip作为插件名称。这样，在jQuery项目中就可以通过.tooltip()调用我们这个插件了。

我们要定义的第一个部件属性是._create()：

代码清单8-16

```
(function($) {
  $.widget('ljq.tooltip', {
    _create: function() {
      this._tooltipDiv = $('<div></div>')
        .addClass('ljq-tooltip-text ' +
```

```
          'ui-widget ui-state-highlight ui-corner-all')
        .hide().appendTo('body');
      this.element
        .addClass('ljq-tooltip-trigger')
        .on('mouseenter.ljq-tooltip',
          $.proxy(this._open, this))
        .on('mouseleave.ljq-tooltip',
          $.proxy(this._close, this));
    }
  });
})(jQuery);
```

这个属性是一个函数，每当jQuery对象中每个匹配的元素调用`.tooltip()`时，部件工厂就会调用它。

> 部件属性（如`_create()`）以下划线开头，表示私有。稍后我们会讨论公用函数。

在`_create`函数内部，需要设置将来要显示的提示条。为此，要创建一个`<div>`元素并将其添加到文档中。同时，将对这个元素的引用保存在`this._tooltipDiv`中以备将来使用。

在这个函数的上下文中，`this`引用的是当前部件实例，可以通过它为部件添加任何想要的属性。另外，部件实例本身也有一些预定义的属性可以为我们提供便利；特别地，`this.element`中保存着一个jQuery对象，这个对象指向最初选择的元素。

在此，我们使用`this.element`为提示条的触发元素绑定了`mouseenter`和`mouseleave`处理程序。这些处理程序可以在鼠标悬停在相应元素上面时显示提示条，而在鼠标离开时隐藏提示条。需要注意的是，这里的事件名也要加上与插件一样的命名空间前缀。我们在第3章曾经讨论过，使用命名空间就不会干扰其他也要为这些元素绑定处理程序的代码。

这些`.on()`调用中还涉及了另一个新语法：把处理程序传递给`$.proxy()`函数。这个函数会修改方法中`this`的指向，因此才能在`._open`函数中引用部件的实例。

接下来需要定义绑定到`mouseenter`和`mouseleave`的`._open()`和`._close()`函数：

代码清单8-17

```
(function($) {
  $.widget('ljq.tooltip', {
    _create: function() {
      // ...
    },

    _open: function() {
      var elementOffset = this.element.offset();
      this._tooltipDiv.css({
        position: 'absolute',
        left: elementOffset.left,
        top: elementOffset.top + this.element.height()
      }).text(this.element.data('tooltip-text'));
```

```
        this._tooltipDiv.show();
    },

    _close: function() {
        this._tooltipDiv.hide();
    }
});
})(jQuery);
```

至于._open()和._close()函数本身，其实也没有什么好解释的。这两个名字就足以表明它们的作用，不过它们倒是展示了怎么在部件中创建私有函数，那就是在函数名字前加上下划线。在打开（open）提示条时，使用CSS定位将它放到合适的位置然后显示它；而在关闭（close）提示条时，隐藏它即可。

在打开提示的过程中，需要用相关信息来填充提示条。为此，我们用到了.data()方法，这个方法可以用来取得和设置与任何元素相关的数据。不过，我们这里利用了这个方法读取HTML5数据属性的能力，取得了每个元素的data-tooltip-text属性的值。

有了这个插件之后，代码$('a').tooltip()就可以让鼠标悬停时显示提示条，如图8-8所示。

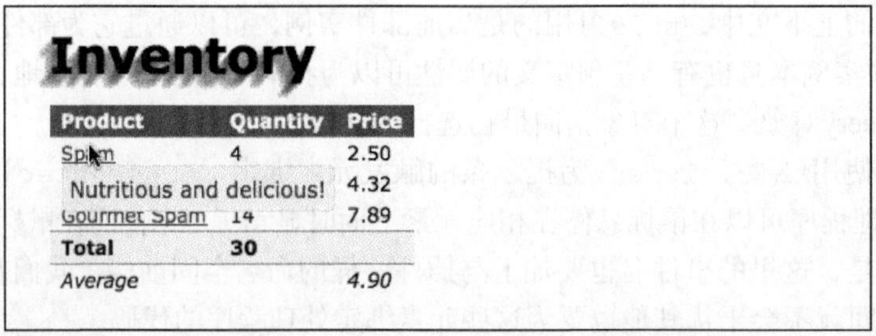

图　8-8

这个插件并不算复杂，代码也不长，但它却浓缩了很多高级的概念。为了充分地利用这些高级的概念，首先需要把这个部件变成有状态的部件。部件的状态允许用户根据需要启动和禁用部件，甚至在创建之后完全销毁它。

8.5.2　销毁部件

我们知道，部件工厂可以创建新的jQuery方法。在我们的例子中这个方法就是.tooltip()，不传递任何参数调用它，可以为一组元素应用提示条部件。不过，除了单纯的应用提示条，这个方法还可以做其他很多事情。这时候，需要给这个方法传入一个字符串参数，以便调用适当的子方法。

其中一个内置的子方法是destroy。调用.tooltip('destroy')就可以从页面中删除这个提示条部件。然后部件工厂会为我们完成大部分工作，但在通过_create修改了文档（比如这里创建了用于保存提示条文本的<div>）的情况下，还要负责将其清理掉，参见代码清单8-18。

代码清单8-18

```
(function($) {
  $.widget('ljq.tooltip', {
    _create: function() {
      // ...
    },

    destroy: function() {
      this._tooltipDiv.remove();
      this.element
        .removeClass('ljq-tooltip-trigger')
        .off('.ljq-tooltip');
      $.Widget.prototype.destroy.apply(this, arguments);
    },

    _open: function() {
      // ...
    },

    _close: function() {
      // ...
    }
  });
})(jQuery);
```

新写的代码为这个部件添加了一个新属性。这个函数撤销之前所做的修改，然后调用保存在原型对象中的destroy自动完成清理工作。

注意，这一次的destroy前面并没有加下划线，这是因为它是一个可以通过.tooltip('destroy')调用的公有子方法。

8.5.3　启用和禁用部件

除了被完全销毁，也可以临时禁用然后再在将来重新启用部件。内置的enable和disable子方法可以帮我们实现部件的启用和禁用，方法是将this.options.disabled的值设置为true或false。要支持这两个子方法，我们要做的就是在对部件进行任何操作前先检查这个值，参见代码清单8-19。

代码清单8-19

```
_open: function() {
  if (!this.options.disabled) {
    var elementOffset = this.element.offset();
    this._tooltipDiv.css({
      position: 'absolute',
      left: elementOffset.left,
      top: elementOffset.top + this.element.height()
```

8

```
    }).text(this.element.data('tooltip-text'));
    this._tooltipDiv.show();
  }
},
```

有了这个额外的检查之后，提示条就会在调用`.tooltip('disable')`之后暂停显示，而在调用`.tooltip('enable')`之后恢复显示。

8.5.4   接受部件选项

现在，我们要考虑让部件可以定制了。在前面编写`.shadow()`插件时，我们已经体验到为部件提供一组定制的默认设置，然后再让用户指定的选项覆盖默认设置是一种很友好的机制。在这个过程中，几乎所有工作都是由部件工厂执行的，而我们所要做的就是提供一个`options`属性，如代码清单8-20所示。

代码清单8-20

```
options: {
  offsetX: 10,
  offsetY: 10,
  content: function() {
    return $(this).data('tooltip-text');
  }
},
```

这个`options`属性就是一个对象，其中应该包含部件所需的所有选项，这样用户就不必非要提供它们了。在此，我们提供了提示条相对于其触发元素的水平和垂直坐标，以及为每个元素生成提示的函数。

在我们的代码中，唯一需要用到`options`属性的就是`._open()`方法：

代码清单8-21

```
_open: function() {
  if (!this.options.disabled) {
    var elementOffset = this.element.offset();
    this._tooltipDiv.css({
      position: 'absolute',
      left: elementOffset.left + this.options.offsetX,
      top: elementOffset.top + this.element.height()
        + this.options.offsetY
    }).text(this.options.content.call(this.element[0]));
    this._tooltipDiv.show();
  }
},
```

在包括`._open()`在内的子方法中，可以通过`this.options`访问这些选项。通过访问这些选项始终都可以保证取得正确的值，要么是默认值，要么是用户提供的覆盖默认值的值。

现在，不用传递参数也还是可以向页面中添加部件（比如，直接调用`.tooltip()`），但得到的都是默认行为。不过，提供选项则将覆盖默认行为，例如.tooltip({offsetX: -10, offsetX: 25})。部件工厂甚至可以让我们在部件实例化之后再修改选项，例如：.tooltip ('option', 'offsetX', 20)。下次再访问这些选项时，就会取得新设置的值。

对选项变化作出响应

如果需要立即对选项变化作出响应，可以在部件中添加一个_setOption函数，这个函数负责处理变化，然后调用_setOption的默认实现。

8.5.5　添加子方法

内置的子方法确实很方便，但有时候我们可能想为自己插件的用户提供更多"挂钩"。前面已经介绍过如何在部件中创建私有函数，实际上创建公有函数（也就是子方法）也一样，唯一的区别在于部件的属性名不以下划线开头。知道了这一点，要创建手工打开和关闭提示条的子方法就非常简单了，参见代码清单8-22。

代码清单8-22

```
open: function() {
  this._open();
},
close: function() {
  this._close();
},
```

就这么简单。通过添加调用私有函数的子方法，现在就可以使用.tooltip('open')来打开提示条，使用.tooltip('close')来关闭提示条了。即使在子方法中什么也不返回，部件工厂也会替我们做很多工作，从而确保连缀语法可以正常工作。

8.5.6　触发部件事件

真正的好插件不仅自己扩展jQuery，而且还能为其他代码提供机制来扩展它。提供这种扩展能力的方法之一就是支持与插件相关的一组自定义事件。部件工厂同样可以让这个过程变得很简单，参见代码清单8-23。

代码清单8-23

```
_open: function() {
  if (!this.options.disabled) {
    var elementOffset = this.element.offset();
    this._tooltipDiv.css({
      left: elementOffset.left + this.options.offsetX,
      top: elementOffset.top + this.element.height()
        + this.options.offsetY
    }).text(this.options.content.call(this.element[0]));
    this._tooltipDiv.show();
```

```
    this._trigger('open');
  }
},
_close: function() {
  this._tooltipDiv.hide();
  this._trigger('close');
}
```

在一个函数中调用this._trigger()可以让代码监听新的自定义事件。事件名字会加上部件名作为前缀，因而不必担心它会与其他事件冲突。因为这里在提示条的_open函数中调用了this._trigger('open')，那么每次打开提示条的时候都会分派tooltipopen事件。而在这个元素上调用.on('tooltipopen')可以监听这个事件。

虽然这些内容其实也只涉及创建成熟完善的插件的皮毛，但已经足够让我们了解如何创建部件，创建部件时可以使用哪些工具，以及如何确保部件符合标准了。这样创建出来的部件，能够让熟悉jQuery UI的用户也感觉到很专业。

8.6　插件设计建议

现在，我们已经通过创建插件演示了如何扩展jQuery和jQuery UI，下面我们就列出前面介绍过的和一些未介绍过的插件设计建议。

❑ 为避免$别名与其他库发生冲突，可以使用jQuery，或者在立即调用的函数表达式（IIFE）中传入$，使其成为一个局部变量。

❑ 无论是以$.myPlugin的方式扩展jQuery，还是以$.fn.myPlugin的方式扩展jQuery的原型，给$命名空间添加的属性都不要超过一个。更多的公有方法和属性应该添加到插件的命名空间中（例如，$.myPlugin.publicMethod或$.fn.myPlugin.plugin Property）。

❑ 别忘了为插件提供一个默认选项的对象：$.fn.myPlugin.defaults = {size: 'large'}。

❑ 要允许插件用户有选择地覆盖任何默认选项，包括影响后续方法的调用（$.fn.myPlugin. defaults.size = 'medium';）和单独调用（$('div').myPlugin({size: 'small'});）。

❑ 多数情况下，扩展jQuery原型时（$.fn.myPlugin）要返回this，以便插件用户通过连缀语法调用其他jQuery方法（如$('div').myPlugin().find('p').addClass('foo')）。

❑ 在扩展jQuery原型时（$.fn.myPlugin），通过调用this.each()强制执行隐式迭代。

❑ 合适的时候，利用回调函数支持灵活地修改插件行为，从而不必修改插件代码。

❑ 如果插件是为了实现用户界面元素，或者需要跟踪元素的状态，使用jQuery UI部件工厂来创建。

❑ 利用QUnit等测试框架为自己的插件维护一组自动的单元测试，以确保插件能够按预期工作。有关QUnit的更多信息，请参考附录B。

❑ 使用Git或其他版本控制系统跟踪代码的版本。可以考虑把插件公开托管到Github（http://github.com）上，以便其他人帮你改进。

❑ 在把自己的插件提供给别人使用时，务必明确许可条款。建议考虑使用MIT许可，这也是jQuery使用的许可。

分发插件

遵从上述建议，就可以编写出清晰、可维护、经得起时间检验的插件来。如果你的插件能完成有用、可重复的任务，那你可能会想把它放在jQuery社区中分享。

除了按上面所述准备好插件的代码，还应该在分发插件之前，给它配上完整的**文档**。可以选择一种恰当的文档格式，也可以利用现有的文档标准，例如JSDoc（http://www.usejsdoc.org/）。另外，还有doco（http://jashkenas.github.io/docco/）和dox（https://github.com/visionmedia/dox）等可以自动生成文档的工具。不过，这些工具有赖于Node.js等的安装配置，要求相对高一些。无论最终采用什么格式，都要保证把与插件的方法相关的每一个参数、每一个选项都说清楚。

可以把插件代码和文档托管到任何地方，不过建议大家放在GitHub（http://github.com）上，这个在线代码库非常受欢迎。为了把我们编写的插件公之于众，可以在官方**jQuery插件注册表**（http://plugins.jquery.com/）中提交相关信息。

关于如何提供插件信息和在注册表中发布插件的说明，请参考http://plugins.jquery.com/docs/publish/。这个过程一开始可能有点麻烦，因为涉及添加GitHub代码库的帖子接收挂钩、创建JSON格式的配置文件、向远程代码库推送打了标签的插件。无论如何，说明还是挺详细的，而且描述得很清楚。如果需要更多帮助，可以订阅 Freenode（http://freenode.net）的`#jquery-content` IRC频道，或者给plugins@jquery.com发邮件询问。

8.7　小结

本章，我们看到jQuery核心提供的功能并没有限制这个库的能力。除了第7章讨论的那些稳定可靠的插件外，我们也可以方便地创建自己的插件，进一步拓展这个库的能力。

我们创建的插件涉及各种特性，包括使用jQuery库的全局函数、操作DOM元素的jQuery对象方法，以及令人眩目的jQuery UI部件。通过有效地使用这些工具，我们可以把jQuery以及我们自己的JavaScript代码，塑造成任何想要的形式。

8.8　练习

要完成以下练习，读者需要本章的index.html文件，以及complete.js中包含的已经完成的JavaScript代码。可以从Packt Publishing网站http://www.packtpub.com/support下载这些文件。

"挑战"练习有一些难度，完成这些练习的过程中可能需要参考jQuery官方文档：http://api.jquery.com/。

(1) 创建新的名为`.slideFadeIn()`和`.slideFadeOut()`的插件方法，把不透明度动画方法`.fadeIn()`和`.fadeOut()`以及高度动画方法`.slideDown()`和`.slideUp()`结合起来。

(2) 扩展.shadow()方法的可定制能力，让插件用户可以指定元素副本的z轴索引。为提示条部件添加一个isOpen子方法，这个方法应该在提示条正在显示的时候返回true，而在其他时候返回false。

(3) 添加代码监听我们部件触发的tooltipopen事件，并在控制台中记录一条消息。

(4) **挑战**：为提示条部件提供一个可以替代的content选项，通过AJAX取得链接的href属性指向的页面的内容，然后将取得的内容作为提示条的文本。

(5) **挑战**：为提示条部件提供一个新的effect选项，如果指定该选项，则应用以该名字（如explode）指定的jQuery UI效果显示或隐藏提示条。

第 9 章

高级选择符与遍历

2009年1月，jQuery之父John Resig发表了一个新的JavaScript开源项目Sizzle。这是一个独立的**CSS选择符引擎**，任何JavaScript库只要进行少量修改甚至不必修改就可以使用它。实际上，jQuery从1.3版开始就已经在使用Sizzle了。

作为一个组件，Sizzle在jQuery中负责解析我们传入$()函数中的CSS选择符表达式。它决定使用何种原生的DOM方法来构建元素集合，以便通过其他jQuery方法来操作这些元素。一方面是Sizzle引擎，另一方面是jQuery的遍历方法，二者结合起来为我们提供了在页面上查找元素的得力工具。

我们在第2章已经学习了各种基本的选择符和遍历方法，对jQuery库的基本功能也做到了胸有成竹。本章作为进阶内容，将介绍：

- ❑ 以不同的方式使用选择符查找和筛选数据；
- ❑ 编写插件以添加新选择符和DOM遍历方法；
- ❑ 优化选择符表达式，提高执行速度；
- ❑ 理解Sizzle引擎的某些内部工作原理。

9.1 深入选择与遍历

为了讨论有关高级选择符与遍历的内容，我们需要先编写一些脚本，以便有一些可供进一步讨论更高级选择与遍历的实例依据。这个例子是一个HTML页面，其中包含一组新闻列表项。所有新闻列表项都放在一个表格中，可供我们试验选择行与列的各种不同方法。以下是这个页面的代码片段：

```
<div id="topics">
  Topics:
  <a href="topics/all.html" class="selected">All</a>
  <a href="topics/community.html">Community</a>
  <a href="topics/conferences.html">Conferences</a>
  <!-- continued... -->
</div>
<table id="news">
  <thead>
    <tr>
      <th>Date</th>
      <th>Headline</th>
```

```
        <th>Author</th>
        <th>Topic</th>
      </tr>
    </thead>
    <tbody>
      <tr>
        <th colspan="4">2011</th>
      </tr>
      <tr>
        <td>Apr 15</td>
        <td>jQuery 1.6 Beta 1 Released</td>
        <td>John Resig</td>
        <td>Releases</td>
      </tr>
      <tr>
        <td>Feb 24</td>
        <td>jQuery Conference 2011: San Francisco Bay Area</td>
        <td>Ralph Whitbeck</td>
        <td>Conferences</td>
      </tr>
      <!-- continued... -->
    </tbody>
</table>
```

下载代码示例

　　如同本书其他HTML、CSS以及JavaScript示例一样，上面的标记只是完整文档的一个片段。如果读者想试一试这些示例，可以从以下地址下载完整的示例代码：Packt Publishing网站http://www.packtpub.com/support，或者本书网站http://book.learningjquery.com/。

　　通过这一小段代码，大致能够看出整个文档的结构。这个表格包含4列，分别表示日期（Data）、标题（Headline）、作者（Author）和主题（Topic）。此外，表格中的某些行又包含年度"子标题"，而非前述这4项，如图9-1所示。

jQuery News

Topics: All Community Conferences Documentation Plugins Releases Miscellaneous

Date	Headline	Author	Topic
2011			
Apr 15	jQuery 1.6 Beta 1 Released	John Resig	Releases
Feb 24	jQuery Conference 2011: San Francisco Bay Area	Ralph Whitbeck	Conferences
Feb 7	New Releases, Videos & a Sneak Peek at the jQuery UI Grid	Addy Osmani	Plugins
Jan 31	jQuery 1.5 Released	John Resig	Releases
Jan 30	API Documentation Changes	Karl Swedberg	Documentation
2010			
Nov 23	Team Spotlight: The jQuery Bug Triage Team	Paul Irish	Community
Oct 4	New Official jQuery Plugins Provide Templating, Data Linking and Globalization	John Resig	Plugins
Sep 4	The Official jQuery Podcast Has a New Home	Ralph Whitbeck	Documentation

图   9-1

在标题与表格之间，有一组按表格中的新闻主题分类的文字链接。而我们的第一个任务，就是改变这些链接的行为，实现对表格中内容的就地筛选，从而避免点击链接跳转到其他页面。

9.1.1　动态筛选表格内容

为了通过主题链接来筛选表格内容，需要先阻止每个链接的默认行为。同时，还应该向用户反馈当前选择了哪个链接，如代码清单9-1所示。

代码清单9-1

```
$(document).ready(function() {
  $('#topics a').click(function(event) {
    event.preventDefault();
    $('#topics a.selected').removeClass('selected');
    $(this).addClass('selected');
  });
});
```

在用户单击其中某个链接时，先删除所有主题链接的selected类，然后再把selected类添加到用户单击的链接上。其中的.preventDefault()语句用于阻止链接打开新的页面。

接下来，就要执行实际的筛选操作了。解决这个问题的第一步，就是隐藏所有不包含相关主题的表格行，如代码清单9-2所示。

代码清单9-2

```
$(document).ready(function() {
  $('#topics a').click(function(event) {
    event.preventDefault();
    var topic = $(this).text();

    $('#topics a.selected').removeClass('selected');
    $(this).addClass('selected');

    $('#news tr').show();
    if (topic != 'All') {
      $('#news tr:has(td):not(:contains("' + topic + '"))')
        .hide();
    }
  });
});
```

在此，我们把链接的文本保存在变量topic中，以便用它与表格中的文本进行比较。接下来，先显示表格的所有行，而如果主题不是All则隐藏所有无关的行。用于隐藏无关的行的选择符有些复杂，因此有必要在这里讨论一下：

```
#news tr:has(td):not(:contains("topic"))
```

这个选择符的一开始很直观，就是用#news tr找到表格中的所有行。在接下来筛选元素时，使用自定义选择符:has()。这个选择符从当前被选中的元素中挑选出那些包含指定元素的元素。在这里，我们排除了那些标题行（例如包含年度的行），因为它们都不包含<td>单元格。

在找到包含实际内容的表格行之后，还需要找出哪些行与用户选择的主题相关。而自定义选择符:contains()只会匹配那些某个单元格中包含指定文本的行，在它的外面再加上:not()选择符，也就得到了不包含相关主题的表格行，最后把这些行隐藏起来就好了。

以上代码基本上可以使用，但是新闻标题中不能包含主题文本。也就是说，我们必须考虑主题文本包含在某个新闻标题文本中的可能性。为了排除这种情况，需要针对每一行多做一些检测，如代码清单9-3所示。

代码清单9-3

```
$(document).ready(function() {
  $('#topics a').click(function(event) {
    event.preventDefault();
    var topic = $(this).text();
    $('#topics a.selected').removeClass('selected');
    $(this).addClass('selected');
    $('#news').find('tr').show();
    if (topic != 'All') {
      $('#news').find('tr:has(td)').not(function() {
        return $(this).children(':nth-child(4)').text() == topic;
      }).hide();
    }
  });
});
```

这些新代码用DOM遍历方法代替了某些复杂的选择符表达式。首先，.find()方法所起到的作用正如之前代码中#news与tr之间的空格。但是，.not()方法在这里完成的任务则是之前的:not()没有做到的。与我们在第2章介绍的.filter()方法类似，.not()可以接收一个回调函数，该函数将在检测每个元素的时候调用。如果这个函数返回true，那么被检测的元素就会被排除在结果集之外。

选择符与遍历方法
　　使用选择符还是使用与其对应的遍历方法，最终可能会导致性能上的差异。本章后面还会继续深入讨论这个话题。

在.not()方法的筛选函数中，我们检测每一行的子元素，查找其第4个子元素（即位于Topic列的单元格）。对第4个子元素中的文本简单地作一下测试，我们就可以知道是否应该隐藏当前这一行，结果如图9-2所示。

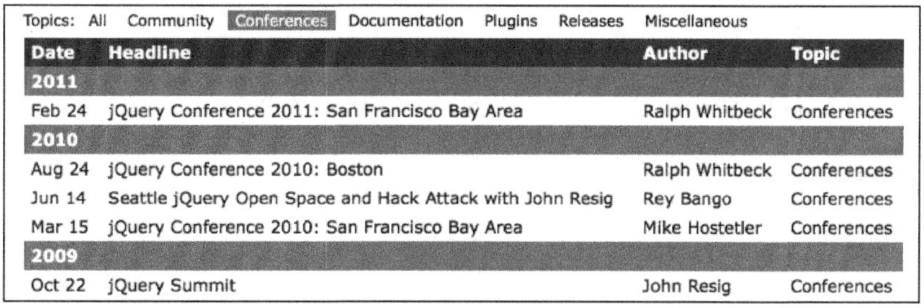

图 9-2

9.1.2 为表格行添加条纹效果

在第2章学习某个选择符的时候曾探讨过为表格中的行交替应用不同颜色的方式。我们知道，使用:even和:odd自定义选择符可以迅速实现这一效果，而使用CSS原生的:nth-child()伪类也可以实现同样的效果，如代码清单9-4所示。

代码清单9-4

```
$(document).ready(function() {
  $('#news').find('tr:nth-child(even)').addClass('alt');
});
```

这个直观的选择符会找到每个偶数行，而每年的新闻都位于它们自己的<tbody>元素中，因此交替效果会在每个子部分中重新开始，如图9-3所示。

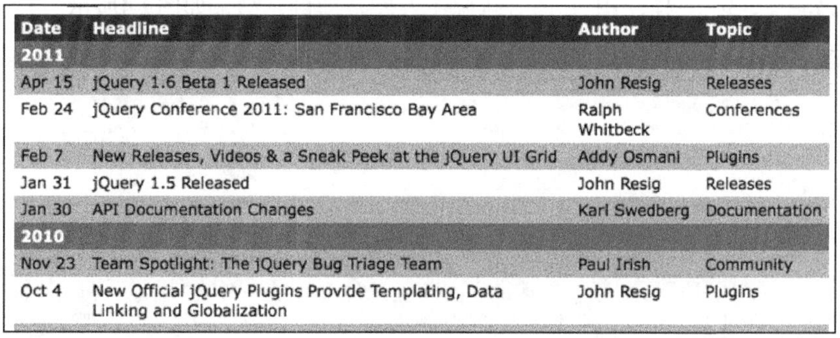

图 9-3

如果想实现更复杂一些的行条纹，可以尝试每两行一组地应用alt类。换句话说，给前两行添加这个类，后两行不加，依此类推。为此，需要再用到筛选函数，参见代码清单9-5。

代码清单9-5

```
$(document).ready(function() {
  $('#news tr').filter(function(index) {
    return (index % 4) < 2;
```

```
    }).addClass('alt');
  });
```

在第2章中学习的`.filter()`和代码清单9-3：`.not()`方法的例子中，筛选函数会检测（关键字`this`中包含的）每一个元素，决定它们是否包含在最终的结果集中。在这里，判断是否应该包含某个元素并不需要元素本身的信息。只要知道它们在原始结果集中的位置即可。这个位置信息就是通过一个参数传入到筛选函数中的，我们给这个参数起名为`index`。

好了，`index`参数目前保存的是每个元素从0开始计数的位置。有了这个数据，就可以使用求模（%）操作符来确定当前的两个元素是否需要添加`alt`类。这样就可以实现每两行交替变换一次的条纹效果。

不过，还是有两个小问题需要解决。因为没有再使用`:nth-child()`伪类，所以交替效果不会在每个`<tbody>`元素中分别开始。同时，为了保证外观的一致，还要跳过表格中的标题行。这些问题只要修改代码中的两个地方就可以解决，如代码清单9-6所示。

代码清单9-6

```
$(document).ready(function() {
  $('#news tbody').each(function() {
    $(this).children().has('td').filter(function(index) {
      return (index % 4) < 2;
    }).addClass('alt');
  });
});
```

为了独立地处理每一组表格行，可以使用`.each()`来循环遍历每一个`<tbody>`元素。在循环内部，像代码清单9-3中一样使用`.has()`排除子标题行即可，结果如图9-4所示。

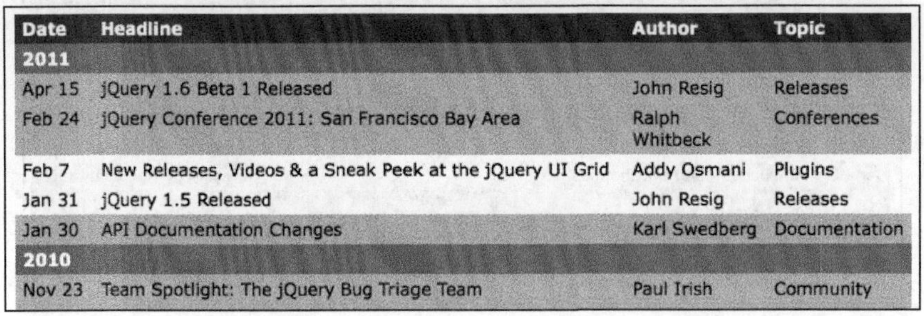

Date	Headline		Author	Topic
2011				
Apr 15	jQuery 1.6 Beta 1 Released		John Resig	Releases
Feb 24	jQuery Conference 2011: San Francisco Bay Area		Ralph Whitbeck	Conferences
Feb 7	New Releases, Videos & a Sneak Peek at the jQuery UI Grid		Addy Osmani	Plugins
Jan 31	jQuery 1.5 Released		John Resig	Releases
Jan 30	API Documentation Changes		Karl Swedberg	Documentation
2010				
Nov 23	Team Spotlight: The jQuery Bug Triage Team		Paul Irish	Community

图　9-4

9.1.3　组合筛选与条纹

高级的表格条纹效果还不错，然而只要一按照主题来筛选，奇怪的现象就出来了。为了让这两个功能可以完美地共存，必须在每次筛选之后重新应用条纹效果。此外，在应用`alt`类的时候，还要考虑某些行当前是否隐藏了。代码清单9-7展示了完整的代码。

代码清单9-7

```
$(document).ready(function() {
  function stripe() {
    $('#news').find('tr.alt').removeClass('alt');
    $('#news tbody').each(function() {
      $(this).children(':visible').has('td')
        .filter(function(index) {
          return (index % 4) < 2;
        }).addClass('alt');
    });
  }
  stripe();
  $('#topics a').click(function(event) {
    event.preventDefault();
    var topic = $(this).text();
    $('#topics a.selected').removeClass('selected');
    $(this).addClass('selected');
    $('#news').find('tr').show();
    if (topic != 'All') {
      $('#news').find('tr:has(td)').not(function() {
        return $(this).children(':nth-child(4)').text() == topic;
      }).hide();
    }
    stripe();
  });
});
```

以上代码整合了代码清单9-3中的筛选代码和刚才的条纹代码，而且定义了一个名为
stripe()的函数。文档加载完毕后会立即调用stripe()函数，每次单击主题链接时也会调用一
次该函数。在这个函数中，一方面删除不再需要的alt类，另一方面将选择的行限制为当前可见
的那些行。这里用到的伪类:visible（及其对应的伪类:hidden）非常重要，它会排除由于各
种原因隐藏的元素，包括display值为none以及width和height属性被设置为0。图9-5展示了
组合筛选与条纹之后的效果。

Topics:	All	Community	**Conferences**	Documentation	Plugins	Releases	Miscellaneous	
Date	**Headline**					**Author**	**Topic**	
2011								
Feb 24	jQuery Conference 2011: San Francisco Bay Area					Ralph Whitbeck	Conferences	
2010								
Aug 24	jQuery Conference 2010: Boston					Ralph Whitbeck	Conferences	
Jun 14	Seattle jQuery Open Space and Hack Attack with John Resig					Rey Bango	Conferences	
Mar 15	jQuery Conference 2010: San Francisco Bay Area					Mike Hostetler	Conferences	
2009								

图 9-5

9.1.4 更多选择符与遍历方法

本书全部示例加在一块，也不可能穷尽使用jQuery在页面中查找元素的所有方法。它为我们
提供的选择符和DOM遍历方法实在太丰富了，每一种都可以在适当的情况下派上用场。

为了找到满足需求的选择符和方法，可以查阅一些资源。本书末尾的快速参考中列出了每一种选择符和方法。不过，要想查找更详细的介绍，建议读者参考更全面的手册。这里有所有选择符的介绍：http://api.jquery.com/category/selectors/，而这里有遍历方法的介绍：http://api.jquery.com/category/traversing/。

9.2   定制与优化选择符

将我们看到的那么多技术放到一起，就像是配备了一个工具箱。工具箱中的工具能够帮我们在页面中查找想要操作的任何元素。但我们要了解的还不止这些。怎么才能更加有效地查找元素也是必须关心的一个问题。所谓有效，可能会反映在几个方面。比如代码容易读、容易写，再比如代码在浏览器中运行的速度更快。

9.2.1   编写定制的选择符插件

提高代码可读性的一种方式是把代码片段封装为可以重用的组件。我们之所以创建函数就是这个目的。第8章刚刚讨论了这种思想的延伸，那就是以创建jQuery插件的方式为jQuery对象添加方法。不过，插件并不局限于为jQuery对象添加方法，还可以让我们自定义选择符表达式，例如第7章介绍的Cycle插件中的 `:paused` 选择符。

最容易添加的选择符是伪类，也就是以冒号开头的选择符表达式，比如 `:checked` 或 `:nth-child()`。为了演示创建选择符表达式的过程，我们会讨论构建一个名为 `:group()` 的伪类。这个新选择符将用于封装代码清单9-6中的那些查找表格行并为它们添加条纹效果的代码。

在使用选择符表达式查找元素的时候，jQuery会在一个内部的对象expr中取得JavaScript代码。这个对象中的值与我们传入到 `.filter()` 或 `.not()` 中的筛选函数非常相似，当且仅当取得的函数返回true的情况下，才会让每个元素包含在结果集中。使用 `$.extend()` 函数可以为这个对象添加新的表达式，参见代码清单9-8。

代码清单9-8

```
(function($) {
  $.extend($.expr[':'], {
    group: function(element, index, matches, set) {
      var num = parseInt(matches[3], 10);
      if (isNaN(num)) {
        return false;
      }
      return index % (num * 2) <num;
    }
  });
})(jQuery);
```

以上代码告诉jQuery：group是一个有效的字符串，可以放在一个冒号的后面构成选择符表达式。而在遇到这个选择符表达式的时候，应该调用给定的函数，用以决定相应的元素是否应该包含在结果集中。

这个被求值的函数一共接收了4个参数。

(1) element：当前考虑的DOM元素。这个参数对于大多数选择符都是必须的，但我们这个选择符则不需要。

(2) index：DOM元素在结果集中的索引。

(3) matches：数组，包含用于解析这个选择符的正则表达式的解析结果。一般来说，matches[3]是这个数组中唯一有用的值；假设有一个选择符的形式为:group(b)，则matches[3]中包含的值就是b，也就是括号中的文本。

(4) set：匹配到当前元素的整个DOM元素集合。这个参数很少用。

伪类选择符需要使用包含在这4个参数中的信息，决定当前元素是否应该包含在结果集中。在我们这个例子中，只需要index和matches这两个参数。

定义了:group选择符之后，就有了交替元素分组的更灵活的方式。比如，代码清单9-5中的选择符表达式与.filter()函数可以组合为一个选择符表达式：$('#news tr:group(2)')。而对于代码清单9-7的例子，也可以让表格中的每一部分行为保持一致，只要在调用.filter()函数的时候传入:group()表达式即可。甚至，只要向其圆括号中传入不同的数值，就可以改变每一组的行数，如代码清单9-9所示。

代码清单9-9

```
$(document).ready(function() {
  function stripe() {
    $('#news').find('tr.alt').removeClass('alt');
    $('#news tbody').each(function() {
      $(this).children(':visible').has('td')
        .filter(':group(3)').addClass('alt');
    });
  }
  stripe();
});
```

这样，就可以得到如图9-6所示的三行一组的条纹效果。

Date	Headline	Author	Topic
2011			
Apr 15	jQuery 1.6 Beta 1 Released	John Resig	Releases
Feb 24	jQuery Conference 2011: San Francisco Bay Area	Ralph Whitbeck	Conferences
Feb 7	New Releases, Videos & a Sneak Peek at the jQuery UI Grid	Addy Osmani	Plugins
Jan 31	jQuery 1.5 Released	John Resig	Releases
Jan 30	API Documentation Changes	Karl Swedberg	Documentation
2010			
Nov 23	Team Spotlight: The jQuery Bug Triage Team	Paul Irish	Community

图 9-6

9.2.2   选择符的性能问题

在规划任何Web项目的时候，都需要考虑项目周期、维护代码的难易程度和效率，以及用户使用网站过程中的性能等问题。通常，前两个问题比第三个问题更重要。特别是对客户端脚本编程来说，开发人员经常落入"过早优化"和"微观优化"的陷阱之中。无数个小时的时间投入进去，换来的往往只有JavaScript代码执行过程中毫秒级别的提升，这种提升也很难被用户的眼睛觉察到。

开发人员中有一条经验法则，那就是人的时间总比机器的时间更值钱——除非应用程序确实明显反应迟钝。

即使是真的存在性能问题，在jQuery代码中查出瓶颈所在也是非常困难的。正如本章开头所提醒的，有些选择符相对会更快一些。因此，把某些选择符替换成遍历方法可以节省查找页面元素的时间。换句话说，选择符及遍历的性能问题经常是解决用户感觉网页反应迟钝的一个突破口。

针对选择符和遍历速度所作的任何决定，都有可能伴随着更新更快的浏览器发布，或者jQuery新版本加入巧妙的速度优化而变得毫无价值。为了真正提升性能，最好反复思考自己假定的条件，然后在使用jsPerf（http://jsperf.com/）等工具实际测量之后，再动手编写优化代码。

了解了这些常识，接下来我们就介绍两个简单的指导方针。

1. Sizzle的选择符实现

本章一开始跟大家提到过，在把一个选择符表达式传递给$()函数时，jQuery的Sizzle引擎会解析这个表达式，并确定如何收集该表达式所表示的元素。在最本质的层次上，Sizzle会应用浏览器支持的最高效的**原生DOM方法**取得nodeList。这个节点列表是一个包含DOM元素的类似数组的对象，jQuery最终会将这个对象转换成真正的数组，并将其添加到jQuery对象中。下面就是jQuery内部使用的几个DOM方法，同时给出了支持它们的浏览器及版本。

方 法	选择目标	支持的浏览器
.getElementById()	取得ID与给定的字符串匹配的一个元素	全部
.getElementsByTagName()	取得标签名与给定的字符串匹配的所有元素	全部
.getElementsByClassName()	取得某个类名与给定的字符串匹配的所有元素	IE 9+、Firefox 3+、Safari 4+、Chrome 4+和Opera 10+
.querySelectorAll()	取得与给定的选择符表达式匹配的所有元素	IE 8+、Firefox 3.5+、Safari 3+、Chrome 4+和Opera 10+

在这些方法都不能处理某个选择符表达式的情况下，Sizzle会退而求其次地循环遍历已经收集到的所有元素，并根据这个表达式来测试每一个元素。具体来说，假如没有现成的DOM方法可以拿来处理这个选择符表达式，Sizzle就会使用`document.getElementsByTagName('*')`来取得文档中的全部元素，然后再遍历并测试每个元素。

与使用任何一个原生DOM方法相比，这种遍历和测试每个元素的方法十分影响性能。好就好在，所有现代浏览器的最新版本都开始原生支持`.querySelectorAll()`方法了，此时Sizzle就会在其他（也许更快的）原生方法不可用的情况下使用这个方法。但也有一个例外：如果选择符表达式中包含自定义的jQuery选择符（例如`:eq()`、`:odd`或`:even`），而这些选择符并没有对应的CSS版本，那Sizzle也别无选择，只能循环加测试了。

2. 测试选择符的速度

为了让大家对使用`.querySelectorAll()`方法和使用**循环加测试**的方法的性能差异有个直观的了解，我们假设想要找到一个文档中的所有`<input type="text">`元素。为此，可以使用两种选择符表达式，一种是CSS属性选择符`$('input[type="text"]')`，另一种jQuery自定义选择符`$('input:text')`。为测试选择符中我们关注的部分，我们要去掉其中的input，只比较`$('[type="text"]')`和`$(':text')`的速度。使用这两种表达式在JavaScript基准测试网站http://jsperf.com/中进行测试，结果相当有戏剧性。

在jsPerf测试中，每个测试用例都会被反复循环，从而得到指定的时间内能够完成多少次循环。因此，结果数字越大，说明速度越快。用来测试的现代浏览器（Chrome 26、Firefox 20和Safari 6）由于支持选择符可以利用的`.querySelectorAll()`方法，平均速度比使用jQuery自定义选择符快得多，如图9-7所示。

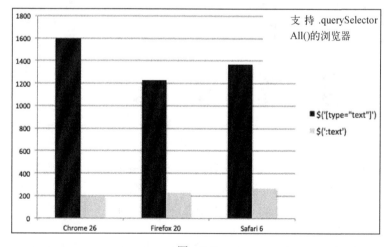

图 9-7

然而，在不支持`.querySelectorAll()`的浏览器（如IE7）中，这两个选择符的速度几乎相同。因为这时候两个选择符都会强迫jQuery遍历页面中的每一个元素，并逐个进行测试，如图9-8。

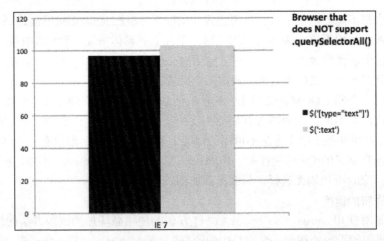

图   9-8

图9-9展示的是测试$('input:eq(1)')和$('input').eq(1)这两个选择符的结果,可以看到支持原生方法和不支持原生方法的浏览器性能差异更大。

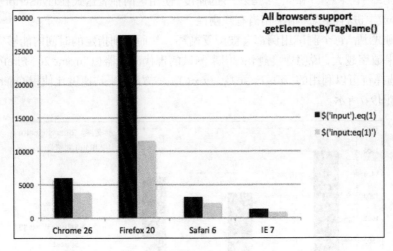

图   9-9

虽然浏览器每秒的运算次数不一样,但把自定义的:eq()选择符挪到外面来变成.eq()方法,速度提升也是相当明显的。对于这个例子来说,使用简单的input标签名作为$()函数的参数,可以让查找的速度提高很多。而.eq()方法也只不过是调用一个数组处理函数,从jQuery集合中取得第二个元素罢了。

告诉大家一条通用的经验法则:要尽可能使用CSS规范中规定的选择符,除非没有可使用jQuery的自定义选择符。同样,在修改选择符之前,也要记住只在确实有必要提升性能的情况下再去提升。至于测量修改选择符之后的性能提升了多少,可以使用类似http://jsperf.com/所提供的基准测试工具。

9.3　DOM 遍历背后的秘密

　　第2章以及本章一开始的时候,我们都探讨过通过调用DOM遍历方法从一组DOM元素转移到另一组DOM元素的不同方式。对这些方法（远远没有穷尽）的探讨包括像.next()和.parent()这样移动到相邻位置的简单方式,也涉及了像.find()和.filter()这样组合选择符表达式的复杂手段。总之,现在我们应该已经具备了坚实的基础,至少知道通过某些方式可以从一个DOM元素转移到另一个DOM元素。

　　不过,每当我们从一个（组）DOM元素转移到另一个（组）DOM元素时,jQuery都会留意我们移动的路线并留下"面包屑",以便我们在必要时能够找到"回家"的路。第2章曾简要提到过的两个方法.end()和.addBack()就利用了这个记录。为了最大限度地利用这些方法,同时写出一般意义上的高效的jQuery代码,我们必须深入理解DOM遍历方法的运作机制。

9.3.1　jQuery 对象属性

　　众所周知,要得到一个jQuery对象的实例,需要向$()函数传入一个选择符表达式。而得到的对象是一个数组结构,其中包含着与该选择符匹配的每个DOM元素的引用。可是我们并不知道的是,这个对象中还隐藏着其他一些属性。比如.context属性中包含着一个DOM节点（通常是document）的引用,搜索就是从这个节点开始的;比如.selector属性中保存着创建最终对象的选择符表达式。在调用.on()等事件委托方法时,这两个属性就会派上用场。（事件委托将在第10章中讨论。）不过,在调用某个DOM遍历方法时,则会用上第三个属性:.prevObject。这个属性中保存着调用遍历方法的那个jQuery对象。

　　为了让这些属性露一露面,可以突出显示表格中的任意一个单元格,然后把这些属性都"请"出来,参见代码清单9-10。

代码清单9-10

```
$(document).ready(function() {
  var $cell = $('#release');
  $cell.addClass('highlight');
  console.log($cell.context);
  console.log($cell.selector);
  console.log($cell.prevObject);
});
```

这个代码片段突出显示了一个选中的单元格,如图9-10所示。

浏览器控制台中也会显示三条记录,如下表所示。

表　达　式	记录的值
$cell.context	Document
$cell.selector	#release
$cell.prevObject	undefined

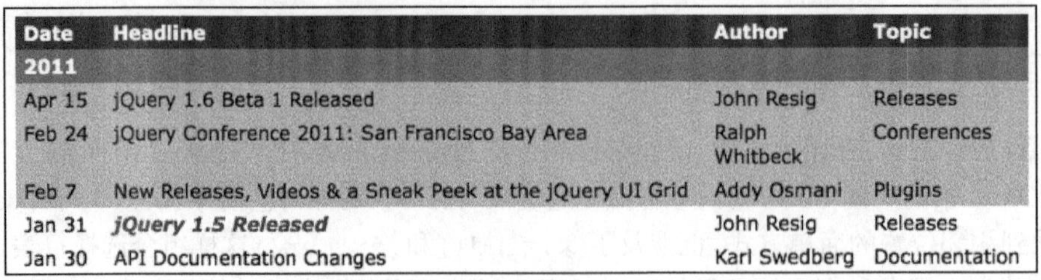

Date	Headline	Author	Topic
2011			
Apr 15	jQuery 1.6 Beta 1 Released	John Resig	Releases
Feb 24	jQuery Conference 2011: San Francisco Bay Area	Ralph Whitbeck	Conferences
Feb 7	New Releases, Videos & a Sneak Peek at the jQuery UI Grid	Addy Osmani	Plugins
Jan 31	*jQuery 1.5 Released*	John Resig	Releases
Jan 30	API Documentation Changes	Karl Swedberg	Documentation

图　9-10

可以看到，.context属性中保存着Document对象，.selector属性中保存着我们传入的字符串，而.prevObject属性未定义——因为这是一个刚刚创建的对象，还没有之前的调用对象。好，下面我们再向代码中添加一个遍历方法，然后结果就会有所变化了，如代码清单9-11所示。

代码清单9-11

```
$(document).ready(function() {
  var $cell = $('#release').nextAll();
  $cell.addClass('highlight');
  console.log($cell.context);
  console.log($cell.selector);
  console.log($cell.prevObject);
});
```

这个修改导致突出显示的单元格发生变化，如图9-11所示。

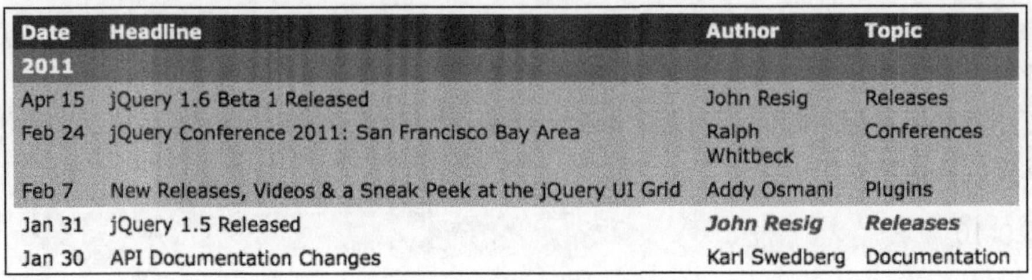

Date	Headline	Author	Topic
2011			
Apr 15	jQuery 1.6 Beta 1 Released	John Resig	Releases
Feb 24	jQuery Conference 2011: San Francisco Bay Area	Ralph Whitbeck	Conferences
Feb 7	New Releases, Videos & a Sneak Peek at the jQuery UI Grid	Addy Osmani	Plugins
Jan 31	jQuery 1.5 Released	*John Resig*	*Releases*
Jan 30	API Documentation Changes	Karl Swedberg	Documentation

图　9-11

而加入对.nextAll()的调用之后，日志中的消息也相应发生了变化。

表　达　式	记录的值
$cell.context	Document
$cell.selector	#release.nextAll()
$cell.prevObject	[td]

这一次，位于我们最初选中的单元格后面的两个单元格突出显示了。而在jQuery对象中，.context属性仍然保存着Document对象，.selector属性的值被修改后反映了对.nextAll()的调用，而.prevObject属性中则保存着调用.nextAll()之前的那个jQuery对象实例的引用。

9.3.2　DOM 元素栈

每个jQuery对象都有一个.prevObject属性指向前一个对象。这样，就有了一个实现了栈的列表结构。每个遍历方法都会找到一组新元素，然后把这组元素压入到栈中。这个栈只有我们需要它的时候才有用，而.end()和.addBack()方法就是用来操作这个栈的。

首先来看.end()方法，这个方法只是简单地从栈中弹出一个元素，结果就是栈的最上方保存着与.prevObject属性中相同的引用。第2章曾介绍过一个使用.end()方法的例子，稍后也会再作介绍。不过，要说有意思，还是.addBack()方法操作栈的方式比较有意思的，参见代码清单9-12。

代码清单9-12

```
$(document).ready(function() {
  $('#release').nextAll().addBack().addClass('highlight');
});
```

这一次，突出显示的单元格又不一样了，如图9-12所示。

Date	Headline	Author	Topic
2011			
Apr 15	jQuery 1.6 Beta 1 Released	John Resig	Releases
Feb 24	jQuery Conference 2011: San Francisco Bay Area	Ralph Whitbeck	Conferences
Feb 7	New Releases, Videos & a Sneak Peek at the jQuery UI Grid	Addy Osmani	Plugins
Jan 31	*jQuery 1.5 Released*	*John Resig*	*Releases*
Jan 30	API Documentation Changes	Karl Swedberg	Documentation

图　9-12

调用.addBack()时，jQuery会在栈中回溯一个位置，把两个位置上的元素集组合起来。具体到这个例子来说，这意味着被突出显示的不仅会包括.nextAll()找到的那两个单元格，而且还会包括最初通过ID选择符找到的那个单元格。然后，这个新的、组合之后的元素集就会被压入栈的上方。

毫无疑问，可以对这个栈进行操作，绝对会带来很多便利。为确保这个技术在必要时可以派得上用场，就必须让每一个遍历方法都正确无误地更新这个栈。这就意味着假如我们想提供自己的遍历方法，那就得理解系统内部的某些工作机制。

9.3.3　编写 DOM 遍历方法插件

与其他的jQuery对象方法类似，也可以通过为$.fn添加属性的方式来向jQuery中添加遍历方法。第8章曾介绍过，新添加的jQuery方法应该在操作匹配的元素集之后返回jQuery对象，以便用户可以再连缀其他方法。在创建DOM遍历方法时，这个过程也是类似的，但是返回的jQuery对象必须要指向一个新匹配的元素集。

举个例子会更清楚。比如我们要编写一个插件，用来找到与给定单元格在同一列中的所有单元格，那么可以用代码清单9-13中的代码实现这个插件。先来看一看完整的代码，随后我们再逐步分析每一行代码的作用，参见代码清单9-13。

代码清单9-13

```
(function($) {
  $.fn.column = function() {
    var $cells = $();
    this.each(function() {
      var $td = $(this).closest('td, th');
      if ($td.length) {
        var colNum = $td[0].cellIndex + 1;
        var $columnCells = $td
          .closest('table')
          .find('td, th')
          .filter(':nth-child(' + colNum + ')');
        $cells = $cells.add($columnCells);
      }
    });
    return this.pushStack($cells);
  };
})(jQuery);
```

这个新定义的.column()方法可以在指向0个、1个或更多DOM元素的jQuery对象上调用。考虑到各种可能性，我们使用了.each()方法来遍历所有元素，逐个把单元格所在的列添加到变量$cells中。这个$cells变量一开始保存着一个空的jQuery对象，但随后使用jQuery的.add()方法扩展到指向越来越多的DOM元素。

这是函数的外层循环。在内部循环中，需要理解的是把表格列中的哪些DOM元素填充到了变量$columnCells中。首先，取得作为搜索起点的单元格的引用。我们想让这个.column()方法在单元格上，或者在单元格包含的元素上都可以调用，而.closest()方法恰好符合我们需要；这个方法会向上遍历并检测DOM树（包括调用对象自身），直至找到与选择符匹配的一个元素。后面第10章还会再次讨论这个方法，在实现事件委托的时候它是非常有用的。

在取得了单元格后，我们通过DOM的.cellIndex属性找到它所在的列序号。因为这个序号是从0开始计算的，而我们后面要使用从1开始计算的伪类选择符，所以这里给它加上1。然后，从这个单元格开始，向上遍历到最近的<table>元素，再返回来查找表格中包含的<td>和<th>元素。接着，用:nth-child()选择符表达式来对找到的这些元素进行筛选。

处理嵌套的表格

我们这里写的这个插件比较简单，从.find('td,th')可以看出没有考虑到表格嵌套。为了支持表格嵌套，需要确定是否存在<tbody>标签，并在DOM树中上下移动适当的位置，而这就会给我们这个例子带来不必要的复杂性。

在找到一列或多列中的所有单元格之后，需要返回这个新jQuery对象。假如我们只是简单地让方法返回$cells，那么就会搞乱DOM元素栈。因此，这里我们调用.pushStack()方法并传入$cells，然后再返回结果。.pushStack()方法接收一批DOM元素，并将它们添加到栈中，以便接下来对.addBack()和.end()的调用能够准确无误地执行。

　　下面来看一看这个插件的用法。如果想单击某个单元格就突出显示相应的列，可以使用代码清单9-14中的代码。

代码清单9-14

```
$(document).ready(function() {
  $('#news td').click(function() {
    $('#news td.active').removeClass('active');
    $(this).column().addClass('active');
  });
});
```

　　把active类添加到选中的列之后，会看到该列的颜色变化。比如，图913显示就是单击了作者名字后，作者列突出显示的效果。

Date	Headline	Author	Topic
2011			
Apr 15	jQuery 1.6 Beta 1 Released	John Resig	Releases
Feb 24	jQuery Conference 2011: San Francisco Bay Area	Ralph Whitbeck	Conferences
Feb 7	New Releases, Videos & a Sneak Peek at the jQuery UI Grid	Addy Osmani	Plugins
Jan 31	*jQuery 1.5 Released*	*John Resig*	*Releases*
Jan 30	API Documentation Changes	Karl Swedberg	Documentation

图　9-13

9.3.4　DOM 遍历的性能问题

　　有关选择符性能的经验规则也完全适用于DOM遍历的性能问题：无论什么时候，都应该把简化代码的编写和维护工作放在首位。只有在性能确确实实是一个可以感知的问题时，再考虑牺牲可读性来优化代码执行速度。同样，像http://jsperf.com/这样的网站能帮助你测试哪种方法最合适。

　　虽然应该避免过早优化，但最低限度地重复选择符和遍历方法则始终是值得提倡的。因为这些操作都可能会耗费较多时间，用得越少越好。而要避免重复，有两个策略值得讨论，那就是**连缀和缓存对象**。

1. 使用连缀来改进性能

　　我们多次使用了连缀，它能够让代码更简洁。事实上，使用连缀还有可能带来性能上的提升，而关键则是利用它来减少重复。

　　代码清单9-9中的stripe()函数就两次使用了ID选择符#news查找元素：一次是为了从带有alt类的行中删除该类，另一次是为了给新选中的行添加这个类。如代码清单9-15所示，使用连缀可以把两次操作合二为一，避免重复查找。

代码清单9-15

```
$(document).ready(function() {
  function stripe() {
    $('#news')
      .find('tr.alt').removeClass('alt').end()
      .find('tbody').each(function() {
        $(this).children(':visible').has('td')
          .filter(':group(3)').addClass('alt');
      });
  }
  stripe();
});
```

为了合并对$('#news')的两次调用，这里又挖掘了jQuery对象中DOM元素栈的潜力。第一次调用.find()会把表格行压入栈中，而然后的.end()方法则把这些行弹出，从而让下一次调用.find()仍然是在#news表格上执行操作。类似这种巧妙地利用栈的技术，可以有效地避免重复使用选择符。

2. 使用缓存来改进性能

所谓缓存，在这里就是把之前操作的结果保存起来，以便将来不必再运行相同的操作就能重用它们。考虑到使用选择符和遍历方法的性能问题，缓存的目标可以确定为把jQuery对象保存在一个变量中，以便将来使用时不再重新创建同样的对象。

再回到例子中。我们可以重写stripe()函数，这次使用缓存而不是连缀，同样也可以避免重复使用选择符，如代码清单9-16所示。

代码清单9-16

```
$(document).ready(function() {
  var $news = $('#news');
  function stripe() {
    $news.find('tr.alt').removeClass('alt');
    $news.find('tbody').each(function() {
      $(this).children(':visible').has('td')
        .filter(':group(3)').addClass('alt');
    });
  }
  stripe();
});
```

这一次，两个操作又写成了不同的JavaScript语句，没有像刚才那样连缀在一起。然而，通过把查询#news的结果保存在变量中，仍然只执行了一次$('#news')选择符。与连缀的方法相比，缓存方式稍嫌冗长，因为额外创建了一个用于保存jQuery对象的变量。但从另一个角度来看，这种方式在代码中可以完全分离选中元素的两次操作，而这也许可以满足我们其他情况下的需求。同样，因为可以把选中的元素保存在stripe()函数之外，也就避免了每次调用函数时重复查询选择符的操作。

因为根据ID在页面中选择元素速度极快，这两个例子不会有明显的性能差异。因此，在实际编码中，应该选择可读性最好、最容易维护的方式。不过别忘了，在性能真正出现瓶颈的时候，这些技术都可以起到立竿见影的效果。

9.4　小结

本章比较深入地探讨了jQuery在文档中查找元素的种种方法，剖析了Sizzle选择符引擎内部的工作机制，以及理解其工作原理对于设计高效代码的重要意义。此外，我们还讨论了扩展jQuery选择符及DOM遍历方法的一些方式。

延伸阅读

要了解有关选择符与遍历方法的完整介绍，请参考本书附录C，也可以参考jQuery官方文档：http://api.jquery.com/。

9.5　练习

要完成以下练习，读者需要本章的index.html文件，以及complete.js中包含的已经完成的JavaScript代码。可以从Packt Publishing网站http://www.packtpub.com/support下载这些文件。

“挑战”练习有一些难度，完成这些练习的过程中可能需要参考jQuery官方文档：http://api.jquery.com/。

(1) 修改为表格行添加条纹效果的例子，第一行不添加任何类、第二行添加alt类、第三行添加alt-2类。在每个子区域中以三个表格行为一组应用上述模式。

(2) 创建一个新的选择符插件:containsExactly()，用于选择包含的文本与传入括号中的文本完全相同的元素。

(3) 使用新的:containsExactly()选择符重写代码清单9-3中的筛选代码。

(4) 创建一个新的DOM遍历插件.grandparent()，可以在DOM中移动到一个或一组元素的祖父元素。

(5) **挑战**：使用http://jsperf.com/，把index.html的内容粘贴进去，比较一下使用下列方式查找与<td id="release">最接近的祖先表格元素的性能：

　❑ 使用.closest()方法；

　❑ 使用.parents()方法，将结果限制为找到的第一个表格。

(6) **挑战**：使用http://jsperf.com/，把index.html的内容粘贴进去，比较一下使用下列方式查找表格中每一行的最后一个<td>元素的性能：

　❑ 使用:last-child伪类；

　❑ 使用:nth-child()伪类；

　❑ 在每一行中（使用.each()方法遍历每一行）使用.last()方法；

　❑ 在每一行中（使用.each()方法遍历每一行）使用:last()伪类。

9

高级事件处理 10

要在应用程序中实现交互性，必须时刻关注用户的一举一动并对他们的操作给出响应。通过前面的学习，我们知道jQuery的事件系统可以帮我们解决这个问题。

第3章已经讨论过不少jQuery提供的与处理事件有关的特性了。作为高级内容的本章，将讨论如下主题：

- 事件委托及其带来的挑战；
- 与某些事件相伴而生的性能缺陷，以及如何克服它们；
- 自定义事件；
- jQuery内部使用的特殊事件系统。

10.1 再谈事件

先来介绍一下我们的示例文档，这个文档最终将成为一个简单的影集。影集中会显示一组照片，单击链接则会显示更多照片。当用户把光标移动到每一张照片上面时，会显示该照片的文本简介，这个功能是使用jQuery的事件系统实现的。影集的HTML代码如下：

```
<div id="container">
  <h1>Photo Gallery</h1>

  <div id="gallery">
    <div class="photo">
      <img src="photos/skyemonroe.jpg">
      <div class="details">
        <div class="description">The Cuillin Mountains,
          Isle of Skye, Scotland.</div>
        <div class="date">12/24/2000</div>
        <div class="photographer">Alasdair Dougall</div>
      </div>
    </div>
    <div class="photo">
      <img src="photos/dscn1328.jpg">
      <div class="details">
        <div class="description">Mt. Ruapehu in summer</div>
        <div class="date">01/13/2005</div>
        <div class="photographer">Andrew McMillan</div>
```

```
      </div>
    </div>
    <div class="photo">
      <img src="photos/024.JPG">
      <div class="details">
        <div class="description">midday sun</div>
        <div class="date">04/26/2011</div>
        <div class="photographer">Jaycee Barratt</div>
      </div>
    </div>
    <!--此处省略了部分代码-->
  </div>
  <a id="more-photos" href="pages/1.html">More Photos</a>
</div>
```

下载示例代码

如同本书其他HTML、CSS以及JavaScript示例一样，上面的标记只是完整文档的一个片段。如果读者想试一试这些示例，可以从以下地址下载完整的示例代码：Packt Publishing网站http://www.packtpub.com/support，或者本书网站http://book.learningjquery.com/。

在为文档中的照片应用样式，将它们一行三个地排列整齐之后，这个影集的外观就如图10-1所示。

图 10-1

10.1.1 追加数据页面

好了，现在我们想来实现一个常见的任务，那就是让浏览器响应对某个页面元素的单击。在单击More Photos链接时，需要执行一次Ajax请求，加载下一组照片并将它们追加到`<div id="gallery">`，参见代码清单10-1。

代码清单10-1

```
$(document).ready(function() {
  var pageNum = 1;
  $('#more-photos').click(function(event) {
    event.preventDefault();
    var $link = $(this);
    var url = $link.attr('href');
    if (url) {
      $.get(url, function(data) {
        $('#gallery').append(data);
      });
      pageNum++;
      if (pageNum < 20) {
        $link.attr('href', 'pages/' + pageNum + '.html');
      }
      else {
        $link.remove();
      }
    }
  });
});
```

此外，还要更新More Photos链接的目标，让它指向包含下一组照片的页面。

代码清单10-2

```
$(document).ready(function() {
  var pageNum = 1;
  $('#more-photos').click(function(event) {
    event.preventDefault();
    var $link = $(this);
    var url = $link.attr('href');
    if (url) {
      $.get(url, function(data) {
        $('#gallery').append(data);
      });
      pageNum++;
      if (pageNum < 20) {
        $link.attr('href', 'pages/' + pageNum + '.html');
      }
      else {
        $link.remove();
      }
    }
  });
});
```

在.click()处理程序中，我们使用变量pageNum来跟踪要请求的下一个照片页面，使用这个数字来为链接构建新的href属性。因为pageNum是在函数外部定义的，因此它的值可以在两次点击的过程中得以保持。在到达最后一页时，就删除这个链接。

渐进增强

这个示例可以离线使用，不需要Web服务器。在实际应用当中，相关数据可能会保存在一个数据库里。服务器端代码在接收到浏览器对一组照片的正常请求时，会返回一个完整的HTML页面，在接收到Ajax请求时，则只返回包含相应照片标记的HTML片段。这样，无论客户端是否支持JavaScript，用户都能正常地看到照片。

此外，还需要考虑使用HTML5的历史记录API，让用户能够把我们用Ajax加载的内容保存为书签。关于这个API的详细信息，请参考Dive into HTML5中的文章（http://diveintohtml5.info/history.html），而使用History插件（https://github.com/browserstate/history.js）实现这个功能也相当简单。

10.1.2　悬停时显示数据

接下来我们要实现的功能,就是在用户鼠标移动到照片上的时候显示照片的详细信息。首先,为了显示这些信息,可以使用.hover()方法,参见代码清单10-3。

代码清单10-3

```
$(document).ready(function() {
  $('div.photo').hover(function() {
    $(this).find('.details').fadeTo('fast', 0.7);
  }, function() {
    $(this).find('.details').fadeOut('fast');
  });
});
```

这样,当用户光标进入照片区域时,相关信息就会以70%的不透明度淡入显示出来;而当用户光标离开照片时,相关信息则立即淡出。

10

图　10-2

当然，实现这个任务的方式有很多。由于两个处理程序中有一部分代码完全相同，因此可以把它们组合起来以减少冗余的代码。比如，可以为mouseenter和mouseleave绑定同一个处理程序，只在两个事件名称之间加一个空格即可，参见代码清单10-4。

代码清单10-4

```
$(document).ready(function() {
  $('div.photo').on('mouseenter mouseleave', function(event) {
    var $details = $(this).find('.details');
    if (event.type == 'mouseenter') {
      $details.fadeTo('fast', 0.7);
    } else {
      $details.fadeOut('fast');
    }
  });
});
```

在同一个处理程序绑定到两个事件的情况下，通过检测事件的类型就可以确定是应该淡入还是应该淡出。而查找<div>的代码对两个事件来说则是相同的，所以这里可以只写一次。

毫无疑问，这个例子经过了精心设计，所以共享的代码才会那么少。不过，在其他情况下，这种技术是可以显著减少代码复杂性的。比如，假设我们在mouseenter事件发生时添加一个类，在mouseleave事件发生时删除它，而不是动态改变不透明度，那么只要像下面这样在处理程序中添加一行代码即可：

```
$(this).find('.details')
  .toggleClass('entered', event.type == 'mouseenter');
```

无论如何，我们脚本现在已经按照预期运行了——但有一个例外，那就是当用户单击More Photos链接加载了更多照片时，新加载的照片不会响应那两个事件。还记得我们曾在第3章提到的吗，事件处理程序只会添加到调用.on()方法时已经存在的元素上。像通过Ajax调用这样后来添加的元素，不会绑定那些事件。当前，我们针对这个问题给出了两个解决方案：一是在加载了新内容之后，"重新绑定"事件处理程序；二是一开始就把事件绑定到包含元素上，不依赖于**事件冒泡**。后一个解决方案，也就是本章要跟大家继续讨论的，叫做**事件委托**。

10.2　事件委托

也许有读者还记得，为了实现事件委托，我们需要检测event对象的target属性，以便知道事件目标是不是我们想要触发行为的那个元素。事件目标，指的是接收到事件的那个最里面、最深层的元素。对于目前的示例程序而言，我们还面临着一个新的挑战：<div class="photo">元素不可能成为事件目标，因为它还包含着其他元素，比如图像和图像的信息。

我们需要使用.closest()方法，这个方法可以沿DOM树向上一层一层移动，直至找到与给定的选择符表达式匹配的那个元素。如果没有找到这个元素，那它就会像其他DOM遍历方法一样，返回一个"空的"jQuery对象。在这里，可以使用.closest()像下面这样从包含元素找到<div class="photo">。

代码清单10-5

```
//未完成的代码
$(document).ready(function() {
  $('#gallery').on('mouseover mouseout', function(event) {
    var $target = $(event.target).closest('div.photo');
    var $details = $target.find('.details');
    var $related = $(event.relatedTarget)
                     .closest('div.photo');

    if (event.type == 'mouseover' && $target.length) {
      $details.fadeTo('fast', 0.7);
    } else if (event.type == 'mouseout' && !$related.length) {
      $details.fadeOut('fast');
    }
  });
});
```

注意，还需要把事件的类型由mouseenter和mouseleave改为mouseover和mouseout。因为前两个事件只有在鼠标最先进入和最后离开<div id="gallery">时才会触发，而我们需要在鼠标进入这个包含<div>内部的任何照片时都触发处理程序。然而，使用后两个事件又会引入另外一个问题，即必须额外再检测event对象的relatedTarget属性，否则<div class="details">就会反复淡入淡出。即使额外添加了检测代码，如果你快速移动鼠标进出照片的话，结果仍然不令人满意，因为还是偶尔会有本应淡出的<div class="details">一直显示着。

10.2.1　使用 jQuery 的委托方法

在任务变复杂的情况下，手工管理事件委托可能会非常困难。好在，jQuery的.on()方法内置了委托管理能力，为我们扫除了这些障碍。利用这种能力，我们的代码可以变得像代码清单10-4那样简单，参见代码清单10-6。

代码清单10-6

```
$(document).ready(function() {
  $('#gallery').on('mouseenter mouseleave', 'div.photo',
  function(event) {
    var $details = $(this).find('.details');
    if (event.type == 'mouseenter') {
      $details.fadeTo('fast', 0.7);
    } else {
      $details.fadeOut('fast');
    }
  });
});
```

这里的选择符'#gallery'与代码清单10-5中相同，而事件类型则改成了代码清单10-4中的mouseenter和mouseleave。在把'div.photo'作为第二个参数的情况下，.on()方法会把this关键字映射为'#gallery'中与该选择符匹配的元素。

10

有些开发人员使用.delegate()和.undelegate()方法,虽然语法不同,但作用是一样的。

10.2.2   选择委托的作用域

由于我们要操作的照片被包含在<div id="gallery">中,因此前面的例子将#gallery作为委托的作用域。实际上,照片元素的任何祖先元素都可以作为这个委托的作用域。比如,可以把处理程序绑定到document元素,因为它是页面中所有元素的祖先。

代码清单10-7

```
$(document).ready(function() {
  $(document).on('mouseenter mouseleave', 'div.photo',
  function(event) {
    var $details = $(this).find('.details');
    if (event.type == 'mouseenter') {
      $details.fadeTo('fast', 0.7);
    } else {
      $details.fadeOut('fast');
    }
  });
});
```

在安排事件委托时,把处理程序绑定到document很方便。因为所有元素都是document的后代,这样不用担心是否会选错容器。可是,这种方便也需要牺牲一定的性能。

如果DOM嵌套结构很深,事件冒泡通过大量祖先元素也会导致较大的性能损失。无论我们想观察哪个元素(把对应的选择符作为.on()的第二个参数传入),只要把处理程序绑定到document,那么就需要检查任何地方发生的事件。在代码清单10-6中,光标进入任何元素都会引发jQuery检查当前元素是不是<div class="photo">元素。在复杂的页面中,这样会导致性能损失,在较多使用委托的情况下性能损失更大。选择更具体的委托作用域可以有效减少这种开销。

10.2.3   早委托

先不管性能得失,有时候还会有其他原因让我们选择document作为委托作用域。一般来说,只有当相应的DOM元素加载完毕,才能给它绑定事件处理程序。这就是为什么我们通常都把代码放到$(document).ready()内部的原因。可是,document元素是随着页面加载几乎立即就可以调用的,把处理程序绑定到document不用再等到完整的DOM构建结束。即使脚本是放在文档的<head>中引用的(我们的例子就是这样的),我们也可以马上在其中调用.on(),参见代码清单10-8。

代码清单10-8

```
(function($) {
  $(document).on('mouseenter mouseleave', 'div.photo',
```

```
function(event) {
  var $details = $(this).find('.details');
  if (event.type == 'mouseenter') {
    $details.fadeTo('fast', 0.7);
  } else {
    $details.fadeOut('fast');
  }
});
})(jQuery);
```

因为我们没有等待整个文档就绪，所以可以确保所有<div class="photo">元素只要一呈现在页面上就可以应用mouseenter和mouseleave行为。

要想理解这样做的好处，可以想象把一个click事件处理程序绑定到一个链接上。假设这个处理程序要执行某些操作，同时还要阻止链接的默认动作（导航到其他页面）。如果我们等到文档就绪之后再绑定它，那很可能在绑定处理程序之前用户已经点击该链接离开了当前页面，这样就体验不到脚本提供的增强功能了。相比之下，把处理程序绑定到document，我们就不必扫描复杂的DOM结构而能够实现早绑定了。

立即被调用的函数表达式

我们使用了立即调用的函数表达式（IIFE）来取代$(document).ready()。IIFE形同我们在第8章讨论过的闭包，可以在同一个页面中使用其他脚本时，避免可能的函数或变量的命名冲突（因为变量都被"限定"在了函数中）。

10.3　自定义事件

由浏览器的DOM实现自然触发的事件对任何Web应用都是至关重要的。但是，在jQuery代码中并不局限于使用这些事件。而是可以在这些事件基础上，再添加**自定义事件**。我们曾在第8章简单介绍过jQuery UI部件如何触发事件，但本节将讨论如何在不创建插件的情况下创建和使用自定义事件。

自定义事件必须在代码中通过手工方式来触发。从某种意义讲，自定义事件类似于我们平常定义的函数，因为它们都是一个预定义的代码块，可以在脚本中的其他地方调用执行。.on()方法对应着一个函数的定义，而.trigger()方法对应着一次函数调用。

但事件处理程序与触发它们的代码是**分离**的。这意味着我们可以在任何时间触发事件，而不需要知道触发事件之后会发生什么。常规的函数调用只能执行一段代码，而自定义事件可以触发执行一个绑定的事件处理程序，也可以触发执行多个事件处理程序，甚至可以不执行任何事件处理程序。

为了演示前面描述的这些内容，可以修改Ajax加载功能，从而使用一个自定义函数。在用户请求更多照片时，我们会触发一个nextPage事件，同时为这个事件绑定相应的处理程序，而在.click()处理程序中完成之前所做的工作，参见代码清单10-9。

10

代码清单10-9

```
$(document).ready(function() {
  $('#more-photos').click(function(event) {
    event.preventDefault();
    $(this).trigger('nextPage');
  });
});
```

好，现在的.click()处理程序的工作只剩下很少了。在触发自定义事件后，通过调用.preventDefault()，它又阻止了默认的行为。大部分工作量都转移到了针对nextPage事件的新的事件处理程序中了，参见代码清单10-10。

代码清单10-10

```
(function($) {
  $(document).on('nextPage', function() {
    var url = $('#more-photos').attr('href');
    if (url) {
      $.get(url, function(data) {
        $('#gallery').append(data);
      });
    }
  });

  var pageNum = 1;
  $(document).on('nextPage', function() {
    pageNum++;
    if (pageNum < 20) {
      $('#more-photos').attr('href', 'pages/' + pageNum + '.html');
    }
    else {
      $('#more-photos').remove();
    }
  });
})(jQuery);
```

其中大部分代码与代码清单10-2相同。最大的区别是把原来的一个函数拆成了两个。这样做的目的只是为了演示一次触发可以导致多个绑定的处理程序运行。单击More Photos链接会导致追加下一组照片，同时更新链接的href属性，如图10-3所示。

图10-3值得注意的是，我们还在这个例子中展示了事件冒泡的另一种应用。如果把nextPage处理程序绑定到触发该事件链接上，那就需要等到DOM就绪。于是，我们在这里把处理程序绑定到了文档自身，因为页面只要一打开文档就立即可用，所以可以在$(document).ready()外部来完成绑定。实际上，我们在代码清单10-8中也运用了相同的原理，当时是把.on()方法的绑定转移到了$(document).ready()外部。而利用事件冒泡，只要另一个处理程序不阻止事件传播，我们的处理程序可以被触发。

图 10-3

10.3.1 无穷滚动

就像多个不同的事件处理程序可以响应相同事件一样,相同的事件也可以通过多种不同的方式来触发。为了演示这一点,我们接下来会给页面添加一个**无穷滚动**功能。所谓无穷滚动,是一种让用户控制滚动条来加载内容的流行技术,即当到达目前加载的内容底部时,就会自动取得新内容。

我们先从一个简单实现开始,然后在后续的例子中逐步改进它。这个例子的基本思想就是监听scroll(滚动)事件,在发生滚动事件时测量当前滚动条的位置,必要时就加载新的内容。下列代码会触发代码清单10-10中定义的nextPage事件。

代码清单10-11

```
(function($) {
  function checkScrollPosition() {
    var distance = $(window).scrollTop() + $(window).height();
    if ($('#container').height() <= distance) {
      $(document).trigger('nextPage');
    }
  }

  $(document).ready(function() {
    $(window).scroll(checkScrollPosition).trigger('scroll');
  });
})(jQuery);
```

这个新的checkScrollPosition()函数在这里作为window的scroll事件处理程序。它会计算从文档的顶部到窗口底部的距离,然后用这个距离与文档中主容器的高度进行比较。只要这两个值一相等,就需要使用额外的照片来填充页面,因此就触发nextPage事件。

接下来绑定scroll处理程序，并通过调用.scroll()方法立即触发它。这样就开始了整个过程，如果此时页面中还没有照片，就会发出一个Ajax请求，如图10-4所示。

图　10-4

10.3.2　自定义事件参数

在定义函数时，可以设置任意数量的参数。而在调用函数时，再给这些参数实际地传入值。类似地，在触发自定义事件时，我们也可以给任何注册的事件处理程序传入额外的信息。这种技术就叫做自定义事件参数。

任何事件处理程序的第一个参数是由jQuery增强和扩展之后的DOM事件对象。在这个参数之后，我们可以根据需要传递任意数量的参数。

下面我们就来实际地看一看自定义事件参数。为此，可以给代码清单10-10中的nextPage事件增加一个选项，通过它来指定是否向下滚动以显示新添加的内容，参见代码清单10-12。

代码清单10-12

```
(function($) {
  $(document).on('nextPage', function(event, scrollToVisible) {
    var url = $('#more-photos').attr('href');
    if (url) {
```

```
    $.get(url, function(data) {
      var $data = $(data).appendTo('#gallery');
      if (scrollToVisible) {
        var newTop = $data.offset().top;
        $(window).scrollTop(newTop);
      }
      checkScrollPosition();
    });
  }
  });
});
```

我们已经给事件回调函数添加了scrollToVisible参数。这个参数的值指定了是否执行新的功能，即测量新内容的位置并滚动到该位置。测量只要使用.offset()方法即可，这个方法返回新内容的top和left坐标。要向下滚动页面，调用.scrollTop()方法。

接下来就需要向这个新参数传入一个实际的值。换句话说，就是在使用.trigger()方法触发事件时多提供一个值。在通过页面滚动触发nextPage事件时，我们不想让这个新的行为发生，因为用户已经在直接操作滚动位置了。而在用户单击More Photos时，我们希望新添加的内容显示在屏幕上，因而就要像代码清单10-13这样给处理程序传递一个true值。

代码清单10-13

```
$(document).ready(function() {
  $('#more-photos').click(function() {
    $(this).trigger('nextPage', [true]);
    return false;
  });

  $(window).scroll(checkScrollPosition).trigger('scroll');
});
```

在调用.trigger()方法时，我们额外给事件处理程序传递了一个数组。而这个值为true的数组在代码清单10-11中会把true赋值给参数scrollToVisible。

这个自定义事件参数在调用和接收的任何一端都是可选的。在代码对.trigger()的两次调用中，只有一次提供了这个参数值。另一次调用也不会导致错误，因为未传递的参数将以undefined值代替。类似地，在调用.on('nextPage')时不传递scrollToVisible参数也不会出错。因为在传递实际的值而参数却不存在时，传递过来的值就会被忽略。

10.4 节流事件

代码清单10-11中实现的无穷滚动功能的主要问题是性能。尽管代码并不复杂，但checkScrollPosition()函数却需要计算页面和窗口的大小。由于某些浏览器中的scroll事件会在窗口滚动期间重复触发，因此计算过程会不断累积。最终结果就是导致页面忽急忽缓、反应迟顿。

浏览器中有几个原生事件都会频繁触发。最常见的事件有scroll、resize和mousemove。为了解决这个问题，就需要**节流事件**。这个技术会限制一些无谓的计算，即不是每次事件发生都计算，而是选择在部分事件发生时计算。我们可以在代码10-13的基础上实现这种技术，参见代码清单10-14。

代码清单10-14

```
$(document).ready(function() {
  var timer = 0;
  $(window).scroll(function() {
    if (!timer) {
      timer = setTimeout(function() {
        checkScrollPosition();
        timer = 0;
      }, 250);
    }
  }).trigger('scroll');
});
```

我们没有直接将checkScrollPosition()设置为scroll事件处理程序，而是使用JavaScript的setTimeout函数，延迟250毫秒再调用它。更重要的是，我们会在执行任何代码之前先检查当前运行的计时器。因为检查一个简单变量的值速度极快，所以对事件处理程序的大多数调用都几乎能够立即返回。而对checkScrollPosition()函数的调用只会在计时器结束时才会发生，通常每次都要等250毫秒。

通过给setTimeout()设置一个合理的值，就能够在即时返馈与较高性能之间达成一个合理的折中。而我们的脚本也可以成为页面中一位安分守己的好公民。

其他节流方案

前面这种节流技术可以说既简单又实用。但是，节流的方案可不止那一种。根据被节流的操作的特点，以及与页面的典型交互方式，我们可以直接给页面创建一个计时器，而不是等事件开始时再创建，参见代码清单10-15。

代码清单10-15

```
$(document).ready(function() {
  var scrolled = false;
  $(window).scroll(function() {
    scrolled = true;
  });
  setInterval(function() {
    if (scrolled) {
      checkScrollPosition();
      scrolled = false;
    }
  }, 250);
  checkScrollPosition();
});
```

与前面的节流代码不同，这个轮询式的方案会调用JavaScript的setInterval()函数，每

250毫秒检查一次scrolled变量的状态。不管什么时候发生滚动事件,scrolled都会被设置为true,以确保在下一次轮询时调用checkScrollPosition()。结果与代码清单10-14是类似的。

 在频繁重复的事件发生期间限制处理次数的第三种技术叫**消除抖动**(debouncing)。这种技术是以电子开关重复发送信号必需的后处理技术命名的,可以确保在发生多个事件的情况下,最终只会有一个事件实际地起作用。我们将在第13章介绍一个使用这种技术的例子。

10.5 扩展事件

诸如mouseenter和ready这样的事件,都是jQuery内部的**特殊事件**。这些事件使用了jQuery精心设计的事件扩展框架,可以在事件处理程序生命周期的不同时间点上执行。它们可以对被绑定或被反绑定的事件处理程序作出反应,甚至可以像被单击的链接和被提交的表单一样具有可阻止的默认行为。利用这些事件扩展API,可以创建出与原生DOM事件非常类似的新事件。

代码清单10-14中针对滚动实现的节流行为十分有用,可以将其一般化,以便在其他项目中重用。为此,我们可以创建一个特殊的新事件,用它来封装相应的节流技术。

为了实现一个事件的特殊行为,需要为$.event.special对象添加属性。这个属性的键是我们的事件名称,而它的值本身是一个对象。这个特殊的事件对象包含可以在不同时刻调用的回调函数::

(1) add会在每次为当前事件绑定处理程序时调用;

(2) remove会在每次为当前事件删除处理程序时调用;

(3) setup会在为当前事件绑定处理程序,且没有为元素的这个事件绑定其他处理程序时调用;

(4) teardown是setup的反操作,会在某个元素删除这个事件的最后一个处理程序时调用;

(5) _default是当前事件的默认行为,在没有被事件处理程序阻止的情况下会执行。

在使用这几个回调函数时,可以充分发挥我们的创造力。接下的例子将会探讨一种非常常见的情况,那就是响应某些浏览器条件而自动触发事件。如果没有处理程序监听事件,那么监视状态并触发事件就是一种浪费。所以,我们可以通过setup回调函数来实现只在必要时进行初始化,参见代码清单10-16。

代码清单10-16

```
(function($) {
  $.event.special.throttledScroll = {
    setup: function(data) {
      var timer = 0;
      $(this).on('scroll.throttledScroll', function(event) {
        if (!timer) {
```

10

```
        timer = setTimeout(function() {
          $(this).triggerHandler('throttledScroll');
          timer = 0;
        }, 250);
      }
    });
  },
  teardown: function() {
    $(this).off('scroll.throttledScroll');
  }
};
})(jQuery);
```

对于这个滚动节流事件，我们需要绑定常规的scroll处理程序，该处理程序使用与代码清单10-14中用到的相同的setTimeout技术。每当计时器结束时，就会触发这个自定义事件。每个元素只需要一个计时器，所以setup回调函数可以满足我们的要求。通过以scroll处理程序作为命名空间，可以在teardown被调用时轻松地删除相应的处理程序。

为了使用这个事件，我们要做的就是像下面这样为throttledScroll绑定处理程序。这样不仅极大地简化了绑定事件的代码，同时还实现了一个非常方便的可重用的节流机制，参见代码清单10-17。

代码清单10-17

```
(function($) {
  $.event.special.throttledScroll = {
    setup: function(data) {
      var timer = 0;
      $(this).on('scroll.throttledScroll', function(event) {
        if (!timer) {
          timer = setTimeout(function() {
            $(this).triggerHandler('throttledScroll');
            timer = 0;
          }, 250);
        }
      });
    },
    teardown: function() {
      $(this).off('scroll.throttledScroll');
    }
  };

  $(document).on('mouseenter mouseleave', 'div.photo', function(event) {
    var $details = $(this).find('.details');
    if (event.type == 'mouseenter') {
      $details.fadeTo('fast', 0.7);
    } else {
      $details.fadeOut('fast');
    }
  });

  $(document).on('nextPage', function(event, scrollToVisible) {
```

```
        var url = $('#more-photos').attr('href');
        if (url) {
          $.get(url, function(data) {
            var $data = $(data).appendTo('#gallery');
            if (scrollToVisible) {
              var newTop = $data.offset().top;
                $(window).scrollTop(newTop);
            }
            checkScrollPosition();
          });
        }
      });

      var pageNum = 1;
      $(document).on('nextPage', function() {
        pageNum++;
        if (pageNum < 20) {
          $('#more-photos').attr('href', 'pages/' + pageNum + '.html');
        }
        else {
          $('#more-photos').remove();
        }
      });

      function checkScrollPosition() {
        var distance = $(window).scrollTop() + $(window).height();
        if ($('#container').height() <= distance) {
          $(document).trigger('nextPage');
        }
      }

      $(document).ready(function() {
        $('#more-photos').click(function(event) {
          event.preventDefault();
          $(this).trigger('nextPage', [true]);
        });

        $(window)
          .on('throttledScroll', checkScrollPosition)
          .trigger('throttledScroll');
      });
    })(jQuery);
```

深入学习特殊事件

　　虽然本章主要介绍与处理事件相关的高级技术，但创建特殊事件则是更加高级的技术，详细地讨论它超出了本书的范畴。前面展示的throttledScroll的例子只是这种技术最简单、最常见的用法。其他可能的应用包括：

　　❑ 修改事件对象，以便事件处理程序可以使用不同的信息；

　　❑ 让DOM中的某个地方发生的事件触发与不同元素关联的行为；

❑ 对新的浏览器特有的非标准DOM事件作出响应，让jQuery代码像处理标准事件一样处理
它们；

❑ 改变处理事件冒泡和事件委托的方式。

这些任务都有可能相当复杂。如果想更深入地了解事件扩展API给我们提供的可能性，建议
大家阅读jQuery学习中心的文档：http://learn.jquery.com/events/event-extensions/。

10.6　小结

如果能够全面地利用jQuery的事件系统，那将给我们的工作带来极大的便利。本章介绍了这
个系统的几个方面，包括事件委托方法、自定义事件和事件扩展API。同时，还讨论了如何避免
事件委托以及频繁触发事件的一些陷阱。

延伸阅读

要了解有关选择符与遍历方法的完整介绍，请参考本书附录C或jQuery官方文档：
http://api.jquery.com/。

10.7　练习

要完成以下练习，读者需要本章的index.html文件，以及complete.js中包含的已经完成的
JavaScript代码。可以从Packt Publishing网站http://www.packtpub.com/support下载这些文件。

"挑战"练习有一些难度，完成这些练习的过程中可能需要参考jQuery官方文档：
http://api.jquery.com/。

(1) 当用户单击照片时，为包含照片的<div>添加或删除selected类。要保证通过Next Page
链接添加的照片同样也具有这种行为。

(2) 添加一个名为pageLoaded的自定义事件，在新一组照片加载完成后触发。

(3) 使用nextPage和pageLoaded处理程序，仅在加载新页面的过程中在页面底部显示一条
"正在加载"消息。

(4) 为照片绑定mousemove处理程序，记录鼠标的当前位置（使用console.log()）。

(5) 改进mousemove处理程序，使其每秒钟最多记录5次位置信息。

(6) **挑战**：创建一个新的名为tripleclick的特殊事件，当鼠标在500毫秒内单击3次的情况
下触发。为了测试这个事件，请给<h1>元素绑定一个tripleclick处理程序，"三击"
这个<h1>可以隐藏或显示<div id="gallery">的内容。

高级效果

11

在学习为Web应用添加样式与动画的时候，我们已经介绍了jQuery动画效果的很多用途。在页面上显示和隐藏对象可以说是小菜一碟，缩放元素也能做到优雅流畅，而重新定位节点则可谓平滑自然。实际上，jQuery可以实现的效果还远不止这些，还有更多技巧和用法有待我们去研究。

第4章介绍了jQuery的基本动画功能，本章我们就来学习一些这方面的高级特性：

- 在动画运行期间跟踪它的状态；
- 在运行期间中断动画；
- 在页面上以全局方式修改所有效果；
- 在动画结束后马上执行的延迟对象；
- 在运行过程中控制动画的缓动函数。

11.1 再谈动画

为了让大家回忆起jQuery的效果方法，同时也为本章的讲解设置一个起点，我们就先从简单的鼠标悬停动画开始吧。这个悬停动画就是在一个页面上，其中包含几张照片的缩略图，当用户鼠标移动到每个缩略图上时，照片会"膨胀"，而当鼠标离开时，照片又会收缩回原来的大小。这个页面的HTML代码（如下所示）还包含一些文本内容，但目前是隐藏的，本章后面会用到它们。

```
<div class="team">
  <div class="member">
    <img class="avatar" src="photos/rey.jpg" alt="" />
    <div class="name">Rey Bango</div>
    <div class="location">Florida</div>
    <p class="bio">Rey Bango is a consultant living in South Florida, specializing in
      web application development...</p>
  </div>
  <div class="member">
    <img class="avatar" src="photos/scott.jpg" alt="" />
    <div class="name">Scott González</div>
    <div class="location">North Carolina</div>
    <div class="position">jQuery UI Development Lead</div>
```

```
    <p class="bio">Scott is a web developer living in Raleigh, NC...</p>
  </div>
  <!--以下的代码类同... -->
</div>
```

下载示例代码

　　如同本书其他HTML、CSS以及JavaScript示例一样，上面的标记只是完整文档的一个片段。如果读者想试一试这些示例，可以从以下地址下载完整的示例代码： Packt Publishing 网 站 http://www.packtpub.com/support ， 或者本书网站 http://book.learningjquery.com/。

最初，每幅照片相关的文本都通过CSS隐藏了，因为相应的 `<div>` 都被挪到了它们 `overflow:hidden` 容器的左边：

```css
.member {
  position: relative;
  overflow: hidden;
}

.member div {
  position: absolute;
  left: -300px;
  width: 250px;
}
```

以上HTML加上CSS会得到垂直排列的一组图像，如图11-1所示。与每幅图像关联的文本内容暂时先隐藏了。

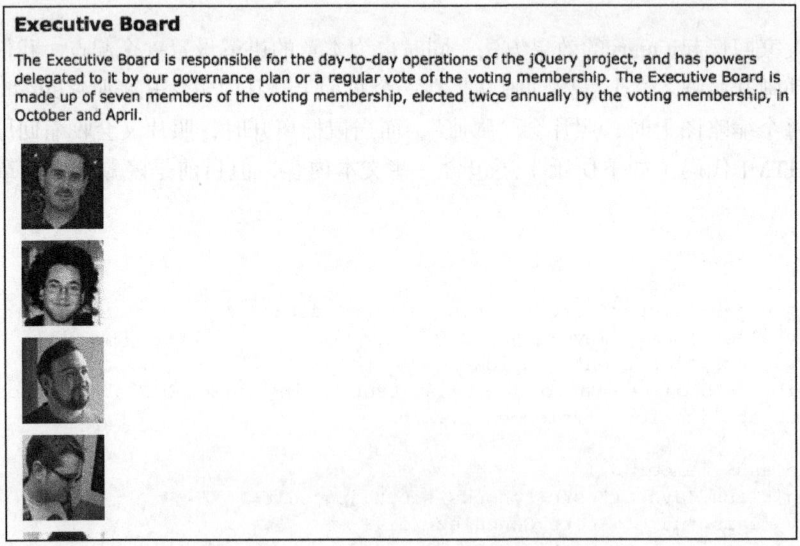

Executive Board

The Executive Board is responsible for the day-to-day operations of the jQuery project, and has powers delegated to it by our governance plan or a regular vote of the voting membership. The Executive Board is made up of seven members of the voting membership, elected twice annually by the voting membership, in October and April.

图　11-1

为了修改图像的大小，我们将把其高度和宽度从75px变为85px。与此同时，为了保持图像居中，还要将其内边距由5px减少为0px，参见代码清单11-1。

代码清单11-1

```
$(document).ready(function() {
  $('div.member').on('mouseenter mouseleave', function(event) {
    var size = event.type == 'mouseenter' ? 85 : 75;
    var padding = event.type == 'mouseenter' ? 0 : 5;
    $(this).find('img').animate({
      width: size,
      height: size,
      paddingTop: padding,
      paddingLeft: padding
    });
  });
});
```

代码清单11-1中代码的重复了第10章的模式。因为在鼠标进入和离开指定区域时要执行的大部分操作相同，所以我们把mouseenter和mouseleave这两个事件处理程序组合到了一个函数中，而没有用两个回调函数去调用.hover()。这个联合的处理程序首先根据当前事件的类型来确定size和padding的值，然后再把这两个值传给.animate()方法。

好了，现在当鼠标放到一张图像上时，它就会得比其他图像稍大一些，如图11-2所示。

图　11-2

11.2　观测及中断动画

刚刚完成的这个基本的动画暴露出一个问题。如果mouseenter和mouseleave事件发生后，有足够的时间让动画完成，动画就可以达到预期效果。可是，一旦触发这两个事件的速度太快，反复次数太多，图像则会在最后一次事件触发后反复多次增大和缩小。之所以会这样，原因正如第4章所介绍的，一个给定元素的动画会逐一被添加到一个**队列**中，然后再依次调用。第一个动画会立即被调用，在指定时间内完成，然后从队列中移除。此时，第二个动画又排在了第一位，于是接着被调用，完成，移除，以此类推，直至队列为空。

很多情况下，jQuery中这个叫做fx的动画队列都不会给我们带来问题。不过，在遇到像我们前面例子中这种悬停动画时，就要跟这个队列斗斗智了。

11.2.1 确定动画状态

若要避免产生不合需要的动画队列，一种方式是使用jQuery自定义的:animated选择符。在mouseenter/mouseleave事件处理程序中，可以使用这个选择符来检测图像，看它当前是否正处于动画的过程中，如代码清单11-2所示。

代码清单11-2

```
$(document).ready(function() {
  $('div.member').on('mouseenter mouseleave', function(event) {
    var $image = $(this).find('img');
    if (!$image.is(':animated') || event.type == 'mouseleave') {
      var size = event.type == 'mouseenter' ? 85 : 75;
      var padding = event.type == 'mouseenter' ? 0 : 5;
      $image.animate({
        width: size,
        height: size,
        paddingTop: padding,
        paddingLeft: padding
      });
    }
  });
});
```

当用户的鼠标进入成员（member）<div>时，图像应该只在它已经完成动画时再开始新动画。当鼠标离开时，不管是什么情况都应该立即开始动画，因为鼠标离开之后就应该立即恢复原来的大小和内边距。

这样，我们就成功地避免了代码清单11-1那失控的动画，但现在的动画仍然还需要改进。当鼠标快速进入和离开<div>时，图像仍然会完成整个mouseenter动画（增大），然后才开始mouseleave动画（缩小）。说实话，这并不是理想的效果，但测试:animated伪类又引入了一个更大的问题：如果鼠标进入<div>时，图像正在"缩小"，那么此后的图像也不会再增大了。只有当动画完成之后发生的mouseenter和mouseleave事件，才会引发另一次动画。这说明，尽管:animated选择符适用于在某些情况下检测动画状态，但在我们这里还不够。

11.2.2 中止运行的动画

好在，jQuery还有一个方法，可以帮我们解决代码清单11-2中存在的两个问题。这个方法就是.stop()，它能在动画运行过程中让动画立即停止。为了利用这个方法，我们要回到代码清单11-1的方案上来。只要在.find()和.animate()之间插入.stop()即可，参见代码清单11-3。

代码清单11-3

```
$(document).ready(function() {
  $('div.member').on('mouseenter mouseleave', function(event) {
    var size = event.type == 'mouseenter' ? 85 : 75;
    var padding = event.type == 'mouseenter' ? 0 : 5;
    $(this).find('img').stop().animate({
      width: size,
      height: size,
      paddingTop: padding,
      paddingLeft: padding
    });
  });
});
```

这里的关键是在处理新动画**之前**先停止当前动画。这样，即使鼠标反复进入和离开，之前我们遇到的问题也不会再出现了。因为当前动画总是会立即完成，因而fx队伍中的动画从来都不会超过1个。在鼠标最后不再活动的时候，最后一个动画就会完成。结果根据最后一次触发的事件，图像不是完全增大（`mouseenter`），就是收缩回其原来大小（`mouseleave`）。

中止动画的注意事项

由于`.stop()`方法默认情况下会在动画的当前位置中止动画，因而在使用简写动画方法的情况下，就有可能导致意外的结果。在动画之前，这些简写的动画方法会确定最终的值，然后动态变化到该值。比如说，如果使用`.stop()`在`.slideDown()`动画的中途将其中止，然后调用`.slideUp()`。那么下次再在同一个元素上调用`.slideDown()`时，就只会向下滑动到上一次停止时的高度。为了解决这个问题，`.stop()`方法可以接收两个布尔值参数（`true`/`false`），其中第二个参数叫goToEnd。如果把这个参数设置为true，那么当前动画不仅会停止，而且会立即跳到最终值。当然，这样做的结果就是看起来有点突兀。所以更好的办法是把最终值保存在一个变量中，使用`.animate()`显式变化到该值，而不要依赖jQuery确定的值。

 jQuery还有一个方法可以中断动画：`.finish()`。这个方法与`.stop(true, true)`效果类似，因为它会清除排队的动画并使当前动画跳到最终值。不过，与`.stop(true, true)`不同的是，它也会使所有排队的动画都跳到各自的最终值。

11.3　全局效果属性

jQuery的效果模块中包含一个非常方便的`$.fx`对象，在需要彻底改变动画的性质时，可以访问这个对象。尽管这个对象的某些属性名不见经传，只为jQuery库本身使用而设计，但另外一些属性则可以供我们在全局层面上修改动画运行的效果。在接下来的例子中，我们来学习几个文档中有记载的属性。

11.3.1 禁用所有效果

前面我们已经讨论了一种中止当前动画运行的方式,但如果想要完全停止所有动画怎么办?比如说,我们会在默认情况下提供动画,但在一些低配置设备,比如非智能手机上,就需要禁用这些动画;否则,这些设备中的动画就会显得支离破碎。或者,当用户认为动画会分散其注意力时,也应该允许用户关闭动画。为了实现这个功能,只要简单地把$.fx.off属性设置为true即可。为了演示这个例子,我们来显示之前隐藏的按钮,以便让用户能够打开或关闭动画,参见代码清单11-4。

代码清单11-4

```
$('#fx-toggle').show().on('click', function() {
  $.fx.off = !$.fx.off;
});
```

这样,原来隐藏的按钮显示在了介绍性文字与之后的照片之间,如图11-3所示。

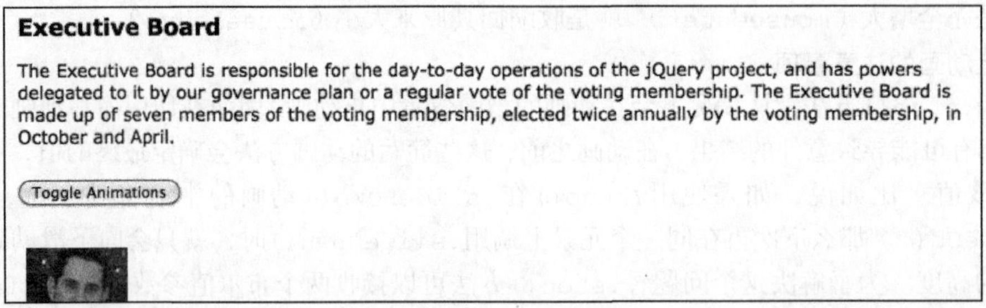

Executive Board

The Executive Board is responsible for the day-to-day operations of the jQuery project, and has powers delegated to it by our governance plan or a regular vote of the voting membership. The Executive Board is made up of seven members of the voting membership, elected twice annually by the voting membership, in October and April.

[Toggle Animations]

图　11-3

当用户单击这个按钮把动画关闭时,接下来的动画——增大和收缩图片都会瞬间完成(持续0毫秒),而任何回调函数也都几乎在瞬间调用完毕。

11.3.2 定义效果时长

$.fx对象还有一个speeds属性。这个属性本身是一个对象,包含三个属性,通过jQuery核心源代码中这一小段可以看出来:

```
speeds: {
  slow: 600,
  fast: 200,
  //默认速度
  _default: 400
}
```

我们知道所有jQuery的动画方法都提供了一个可选速度(或持续时间)参数。看看$.fx.speeds对象,就知道字符串'slow'和'fast'分别对应着600毫秒和200毫秒。每次调用一个动画方法,jQuery都要通过以下步骤来确定效果的持续时间。

(1) 检测$.fx.off是否为true。如果是则持续时间为0。

(2) 检测传入的持续时间是否为数值；如果是，则将持续时间设置为该毫秒数。

(3) 检测传入的持续时间是否与$.fx.speeds的某个属性键匹配。如果是，则将持续时间设置为该属性的值。

(4) 如果前面检测未发现传入持续时间参数，则将持续时间设置为$.fx.speeds._default的值。

现在，我们就明白了：只要传入的持续时间字符串不是'slow'或'fast'，那么动画的持续时间就是默认的400毫秒。更进一步，要想添加自定义的速度选项，只要给$.fx.speeds添加一个属性即可。比如，执行$.fx.speeds.crawl = 1200这行代码之后，就可以在任何动画方法中使用'crawl'把动画持续时间设置为1200毫秒：

```
$(someElement).animate({width: '300px'}, 'crawl');
```

尽管输入'crawl'并不比直接写1200更省事儿，但在大型项目中使用自定义速度会更适合那些共享动画速度的情况，因为修改起来很方便。假如需要修改速度，不用在代码里执行查找替换，一处一处地修改，而只要修改$.fx.speeds.crawl的值即可。

自定义速度当然有用，但更有用的恐怕还得说是修改默认速度了。很简单，修改默认速度就是修改_default属性的值，参见代码清单11-5。

代码清单11-5

```
$.fx.speeds._default = 250;
```

这样，我们就定义了一个新的更快的默认速度，除非我们指定持续时间参数，否则任何新动画都会使用这个默认的速度。为了演示这一点，需要在页面中添加另一个可交互的元素。换句话说，当用户单击人物头像时，要显示每个人的详细信息。为此，我们要制造一种细节信息从头像底下"展开"的假象，也就是让细节信息从头像下面移动出来，直到它们最终的位置。如代码清单11-6所示。

代码清单11-6

```
$(document).ready(function() {
  function showDetails() {
    $(this).find('div').css({
      display: 'block',
      left: '-300px',
      top: 0
    }).each(function(index) {
      $(this).animate({
        left: 0,
        top: 25 * index
      });
    });
  }
  $('div.member').click(showDetails);
});
```

这样，单击每个人的照片时，就可以调用showDetails()这个处理函数。这个函数先设置包含细节信息的<div>元素的起始位置，把它放在每个的头像下面。然后，再把每个元素以动画方式移动到它们的最终位置。通过调用.each()方法，可以分别计算出每个元素的最终top位置值。

动画结束后，文本会显示出来，如图11-4所示。

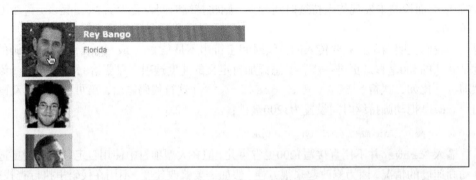

图   11-4

因为.animate()方法是在两个不同<div>上分别调用的，所以这两个动画不会排队，而是几乎同时发生。此外，由于并没有指定动画的持续时间，因而使用的是新的默认时间：250毫秒。

再单击其他成员的照片时，应该隐藏之前显示的信息。要想跟踪当前显示的是哪一个成员的详细信息，只要使用一个active类即可，参见代码清单11-7。

代码清单11-7

```
var $member = $(this);
if ($member.hasClass('active')) {
  return;
}

$('div.member.active')
  .removeClass('active')
  .children('div').fadeOut();
$member.addClass('active');
```

新增的代码放在了showDetails()函数前面，也就是在被单击的成员<div>中添加active类。通过找到这个类，很容易确定不可见的元素并将其以动画方式淡出。如果被单击的成员<div>有这个active类，那就直接返回，什么也不做了。

注意，调用的.fadeOut()方法也使用了前面定义的比较快的250毫秒持续时间。这个默认值对jQuery所有的预置效果都是有效的，就像它对前面那个.animate()方法起作用一样。

11.4   多属性缓动

showDetails()函数基本实现我们最初设想的"展开"效果，但因为top和left属性的动画速度相同，看起来还是有点像"滑入"效果。只要把top属性的缓动函数修改为easeInQuart，就可以改变一下效果；也就是让元素以曲线的方式运动，而不是径直地出来。不过别忘了，使用非swing和linear的任何缓动函数都需要插件，比如jQuery UI（http://jqueryui.com/），参见代码清单11-8。

代码清单11-8

```
$member.find('div').css({
  display: 'block',
  left: '-300px',
  top: 0
}).each(function(index) {
  $(this).animate({
    left: 0,
    top: 25 * index
  }, {
    duration: 'slow',
    specialEasing: {
      top: 'easeInQuart'
    }
  });
});
```

通过specialEasing选项可以为每个要应用动画的属性设置不同的加速度曲线。任何没有包含在这个选项中的属性，都会使用easing选项中指定的缓动函数——如果提供了的话；否则，就要使用默认的swing函数。

现在，我们就做好了一个非常有吸引力的动画效果，能够优雅地展示每个人的详细信息。可是，还没有显示每个人的简介啊！在讨论怎么显示每个人的简介之前，我们还得稍微跑跑题，先介绍一下jQuery延迟对象机制。

11.5　使用延迟对象

有时候，我们想在某个过程完成后执行一项操作，但不必知道该过程需要多长时间完成，甚至不必知道它是否能够成功完成。jQuery为此引入了一个新概念，叫做**延迟对象**（deferred object）。延迟对象用以封装一个需要花一定时间才能完成的操作。

通过调用$.Deferred()构造函数可以创建一个新的延迟对象。有了延迟对象之后，就可以执行长时间的操作，然后在成功或不成功的情况下调用这个对象的.resolve()或.reject()方法。不过，很少需要手工调用这两个方法。一般来说，我们不必自己创建自己的延迟对象，jQuery或其插件会为我们创建这个对象并调用.resolve()或.reject()方法。而我们只需学习如何使用它们创建的这个对象即可。

本章不会讨论$.Deferred()构造函数的原理，而只讨论如何在实现效果时利用延迟对象。第13章还会在讨论Ajax请求的时候再进一步探索延迟对象。

11

　　每一个延迟对象都会向其他代码**承诺**（promise）提供数据。这个承诺以另一个对象的形式来兑现，这个对象也有自己的一套方法。对于任何延迟对象，调用它的.promise()方法就可以取得其承诺对象。然后，通过调用这个承诺对象的各种方法，就可以添加在各种承诺兑现时调用的处理程序。

- ❑ 通过.done()方法添加的处理程序会在延迟对象被成功解决之后调用。
- ❑ 通过.fail()方法添加的处理程序会在延迟对象被拒绝之后调用。
- ❑ 通过.always()方法添加的处理程序会在延迟对象完成其任务（无论解决或拒绝）时调用。

　　这些处理程序与我们提供给.on()方法的回调函数非常相似，因为它们都是在某些事件发生时调用的函数。对同一个承诺，也可以添加多个处理程序，这些处理程序会在适当的时候被调用。不过，这些处理程序与回调函数还是有一些重要的区别。承诺的处理程序只会被调用一次，因为延迟对象不能解决两次。而且，如果在我们添加承诺处理程序时延迟对象已经解决，那么就会立即调用这个处理程序。

　　我们在第6章见过一个非常简单的例子，其中展示了jQuery的Ajax系统如何使用延迟对象。接下来，我们就通过jQuery动画系统为我们创建的延迟对象体验一下它的强大之处。

动画承诺

　　每个jQuery集合都有一组与之关联的延迟对象，用于跟踪集合中元素要执行的各种操作状态。通过在jQuery对象上调用.promise()方法，可以得到一个队列完成后被解决的承诺对象。特别地，我们可以使用这个承诺对象在匹配元素上的所有动画运行完成后再执行某项操作。

　　就像showDetails()函数用来显示成员的名字和地点信息一样，可以再写一个showBio()函数，把每个人的简介添加到页面中。首先，要给<body>添加一个新的<div>，并像下面这样添加两个对象，参见代码清单11-9。

代码清单11-9

```
var $movable = $('<div id="movable"></div>')
  .appendTo('body');
var bioBaseStyles = {
  display: 'none',
  height: '5px',
  width: '25px'
},
bioEffects = {
  duration: 800,
  easing: 'easeOutQuart',
  specialEasing: {
    opacity: 'linear'
  }
};
```

新添加的"movable"<div>就是以动画形式实际显示的对象，当然还得给它添加简介文本。

在以动画形式改变元素的宽度和高度的情况下，创建这样一个包装对象十分有用。可以将它的
overflow属性设置为hidden，并给其中的简介设置明确的高度和宽度，从而避免在直接为简介
<div>本身应用动画时会带来的文本重排问题。

这个showBio()函数将会基于被单击的成员来确定"movable"<div>的开始及结束样式。
为此，我们使用$.extend()方法将始终保持不变的基本样式与根据不同成员位置变化的top和
left属性合并在一起。然后，就是使用.css()来设置其开始样式，再使用.animate()来设置
最终样式了，参见代码清单11-10。

代码清单11-10

```
function showBio() {
  var $member = $(this).parent(),
      $bio = $member.find('p.bio'),
      startStyles = $.extend(bioBaseStyles, $member.offset()),
      endStyles = {
        width: $bio.width(),
        top: $member.offset().top + 5,
        left: $member.width() + $member.offset().left - 5,
        opacity: 'show'
      };
  $movable
    .html($bio.clone())
    .css(startStyles)
    .animate(endStyles, bioEffects)
    .animate({height: $bio.height()}, {easing: 'easeOutQuart'});
}
```

这里连续使用了两个.animate()方法，先从左侧把简介变宽变得完全不透明，然后在到达
指定位置时向下滑出整个高度。

第4章曾介绍过，jQuery动画方法的回调函数会**在集合中每个元素**的动画完成之后被调用。
现在，我们想在其他<div>元素出现之后再显示成员的简介。这要是在jQuery引入.promise()
方法之前，就是一个非常麻烦的任务。因为需要在每次执行回调函数时，都要倒减元素的个数，
直至最后一次执行回调函数，然后才能执行简介的动画代码。

而现在，只要在showDetails()函数中简单地把.promise()和.done()方法连缀在.each()
方法之后即可，参见代码清单11-11。

代码清单11-11

```
function showDetails() {
  var $member = $(this).parent();
  if ($member.hasClass('active')) {
    return;
  }
  $movable.fadeOut();
  $('div.member.active')
    .removeClass('active')
    .children('div').fadeOut();
```

11

```
$member.addClass('active');
$member.find('div').css({
  display: 'block',
  left: '-300px',
  top: 0
}).each(function(index) {
  $(this).animate({
    left: 0,
    top: 25 * index
  }, {
    duration: 'slow',
    specialEasing: {
      top: 'easeInQuart'
    }
  });
}).promise().done(showBio);
}
```

其中，.done()方法接收一个showBio()函数的引用。这样，在单击每个人的照片时，相应的信息就会以连续动画的形式显示出来，如图11-5所示。

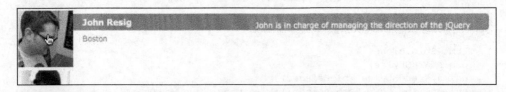

图　11-5

注意，我们还在showDetails()函数代码的上方悄悄地加入了一行$movable.fadeOut()。这行代码在第一次调用showDetails()函数时没有什么可见的效果，但在后续调用中，它能够确保在显示其他成员的信息之前，让当前可见的简介随同其他信息一块淡出视图。

11.6　精细地控制动画

虽然我们介绍了一些高级特性，但jQuery的效果模块还是有很多值得探索的地方。jQuery 1.8重写了这个模块之后，又给高级开发人员提供了一些精细控制各种效果的手段，甚至可以让我们修改底层的动画引擎。比如，除了duration和easing选项之外，.animate()方法还提供了两个回调选项，让我们可以检视和修改动画的每一步：

```
$('#mydiv').animate({
  height: '200px',
  width: '400px'
}, {
  step: function(now, tween) {
    //监控高度和宽度,
    //调整补间属性
  },
  progress: function(animation, progress, remainingMs) {
  }
});
```

在动画过程中,这里的`step()`函数大约每13毫秒会针对每个动画属性被调用一次。这样,我们就可以调整tween对象的属性,比如终止值、缓动类型,或者根据传入的now参数中属性的当前值修改实际的动画属性。一个复杂一些的例子,就是可以在`step()`函数中对两个运动的元素进行碰撞检测,然后调整各自的运动轨迹。

类似地,`progress()`函数在动画生命周期中也会被多次调用:

❑ 它与`step()`的区别在于,它只会在动画的每一步针对每个元素被调用一次,与多少属性产生动画效果无关;

❑ 它提供了动画其他方面的调整选项,包括动画的承诺对象、进度(0到1之间的一个值)和动画剩余的毫秒数。

jQuery所有的动画都使用JavaScript的计时函数`setTimeout()`来重复调用函数。默认间隔时间为13毫秒,每次调用都会修改样式属性的值。不过,有些现代浏览器支持比`setTimeout()`更好的`requestAnimationFrame()`函数,使用这个函数不仅控制更精确(因此动画也更平顺),而且在移动设备上还能节省电量消耗。

我们知道,不管浏览器标签页是否活动,`setTimeout()`始终都不会停止运行。而`requestAnimationFrame()`函数则会在标签页不可见的时候暂停执行,因而更省电。领导重写jQuery动画的Corey Frang写了一个用`requestAnimationFrame()`替代`setTimeout()`的插件(只要浏览器支持就替换)。这个插件会修改`$.fx`对象的两个方法:`.timer()`和`.stop()`,免费下载地址是:https://github.com/gnarf/jquery-requestAnimationFrame。

 对于动画而言,一般都应该使用`requestAnimationFrame()`替代`setTimeout()`。不过,由于在代码中同时使用这两者可能会引发冲突,jQuery核心库并没有实现`requestAnimationFrame()`。

11

jQuery动画系统最底层的方法是`$.Animation()`和`$.Tween()`函数。这两个函数及其对应的对象可以用来调整动画的每个可能的方面。比如,可以使用`$.Animation()`来创建动画滤清器(prefilter)。像下面这个滤清器,就会在动画结束时根据传入`.animate()`方法的options对象中是否存在某个属性来执行一个特定的操作:

```
$.Animation.prefilter(function(element, properties, options) {
  if (options.removeAfter) {
```

```
    this.done(function () {
      $(element).remove();
    });
  }
});
```

有了这段代码，调用$('#my-div').fadeOut({removeAfter: true})就会在动画完成并淡出后自动删除DOM中的<div>。

11.7　小结

本章我们进一步探讨了在设计漂亮的动画时涉及的几个技巧，从而创建出用户满意的动画效果。现在，我们知道了怎样单独控制每个动画属性的加速和减速，甚至在必要时单独地或全面地停止动画效果。讲到了jQuery效果库内部定义的几个属性，以及如何更改这些属性以适应我们的需求。本章还介绍了jQuery的延迟对象系统，而第13章还将进一步探讨该主题。最后，我们又学习了jQuery为高级程序员提供的精细控制动画效果的手段。

延伸阅读

要了解有关选择符与遍历方法的完整介绍，请参考本书附录C或jQuery官方文档：http://api.jquery.com/。

11.8　练习

要完成以下练习，读者需要本章的index.html文件，以及complete.js中包含的已经完成的JavaScript代码。可以从Packt Publishing网站http://www.packtpub.com/support下载这些文件。

"挑战"练习有一些难度，完成这些练习的过程中可能需要参考jQuery官方文档：http://api.jquery.com/。

(1) 定义一个新的动画速度常量zippy，并将它应用到简历的显示效果中。

(2) 修改成员信息水平移动的动画效果，让相关对象"弹跳"着出来。

(3) 再给承诺（promise）对象添加一个延迟回调函数，为当前成员的位置<div>添加一个highlight类。

(4) **挑战**：在简介动画运行前添加两秒钟的时间延迟。使用jQuery的.delay()方法。

(5) **挑战**：在单击当前活动照片时，折叠个人信息。在此之前，先停止正在运行的所有动画。

高级DOM操作

12

贯穿全书，我们一直都在使用jQuery强大的DOM操作方法修改文档内容。我们知道了向文档中插入新内容、移动已有内容或者完全删除内容的不同方法，也知道了如何根据自己的需要修改元素的属性。

这些技术都是第5章学习的。本章，我们将继续探讨jQuery的DOM操作特性，接触几种更高级的技术：

- 使用.append()排序页面元素；
- 给元素附加自定义数据；
- 读取HTML5的数据属性；
- 基于JSON数据创建元素；
- 使用CSS挂钩扩展DOM操作方法。

12.1 排序表格行

本章所要讨论的主要内容可以通过对表格行进行排序来演示说明。对表格行进行排序是一种非常有用的技巧，可以帮助用户迅速找到他们想找的信息。自然，实现排序的方式也不止一种。

12.1.1 服务器端排序

在服务器端排序数据是一种常见的方式。表格中的数据经常来自**数据库**，因而在取得这些数据时，服务器端代码可以按照指定顺序来取得（例如，使用SQL语言的ORDER BY子句）。如果我们有修改服务器端代码的权限，那么以一个合理的顺序展示数据是很直观的。

不过，如果能够让用户自己来排序的话，那么排序功能就更方便了。为此，经常可以看到类似下面的用户界面：让用户点击表头（<th>）中的链接来按照指定的列排序表格数据。这些链接都指向当前页面，但后面附加的查询字符串则用来表示作为排序依据的列：

```
<table id="my-data">
  <thead>
    <tr>
      <th class="name">
        <a href="index.php?sort=name">Name</a>
```

```
      </th>
      <th class="date">
        <a href="index.php?sort=date">Date</a>
      </th>
    </tr>
  </thead>
  <tbody>
    ...
  </tbody>
</table>
```

服务器在接收到查询字符串之后，会根据此字符串从数据库中以不同顺序取得内容。

12.1.2   Ajax 排序

服务器排序的页面倒是简单，但每次排序都得刷新页面。我们知道，jQuery提供的Ajax方法可以帮我们避免页面刷新。如果像前面那样设置好了表头中的链接，那么可以通过jQuery把那些链接转换为Ajax请求：

```
$(document).ready(function() {
  $('#my-data th a').click(function(event) {
    event.preventDefault();
    $('#my-data tbody').load($(this).attr('href'));
  });
});
```

这样，再单击链接时，jQuery会向同一个页面发送一次Ajax请求。在jQuery使用Ajax向一个页面发送请求时，它会为XMLHttpRequest对象设置值X-Requested-With的HTTP头部，以便服务器知道到来的是一次Ajax请求。当这个参数存在时，服务器端代码只会返回<tbody>元素自身的内容，而不是返回整个页面。这样，我们就可以使用服务器的响应来替换现有<tbody>元素的内容。

实际上，这也是一个**渐进增强**的例子。这个页面在浏览器不支持JavaScript的情况下照样能够正常运行，因为服务器端排序的链接仍然有效。而在JavaScript可用时，Ajax就会拦截页面请求，实现无须刷新整个页面的排序功能。

12.1.3   JavaScript 排序

有时候，我们可能不想在排序的时候等待服务器响应，或者根本就没有服务器端脚本。在这种情况下，可行的方案就是在浏览器中使用JavaScript客户端脚本和jQuery的DOM操作方法来排序。

为了演示不同的技术，本章将探讨三种jQuery排序机制。每一种都能实现相同的目标，但每一种技术的实现方式都不一样，包括：

- 根据从HTML内容中提取的内容排序；
- 根据HTML5自定义数据属性排序；
- 根据表格数据的JSON表示排序。

例子中使用的表格根据相应的JavaScript技术不同会包含不同的HTML结构，但总地来说，它们都包含图书名称列、作者列、出版日期列和定价列。第一个表格的结构很简单：

```
<table id="t-1" class="sortable">
  <thead>
    <tr>
      <th></th>
      <th class="sort-alpha">Title</th>
      <th class="sort-alpha">Author(s)</th>
      <th class="sort-date">Publish Date</th>
      <th class="sort-numeric">Price</th>
    </tr>
  </thead>
  <tbody>
    <tr>
      <td><img src="images/2862_OS.jpg" alt="Drupal 7"></td>
      <td>Drupal 7</td>
      <td>David <span class="sort-key">Mercer</span></td>
      <td>September 2010</td>
      <td>$44.99</td>
    </tr>
    <!--其他代码-->
  </tbody>
</table>
```

下载示例代码

　　如同本书其他HTML、CSS以及JavaScript示例一样，上面的标记只是完整文档的一个片段。如果读者想试一试这些示例，可以从以下地址下载完整的示例代码：Packt Publishing网站http://www.packtpub.com/support，或者本书网站http://book.learningjquery.com/。

在使用JavaScript增强这个表格之前，我们先来看看它前几行的外观，如图12-1所示。

	Title	Author(s)	Publish Date	Price
	Drupal 7	David Mercer	September 2010	$44.99
	Amazon SimpleDB: LITE	Prabhakar Chaganti, Rich Helms	May 2011	$9.99
	Object-Oriented JavaScript	Stoyan Stefanov	July 2008	$39.99

图 12-1

12.2　移动和插入元素

在随后的例子中，我们会构建一种灵活的排序机制，能够实现按列排序。为此，需要使用 jQuery的DOM操作方法向表格中插入一些新元素，并将已有的一些元素移动到其他地方。下面我们就从最简单的地方着手——为表头加链接。

12.2.1　为已有的文本添加链接

我们先为表头中的文本加上链接，以便触发根据各自列排序的操作。第5章曾介绍过jQuery的`.wrapInner()`方法，这个方法会把一个新元素（在这里就是`<a>`元素）放到匹配元素的内部，同时包含匹配元素的子元素，因此我们可以使用个方法，参见代码清单12-1。

代码清单12-1

```
$(document).ready(function() {
  var $table1 = $('#t-1');
  var $headers = $table1.find('thead th').slice(1);
  $headers
    .wrapInner('<a href="#"></a>')
    .addClass('sort');
});
```

首先（使用`.slice()`方法）跳过每个表格的第一个`<th>`元素，因为这个表头中不包含任何文本，同时也没有必要为封面图片加标签或排序。我们已经给其他表头（`<th>`）元素添加了`sort`类，以便通过CSS来区分不可以用来排序的表头。现在表头行的外观如图12-2所示。

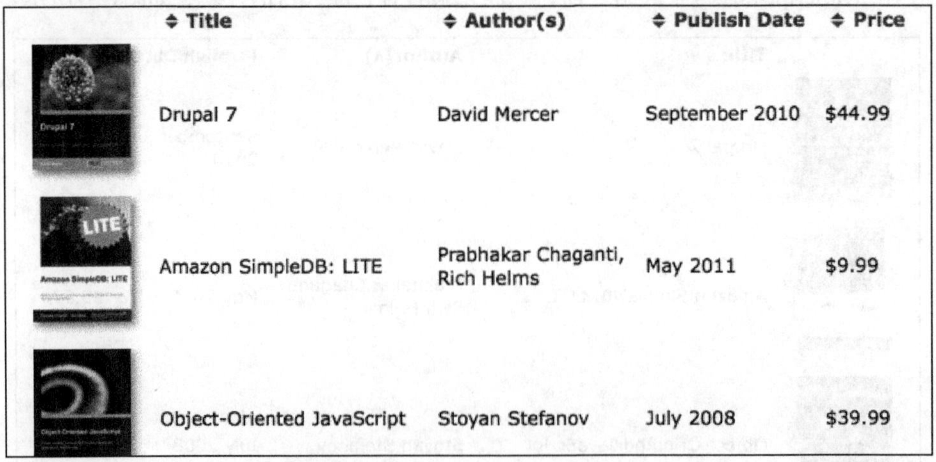

⇕ Title	⇕ Author(s)	⇕ Publish Date	⇕ Price
Drupal 7	David Mercer	September 2010	$44.99
Amazon SimpleDB: LITE	Prabhakar Chaganti, Rich Helms	May 2011	$9.99
Object-Oriented JavaScript	Stoyan Stefanov	July 2008	$39.99

图　12-2

　　这里也是渐进增强的对立面——**优雅降级**的一个例子。与前面讨论的Ajax方案不同，现在这个例子如果没有JavaScript是不能发挥作用的；我们假设了服务器端没有脚本可用。因为必须有JavaScript才能实现排序，所以我们只通过代码来给这些链接添加sort类；这意味着，只有在浏览器支持JavaScript的情况下，界面中才会显示可以排序的提示。而且，由于给文本添加了链接，并没有仅仅通过添加视觉样式来表明可以单击表头，所以那些使用键盘的用户还可以（通过按Tab键）在这些表头间切换。最终，即使不能实现排序，页面也将**退化**为可以使用。

12.2.2　简单的 JavaScript 数组排序

　　要进行这种排序，可以利用JavaScript内置的.sort()方法。这个方法会对数组元素进行就地排序，可以接受一个**比较函数**作为参数。这个比较函数比较数组中的两个元素，根据哪个元素应该在排序后的数组中排在前面返回正值或负值。

　　比如，以下面这个简单的数值数组为例：

```
var arr = [52, 97, 3, 62, 10, 63, 64, 1, 9, 3, 4];
```

　　调用arr.sort()可以对这个数组进行排序。排序之后得到的数组如下：

```
[1, 10, 3, 3, 4, 52, 62, 63, 64, 9, 97]
```

　　我们注意到，这个方法在默认情况下是按照**字母表顺序**排序的。实际上，对于数值数组还是按照**数值大小排序**才有意义。为此，可以给.sort()方法传入一个比较函数：

```
arr.sort(function(a,b) {
  if (a < b) {
    return -1;
  }
  if (a > b) {
    return 1;
  }
  return 0;
});
```

　　在排序后的数组中，如果a应该排在前头，这个函数返回-1；如果b应该排在前头，这个函数返回1；如果两个元素谁排在前头都可以，则返回0。设置好了排序规则之后，.sort()方法就可以给出适当的排序了：

```
[1, 3, 3, 4, 9, 10, 52, 62, 63, 64, 97]
```

　　稍后我们会对表格行应用.sort()方法。

12.2.3　对 DOM 元素排序

　　下面我们再来看一看如何对表格的Title（书名）列进行排序。请注意，虽然前面给这个列和其他表头列添加了sort类，但这个列本身的HTML代码中还有一个sort-alpha类。其他表头单元格中也根据排序方式不同添加了相似的类名。不过，这里先只关注Title表头单元格，这一列需要按照字母顺序排序，参见代码清单12-2。

12

代码清单12-2

```
$headers.on('click', function(event) {
  event.preventDefault();
var column = $(this).index();
var rows = $table1.find('tbody > tr').get();
    rows.sort(function(a, b) {
    var keyA = $(a).children('td').eq(column).text();
keyA = $.trim(keyA).toUpperCase();
var keyB = $(b).children('td').eq(column).text();
    keyB = $.trim(keyB).toUpperCase();
    if (keyA < keyB) return -1;
    if (keyA > keyB) return 1;
    return 0;
  });

  $.each(rows, function(index, row) {
    $table1.children('tbody').append(row);
  });
});
```

在找到被单击的表头单元格的索引之后，取得了包含所有数据行的数组。这也是使用.get()方法将jQuery对象转换为DOM节点数组的一个绝好的例子。之所以要这样做，是因为jQuery对象本身虽然与数组类似，但它却没有.pop()或.shift()等原生的数组方法。

　　　　jQuery 内部确实定义了一些与原生数组方法类似的方法。例如，.sort()、.push()和.splice()都是jQuery对象的方法。不过，这些方法都是内部使用的，并没有在文档中公开出来。我们不能依赖这些方法在自己的代码中也可以像使用原生方法那样得到预期的结果。总之，不能在jQuery对象上调用它们。

在取得DOM节点数组之后，就可以对它们排序了。不过，我们得为此写一个适当的**比较函数**。因为要根据相关单元格中的文本内容来对表格行进行排序，所以比较函数要比较的就是这些文本内容。通过调用.index()方法返回的列索引，我们知道应该查找哪个单元格。而使用jQuery的$.trim()方法删掉文本内容前后的空格，之后再将它们转换成全部大写，是因为JavaScript对字符串的比较**区分大小写**，而我们想做到**不区分大小写**。为了减少多余的计算，我们把转换好的字符串保存在变量中，比较它们，然后就像我们前面排序数组时一样返回正值或负值。

对DOM节点的排序完成了，但节点调用.sort()并没有改变DOM。要把排序结果反映在表格中，需要调用DOM操作方法移动原来的表格行。接下来的代码遍历排序后的每一行，每次重新插入一行。因为.append()方法不会复制节点，所以移动它们不会产生多余的副本。好了，现在表格行的排序完成了，效果如图12-3所示。

	⬍ Title	⬍ Author(s)	⬍ Publish Date	⬍ Price
	Amazon SimpleDB: LITE	Prabhakar Chaganti, Rich Helms	May 2011	$9.99
	CakePHP 1.3 Application Development Cookbook	Mariano Iglesias	March 2011	$39.99
	Cocoa and Objective-C Cookbook	Jeff Hawkins	May 2011	$39.99

图　12-3

12.3　在 DOM 元素中保存数据

前面的代码运行正常，但速度太慢。其中的罪魁祸首就是比较函数，这个函数进行了相当可观的计算。可想而知，在整个排序过程中会多次调用比较函数，而这就意味着花在处理上的额外时间会不断累积。

数组排序的性能

JavaScript实际使用的排序算法在标准中没有定义。因此，有可能是一种简单的冒泡排序（在复杂计算情况下的最坏运行时间为$\Theta(n^2)$），或者一种更完善的排序，如快速排序（平均运行时间为$\Theta(n \log n)$）。但无论使用哪种排序算法，如果排序的项增加一倍，那么调用比较器函数的次数则不仅仅是增加一倍。

要解决比较函数造成的排序速度慢的问题，就需要**预先计算**要比较的关键字。换句话说，可以在一开始的循环中完成大部分费时的工作，并使用jQuery的 .data() 方法（用于设置和取得与页面元素相关的任意信息）把计算结果保存起来。之后，只要在比较函数中比较这些关键字就可以了，而排序速度也可以明显提高，如代码清单12-3所示。

代码清单12-3

```
$headers.on('click', function(event) {
  event.preventDefault();
    var column = $(this).index();
    var rows = $table1.find('tbody > tr').each(function() {
    var key = $(this).children('td').eq(column).text();
    $(this).data('sortKey', $.trim(key).toUpperCase());
```

12

```
  }).get();
  rows.sort(function(a, b) {
    var keyA = $(a).data('sortKey');
    var keyB = $(b).data('sortKey');
    if (keyA < keyB) return -1;
    if (keyA > keyB) return 1;
    return 0;
  });
  $.each(rows, function(index, row) {
    $table1.children('tbody').append(row);
  });
});
```

这里的 .data() 方法，再加上对应的 .removeData() 方法所提供的数据存储机制，可以非常方便地替代所谓的**扩展属性**（expando property）或其他直接添加给DOM元素的非标准属性。使用 .data() 而不是扩展属性可以避免在IE早期版本中导致内存泄漏。

12.3.1 执行预先计算

现在，我们打算对表格中的Author(s)（作者）列也执行相同的排序。因为这一列的表头单元格有一个 sort-alpha 类，所以利用现有的代码就可以实现按照该列排序。不过，理想的情况下，对作者应该按照姓而不是按照名来排序。而有的书又有多个作者，某些作者还有中名或者使用缩写的名字。因此，需要通过额外的标识来确定以文本中的哪一部分作为排序关键字。为此，可以通过将单元格中的部分文本包装在一个标签中来提供这种标识：

```
<td>David <span class="sort-key">Mercer</span></td>
```

这样，我们必须修改排序代码，将这个作为标识的标签考虑在内，同时还要确保不会干扰Title列的排序行为（该列的排序很正常）。通过把标签中的排序关键字放到以前计算的关键字前头，可以实现以按姓排序为主，以按单元格中的整个字符串排序为辅的操作，参见代码清单12-4。

代码清单12-4

```
var rows = $table1.find('tbody > tr').each(function() {
  var $cell = $(this).children('td').eq(column);
  var key = $cell.find('span.sort-key').text() + ' ';
  key += $.trim($cell.text()).toUpperCase();
  $(this).data('sortKey', key);
}).get();
```

按照作者列排序的依据就是使用已有的关键字，即作者的姓，如图12-4所示。
如果两个作者的姓氏相同，那么就以整个字符串作为最终排定位次的依据。

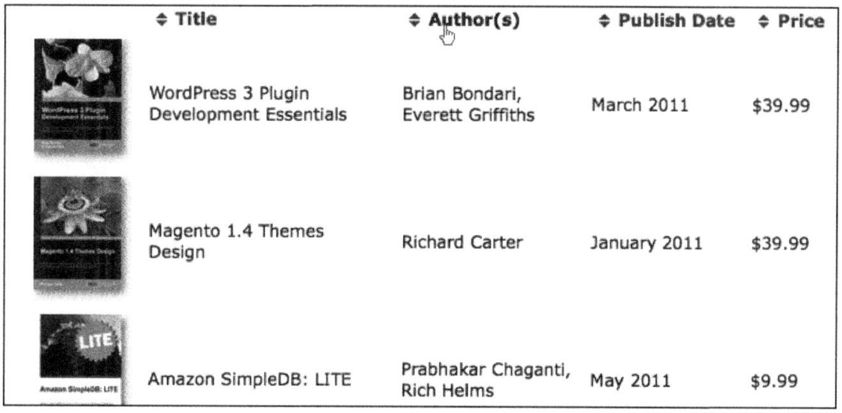

图　12-4

12.3.2　存储非字符串数据

我们的排序代码应该不仅能够处理Title列和Author(s)列，而且也应该能够处理Publish Dates列和Price列。由于已经改进了比较器函数，它能够处理各种数据，但是对于其他数据类型，则首先需要调整计算的排序关键字。例如，需要去掉价格中前导的$字符，然后解析出剩余的数字，最后再进行比较：

```
var key = parseFloat($cell.text().replace(/^[^\d.]*/, ''));
if (isNaN(key)) {
  key = 0;
}
```

这里使用的正则表达式用于移除非数字和小数点的前导字符，然后把结果传给`parseFloat()`。之所以要对`parseFloat()`返回的结果进行检查，是因为如果不能从文本中解析出数字，该函数就会返回NaN，而这将会对`.sort()`函数造成严重破坏，所以需要将任何非数值设置为0。

对于出版日期单元格，可以使用JavaScript的`Date`对象：

```
var key = Date.parse('1 ' + $cell.text());
```

表格中的日期只包含月和年，但`Date.parse()`方法需要一个完整的日期，因此我们前置了一个1，以便补足月和年前面的日（"September 2010"会变成"1 September 2010"）。最后，组合的日期将被转换为**时间戳**，时间戳可以使用正常的比较函数进行排序。

我们将以上表达式分别放在3个不同的函数里，再基于应用到表格标题的类调用适当的函数，参见代码清单12-5。

代码清单12-5

```
$headers
  .each(function() {
    var keyType = this.className.replace(/^sort-/,'');
    $(this).data('keyType', keyType);
```

12

```
      })
      .wrapInner('<a href="#"></a>')
      .addClass('sort');
  var sortKeys = {
    alpha: function($cell) {
      var key = $cell.find('span.sort-key').text() + ' ';
      key += $.trim($cell.text()).toUpperCase();
      return key;
    },
    numeric: function($cell) {
      var num = $cell.text().replace(/^[^\d.]*/, '');
      var key = parseFloat(num);
      if (isNaN(key)) {
        key = 0;
      }
      return key;
    },
    date: function($cell) {
      var key = Date.parse('1 ' + $cell.text());
      return key;
    }
  };
```

这里修改了一下脚本，在添加 sort 类之前，先根据每个类表头单元格的类名保存了 keyType 数据。通过删除类名中的 sort- 部分，得到了 alpha、numeric 或 date。通过在 sortKeys 对象中为每个排序函数定义一个方法，就可在通过**数组表示法**并传入表头单元格的 keyType 数据，以调用相应的函数。

我们在调用方法时一般都使用**点操作符**。实际上，本书在调用 jQuery 对象的方法时一直都是使用点操作符。比如，要给 <div class="foo"> 添加 bar 类，我们写成 $('div.foo').addClass('bar')。因为 JavaScript 支持以点操作符或数组表示法来访问属性和方法，所以刚才的代码也可以写成 $('div.foo')['addClass']('bar')。多数情况下，改写成这样也没有什么意义。但是，在需要根据条件调用不同的方法而又不想使用一堆 if 语句的情况下，这种数组表示法就极其有用了。对于刚刚定义的 sortKeys 对象而言，要访问其中的 alpha 方法可以使用 sortKeys.alpha($cell) 或 sortKeys['alpha']($cell)。如果是将方法名保存在 keyType 变量中，则可以写成 sortKeys[keyType]($cell)。下面，我们就会在 click 处理程序中使用第三种访问方式，参见代码清单 12-6。

代码清单12-6

```
  $headers.on('click', function(event) {
    event.preventDefault();
    var $header = $(this),
        column = $header.index(),
        keyType = $header.data('keyType');
    if ( !$.isFunction(sortKeys[keyType]) ) {
      return;
    }
    var rows = $table1.find('tbody > tr').each(function() {
```

```
    var $cell = $(this).children('td').eq(column);
    $(this).data('sortKey', sortKeys[keyType]($cell));
  }).get();
  rows.sort(function(a, b) {
    var keyA = $(a).data('sortKey');
    var keyB = $(b).data('sortKey');
    if (keyA < keyB) return -1;
    if (keyA > keyB) return 1;
    return 0;
  });
  $.each(rows, function(index, row) {
    $table1.children('tbody').append(row);
  });
});
```

为了确保代码可靠执行，避免JavaScript错误，我们还检测了sortKeys[keyType]方法是否存在。这样，就实现了按照出版日期和定价列排序表格行，如图12-5所示。

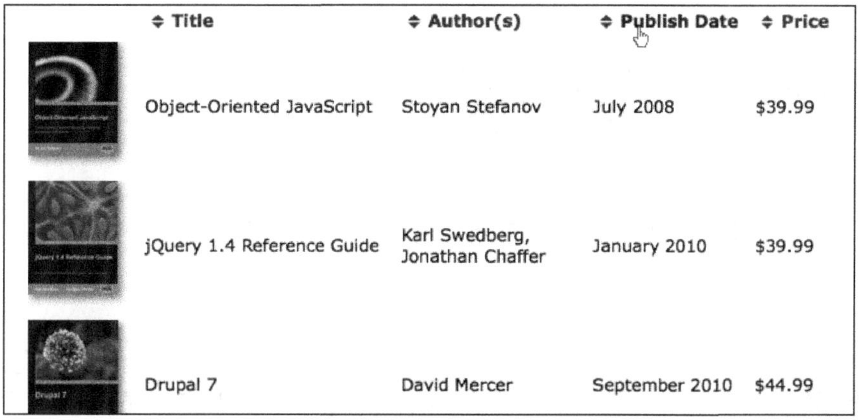

⇕ Title	⇕ Author(s)	⇕ Publish Date	⇕ Price
Object-Oriented JavaScript	Stoyan Stefanov	July 2008	$39.99
jQuery 1.4 Reference Guide	Karl Swedberg, Jonathan Chaffer	January 2010	$39.99
Drupal 7	David Mercer	September 2010	$44.99

图　12-5

12.3.3　变换排序方向

与排序有关的最后一项增强，是实现既能够按**升序**（ascending）排序也能够按**降序**（descending）排序。换句话说，当用户单击一个已经排序的表格列时，应该反转当前的排序次序。

要反转当前的排序，我们所要做的就是逆转由比较函数返回的值。为此，只需要使用一个简单的sortDirection变量即可：

```
if (keyA < keyB) return -sortDirection;
if (keyA > keyB) return sortDirection;
return 0;
```

如果sortDirection等于1，那么排序结果同以前一样。如果它等于-1，则排序方向会反转。明白了这一点，再辅之以一些类来跟踪某一列当前的排序方向，实现变换排序方向就不难了，参见代码清单12-7。

12

代码清单12-7

```
$headers.on('click', function(event) {
    event.preventDefault();
    var $header = $(this),
        column = $header.index(),
        keyType = $header.data('keyType'),
        sortDirection = 1;
    if ( !$.isFunction(sortKeys[keyType]) ) {
        return;
    }
    if ($header.hasClass('sorted-asc')) {
        sortDirection = -1;
    }
    var rows = $table1.find('tbody > tr').each(function() {
        var $cell = $(this).children('td').eq(column);
        $(this).data('sortKey', sortKeys[keyType]($cell));
    }).get();
    rows.sort(function(a, b) {
        var keyA = $(a).data('sortKey');
        var keyB = $(b).data('sortKey');
        if (keyA < keyB) return -sortDirection;
        if (keyA > keyB) return sortDirection;
        return 0;
    });
    $headers.removeClass('sorted-asc sorted-desc');
    $header.addClass(sortDirection == 1 ? 'sorted-asc' : 'sorted-desc');
    $.each(rows, function(index, row) {
        $table1.children('tbody').append(row);
    });
  });
});
```

由于我们使用类来保存排序方向，所以还可以通过给表格添加样式来表明当前排序的方式，如图12-6所示。

	⬍ Title	⬍ Author(s)	⬍ Publish Date	⬇ Price
	Amazon SimpleDB: LITE	Prabhakar Chaganti, Rich Helms	May 2011	$9.99
	Object-Oriented JavaScript	Stoyan Stefanov	July 2008	$39.99
	jQuery 1.4 Reference Guide	Karl Swedberg, Jonathan Chaffer	January 2010	$39.99

图　12-6

12.4　使用 HTML5 自定义数据属性

到目前为止，我们一直在使用表格中单元格的内容来确定排序的方式。虽然通过苦心设计，已经实现了根据内容对表格行进行正确的排序，但通过让服务器输出带有 HTML5 data-* 属性的 HTML，可以让代码更加有效。我们例子中用到的第二个表格包含如下属性：

```
<table id="t-2" class="sortable">
  <thead>
    <tr>
      <th></th>
      <th data-sort='{"key":"title"}'>Title</th>
      <th data-sort='{"key":"authors"}'>Author(s)</th>
      <th data-sort='{"key":"publishedYM"}'>Publish Date</th>
      <th data-sort='{"key":"price"}'>Price</th>
    </tr>
  </thead>
  <tbody>
    <tr data-book='{"img":"2862_OS.jpg",
      "title":"DRUPAL 7","authors":"MERCER DAVID",
      "published":"September 2010","price":44.99,
      "publishedYM":"2010-09"}'>
    <td><img src="images/2862_OS.jpg" alt="Drupal 7"></td>
    <td>Drupal 7</td>
    <td>David Mercer</td>
    <td>September 2010</td>
    <td>$44.99</td>
    </tr>
    <!-- code continues -->
  </tbody>
</table>
```

注意，除第一个之外的其他 `<th>` 元素，现在都包含 data-sort 属性；而每个 `<tr>` 元素则都包含 data-book 属性。我们最早介绍自定义数据属性是在第7章，当时是通过这种属性为插件提供数据。而在这里，我们要使用 jQuery 取得这些属性的值。为取得这些属性，需要把属性名中 data- 之后的部分传给 .data() 方法。例如，`$('th').first().data('sort')` 就是要取得第一个 `<th>` 元素的 data-sort 属性。

在通过 .data() 方法取得数据属性的值时，jQuery 会视情况把相应的值转换成数值、数组、对象、布尔值或 null。为了让 jQuery 把数据属性的值转换为对象，属性值字符串必须使用有效的 JSON 格式。为此，要把数据属性的值放在单引号中，而把每个键和字符串值放在双引号中：

```
<th data-sort='{"key":"title"}'>
```

由于 jQuery 会把这个 JSON 字符串转换成对象，因此取得其中的值就很简单了。比如，要取得 key 属性的值，可以这样写：

```
$('th').first().data('sort').key
```

在以这种方式取得了自定义属性的值之后，相应的数据就会被 jQuery 在内部保存起来，不会再访问或修改相应 HTML 的 data-* 属性了。

使用像这里这样的数据属性的一个最大好处是，这些值可以输出为不同于表格单元格内容的形式。换句话说，我们对前面第一个表格所做的细节处理——把字符串转换为全部大写、改变日期的格式以及把价格转换为数值，都已经被处理好了。这样，我们就可以写出更简洁、高效的排序代码，参见代码清单12-8。

代码清单12-8

```
$(document).ready(function() {
  var $table2 = $('#t-2');
  var $headers = $table2.find('thead th').slice(1);
  $headers
    .wrapInner('<a href="#"></a>')
    .addClass('sort');
  var rows = $table2.find('tbody > tr').get();
  $headers.on('click', function(event) {
    event.preventDefault();
    var $header = $(this),
        sortKey = $header.data('sort').key,
        sortDirection = 1;
    if ($header.hasClass('sorted-asc')) {
      sortDirection = -1;
    }
    rows.sort(function(a, b) {
      var keyA = $(a).data('book')[sortKey];
      var keyB = $(b).data('book')[sortKey];
      if (keyA < keyB) return -sortDirection;
      if (keyA > keyB) return sortDirection;
      return 0;
    });
    $headers.removeClass('sorted-asc sorted-desc');
    $header.addClass(sortDirection == 1 ? 'sorted-asc' : 'sorted-desc');
    $.each(rows, function(index, row) {
      $table2.children('tbody').append(row);
    });
  });
});
```

这种方法简单而直观：通过$header.data('sort').key取得sortKey，然后利用这个变量去比较$(a).data('book')[sortKey]和$(b).data('book')[sortKey]。这样做，由于在调用sort函数之前不必首先遍历每一行并调用sortKeys中保存的一个函数，所以效率的提升是显而易见的。这种简单加上高效率，同时也造就了代码的高性能和容易维护。

12.5　使用 JSON 排序和构建行

迄今为止，我们一直围绕着让服务器端输出更多的HTML，以方便客户端脚本更简洁和更高效。现在，来考虑一种不同的情况：在JavaScript可用的情况下显示一组全新的信息。越来越多成熟的Web应用依赖于JavaScript提供内容，同时也依赖它操作内容。在本章第三个表格排序的例子中，我们也会实现相同的功能。首先，我们来编写两个函数：buildRow()和buildRows()。前

者用于构建表格中的一行,后者使用$.map()循环遍历数据集中的所有行,在每一行数据上调用
buildRow(),如代码清单12-9所示。

代码清单12-9

```
function buildRow(row) {
  var authors = [];
  $.each(row.authors, function(index, auth) {
    authors[index] = auth.first_name + ' ' + auth.last_name;
  });
  var html = '<tr>';
    html += '<td><img src="images/' + row.img + '"></td>';
    html += '<td>' + row.title + '</td>';
    html += '<td>' + authors.join(', ') + '</td>';
    html += '<td>' + row.published + '</td>';
    html += '<td>$' + row.price + '</td>';
  html += '</tr>';
  return html;
}
function buildRows(rows) {
  var allRows = $.map(rows, buildRow);
  return allRows.join('');
}
```

虽然这里用一个函数也可以达到相同的目的,但使用两个独立的函数则可以方便我们在某个
时刻单独地构建和插入一个表格行。这两个函数会从一次Ajax请求的响应取得数据,如代码清单
12-10所示:

代码清单12-10

```
$.getJSON('books.json', function(json) {
  $(document).ready(function() {
    var $table3 = $('#t-3');
    $table3.find('tbody').html(buildRows(json));
  });
});
```

关于这段代码,有几个地方需要说明一下。首先,这两个函数是在$(document).ready()
外部定义的。通过等待$.getJSON()的回调函数调用$(document).ready(),可以让部分代码
不必依赖于DOM而提前执行。

其次,值得一提的是authors数据。这个数据项从服务器返回时是一个对象的数组,每个对象
都带有first_name和last_name属性。而其他数据项则不是字符串就是数值。通过循环authors
数组(尽管大多数行的这个数组中只有一个对象)拼接起了作者的名和姓。而在$.each()循环后
面,又将生成的数组的值通过一个逗号和一个空格连接起来,得到了一个格式规范的名字列表。

buildRow()函数假设从JSON文件取得的文本是安全可靠的。因为需要把<img>、<td>和
<tr>标签和文本内容连接成一个文本字符串,所以必须保证文本内容中不包含<、>或&字符。确
保HTML字符串安全的一种方式就是在服务器上处理它们,比如把所有<转换成<、把>转换
成>、把&转换成&,等等。

12

尽管我们满腔热情地使用这两个函数构建起了所有表格行，但其实使用
Mustache（https://github.com/janl/mustache.js）或 Handlebars（http://www.handlebarsjs.
com/）等 JavaScript 模板系统，可以省去很多手工处理和连接字符串的工作。随
着项目规模的增大，使用模板系统的好处会越来越明显。

12.5.1　修改 JSON 对象

　　如果我们只想调用一次 buildRows() 函数，那么目前处理 authors 数组的方式没有什么问题。
然而，我们的计划是每次对行排序之后都要调用一次这个函数，因此最好是能够提前格式化好作者
的信息。事实上，我们也可以针对排序来格式化书名和作者信息。这里跟第二个表格有所不同，那
个表格中每一行都有一个 data-book 属性，该属性保存着可以用来排序的数据，而且单元格中也
有可以显示的数据。而为第三个表中填充数据的 JSON 文件则只有一种格式。此时，需要再编写一
个函数，在调用构建表格的函数之前，先修改、准备好用于排序和显示的数据，参见代码清单 12-11。

代码清单 12-11

```
function prepRows(rows) {
  $.each(rows, function(i, row) {
    var authors = [],
        authorsFormatted = [];
    rows[i].titleFormatted = row.title;
    rows[i].title = row.title.toUpperCase();
    $.each(row.authors, function(j, auth) {
      authors[j] = auth.last_name + ' ' + auth.first_name;
      authorsFormatted[j] = auth.first_name + ' '
      + auth.last_name;
    });
    rows[i].authorsFormatted = authorsFormatted.join(', ');
    rows[i].authors = authors.join(' ').toUpperCase();
  });
  return rows;
}
```

　　通过给这个函数传入 JSON 数据，我们为表示每一行的对象又添加了两个属性：authors
Formatted 和 titleFormatted。这两个属性将用于显示表格内容，而原始的 authors 和 title
属性则用于排序。而且，用于排序的属性也已经转换成了全部大写的形式，以确保排序操作
不区分大小写。

　　当我们在 $.getJSON() 的回调函数中调用这个 preRows() 函数后，我们把修改后的 JSON 对
象保存在变量 rows 中，然后基于这个修改后的对象进行排序和构建。这意味着还必须修改
buildRow() 函数，使其在提前准备数据的基础上能够变得更加简洁，参见代码清单 12-12。

代码清单 12-12

```
function buildRow(row) {
  var html = '<tr>';
    html += '<td><img src="images/' + row.img + '"></td>';
```

```
      html += '<td>' + row.titleFormatted + '</td>';
      html += '<td>' + row.authorsFormatted + '</td>';
      html += '<td>' + row.published + '</td>';
      html += '<td>$' + row.price + '</td>';
    html += '</tr>';
    return html;
  }
  $.getJSON('books.json', function(json) {
    $(document).ready(function() {
      var $table3 = $('#t-3');
      var rows = prepRows(json);
      $table3.find('tbody').html(buildRows(rows));
    });
  });
```

12.5.2 按需重新构建内容

现在，我们已经为排序和显示准备好了内容。接下来该考虑如何修改列标题和编写排序的代码了，参见代码清单12-13。

代码清单12-13

```
$.getJSON('books.json', function(json) {
  $(document).ready(function() {
    var $table3 = $('#t-3');
    var rows = prepRows(json);
    $table3.find('tbody').html(buildRows(rows));
    var $headers = $table3.find('thead th').slice(1);
    $headers
      .wrapInner('<a href="#"></a>')
      .addClass('sort');
    $headers.on('click', function(event) {
      event.preventDefault();
      var $header = $(this),
          sortKey = $header.data('sort').key,
          sortDirection = 1;
      if ($header.hasClass('sorted-asc')) {
        sortDirection = -1;
      }
      rows.sort(function(a, b) {
        var keyA = a[sortKey];
        var keyB = b[sortKey];
        if (keyA < keyB) return -sortDirection;
        if (keyA > keyB) return sortDirection;
        return 0;
      });
      $headers.removeClass('sorted-asc sorted-desc');
      $header.addClass(sortDirection == 1 ? 'sorted-asc'
        : 'sorted-desc');
      $table3.children('tbody').html(buildRows(rows));
    });
  });
});
```

12

位于click处理程序中的代码与代码清单12-8中处理第二个表格的相应代码几乎完全相同。唯一的明显区别是这里的每次排序只向DOM中插入一次元素。在第一和第二个表格的例子中，即使是在优化了代码之后，仍然需要排序实际的DOM元素，然后一个一个地循环并将它们按照新的顺序添加到DOM中。例如，在代码清单12-8中，通过循环重新插入表格行的代码如下所示：

```
$.each(rows, function(index, row) {
  $table2.children('tbody').append(row);
});
```

从性能的角度来看，这种重复性的DOM插入操作是非常费时间的，需要插入的表格行越多，效率就越低。读者可以拿它与代码清单12-13中对应的代码作一比较：

```
$table3.children('tbody').html(buildRows(rows));
```

在这里，buildRows()函数返回的是一个表示很多行的HTML字符串，一下子就把所有行插入到了DOM中；没有一个一个地移动现有的行，而是一次性替换所有行。

12.6　高级属性操作

现在，相信读者对取得和设置DOM元素的值已经非常熟悉了。我们可以使用.attr()、.prop()和.css()等简单的方法，以及.addClass()、.css()和.val()等方便的快捷方法，还可以使用像.animate()这样封装了复杂行为的方法。不过，即便是简单的方法都在后台帮我们完成了很多工作。如果能够理解这些方法都在后台做了什么，那一定能够更好地利用它们。

12.6.1　简捷地创建元素

我们在jQuery代码中创建元素时经常会把HTML字符串传递给$()函数，或者传递给其他DOM插入函数。例如，为了创建多个DOM元素，我们在代码清单12-9中就创建了一个相当大的HTML片段。这种方法既快速又简洁。但有时候，这种方式也不是最理想的。比如，我们有时候需要在使用文本之前先转义其中包含的特殊字符，或者根据浏览器不同为它们应用不同的样式规则。在这些情况下，需要创建相应的元素然后连缀其他jQuery方法对它进行修改。这种技术前面我们已经用过好多次了。不过，除了这种标准的技术之外，$()函数还提供了一种很有吸引力的语法。

假设我们要在文档中的每个表格前面都加上一个标题。可以使用.each()循环每一个表格，然后为每个表格创建适当的标题，参见代码清单12-14。

代码清单12-14

```
$(document).ready(function() {
  $('table').each(function(index) {
    var $table = $(this);
    $('<h3></h3>', {
      id: 'table-title-' + index,
```

```
      'class': 'table-title',
      text: 'Table ' + (index + 1),
      data: {'index': index},
      click: function(event) {
        event.preventDefault();
        $table.fadeToggle();
      },
      css: {glowColor: '#00ff00'}
    }).insertBefore($table);
  });
});
```

为$()函数传递选项对象作为第二个参数，与先创建元素再将该对象传递给.attr()方法的结果是一样的。大家都知道，.attr()方法的作用是设置DOM属性，比如元素的id等。

不过，我们例子中的其他选项看起来可能会让人有点迷惑。我们在这里指定了：

❑ 标题的文本内容；

❑ 额外的数据；

❑ 一个click处理程序；

❑ 一个包含CSS属性的对象。

虽然这些并不是DOM属性，但同样可以一起设置。简写的$()语法之所以可以处理这些，是因为它首先检查是否存在给定名字的jQuery方法，如果是就会调用相应的方法，而不是设置相应的属性。

　　　　鉴于jQuery为方法赋予了比属性名更高的优先级，因此我们必须自己注意那些容易存在歧义的情况。比如，<input>元素的size属性就不能以这种方式来设置，因为还有一个.size()方法存在。

简写的$()函数以及.attr()方法通过使用**挂钩**（hook），还能够处理很多额外的DOM属性。

12.6.2 DOM创建挂钩

通过定义适当的挂钩，可以扩展很多取得和设置属性的jQuery方法，从而满足某些特殊情况下的需要。这些挂钩实际上是jQuery命名空间中的数组，比如$.cssHooks、$.attrHooks。一般来说，挂钩是保存着get和set方法的对象，前者用于取得请求的值，后者的作用则是提供新值。

以下是其他几种挂钩。

挂钩类型	修改的方法	示例用法
$.attrHooks	.attr()	阻止元素的type属性被修改
$.cssHooks	.css()	对Internet Explorer中的opacity进行特殊处理
$.propHooks	.prop()	纠正Safari中selected属性的行为
$.valHooks	.val()	支持单选按钮和复选框跨浏览器报告一致的值

12

通常，这些挂钩所做的工作对我们而言是完全不可见的，我们不必知道它们都做了什么就可以利用它们提供的便利。但有时候，确实也需要添加我们自己的挂钩，从而扩展jQuery方法的行为。

编写CSS挂钩

代码清单12-14向页面中注入了一个名为glowColor的CSS属性。但此时的页面没有什么反应，因为这个属性根本不存在。不过，我们马上要扩展$.cssHooks，以便支持这个新造的属性。换句话说，我们要在某个元素设置了glowColor属性时，使用CSS3的text-shadow属性为该元素中的文本应用柔和发光效果。因为Internet Explorer不支持text-shadow，所以我们要使用微软专有的filter属性来实现同样的效果，参见代码清单12-15。

代码清单12-15

```
(function($) {
  var div = document.createElement('div');
  $.support.textShadow = div.style.textShadow === '';
  $.support.filter = div.style.filter === '';
  div = null;
  if ($.support.textShadow) {
    $.cssHooks.glowColor = {
      set: function(elem, value) {
        if (value == 'none') {
          elem.style.textShadow = '';
        }
        else {
          elem.style.textShadow = '0 0 2px ' + value;
        }
      }
    };
  }
  else {
    $.cssHooks.glowColor = {
      set: function(elem, value) {
        if (value == 'none') {
          elem.style.filter = '';
        }
        else {
          elem.style.zoom = 1;
          elem.style.filter =
            'progid:DXImageTransform.Microsoft' +
            '.Glow(Strength=2, Color=' + value + ');';
        }
      }
    };
  }
})(jQuery);
```

一个挂钩由针对元素的get方法和set方法构成。为了保持我们的例子尽量简单，这里只定义了set方法。在定义挂钩之前，代码先行测试了某些属性是否能得到浏览器的支持。如果浏览器支持text-shadow，则使用该属性来定义挂钩。如果不支持，则检查它是否支持DirectX滤镜，并在支持的情况下使用相应的滤镜。如果浏览器这两种属性都不支持，那就不定义挂钩，因而glowColor也就不起任何作用了。

定义了这个挂钩之后，标题文本就有了2像素宽的绿色的发光效果，如图12-7所示。

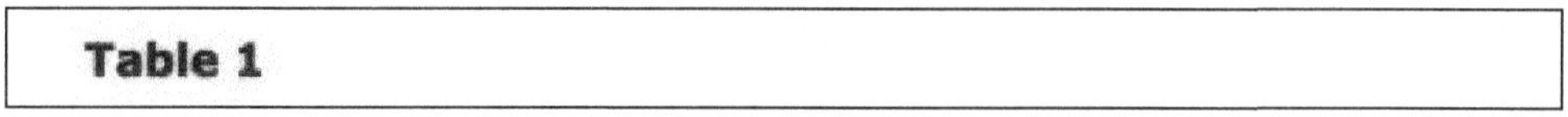

Table 1

图　12-7

虽然这个新挂钩让我们如愿以偿，但它仍然缺少很多应有的属性。下面列出了现在这个挂钩的几个不足。

❑ 不能自定义发光效果的大小。
❑ 这个效果只能使用text-shadow或filter实现，排斥其他方案。
❑ 没有实现get方法，因此不能测试属性的当前值。
❑ 不能基于这个属性实现动画效果。

再多做些工作，多写些代码，就可以解决上述这些问题。但在实际开发当中，其实并不经常需要定义自己的挂钩；有很多经验老到的插件开发人员已经创建了能够满足各种需要的挂钩，包括大多数CSS3属性。

查找挂钩

插件的开发可谓日新月异，随时都可能有新的挂钩出现，因此我们不可能列出所有优秀的插件来。因此，我们这里仅向读者推荐Brandon Aaron开发的CSS挂钩：https://github.com/brandonaaron/jquery-cssHooks。

12.7　小结

本章我们解决了一个常见的开发问题——数据表格排序。从三个不同角度阐述了实现表格排序的方法，分别展示了各自的优劣势。与此同时，我们也进一步掌握了原来学习过的DOM操作技术，同时探索了使用.data()方法与HTML5的数据属性在DOM元素上设置相关数据的新方式。此外，本章还揭开了一些DOM修改的底层机制，向大家展示了如何根据需要扩展这些机制。

延伸阅读

要了解有关选择符与遍历方法的完整介绍，请参考本书附录C或jQuery官方文档：http://api.jquery.com/。

12

12.8   练习

要完成以下练习，读者需要本章的index.html文件，以及complete.js中包含的已经完成的JavaScript代码。可以从Packt Publishing网站http://www.packtpub.com/support下载这些文件。

"挑战"练习有一些难度，完成这些练习的过程中可能需要参考jQuery官方文档：http://api.jquery.com/。

(1) 修改第一个表格排序中的排序键，让书名（Title）和作者（Authors）列按照文本长度排序，而不是按字母顺序排序。

(2) 使用HTML5的数据属性计算第二个表格中所有图书定价之和，并将这个总和插入到该列的表头中。

(3) 修改第三个表格中使用的比较函数，在按书名列排序时让书名包含jQuery的图书排到前头。

(4) **挑战**：实现glowColor这个CSS挂钩的get回调函数。

第 13 章

高级Ajax *13*

很多Web应用都需要频繁的网络通信。使用jQuery，可以在不让浏览器加载新页面的情况下与服务器交换信息。Ajax技术是非常重要的，而借助jQuery则更容易实现很多非常地道的应用。

第6章学习了与服务器异步通信的基本技术，本章将更深入地学习jQuery的Ajax特性：

❑ 网络中断的情况下可用的错误处理技术；

❑ jQuery延迟对象系统与Ajax之间的交互；

❑ 通过缓存和节流保持网络流量最小化的不同方式；

❑ 使用传输（transport）、滤清器（prefilter）和数据类型转换扩展Ajax系统。

13.1 渐进增强与 Ajax

相信大家对**渐进增强**这个概念已经不陌生了。请允许我在这里再啰嗦一遍：渐进增强就是先着手实现一个具有基本功能的产品，然后在些基础上为使用现代浏览器的用户添加一些装饰，以保证所有用户享受到基本甚至更好的体验。

大量运用Ajax的应用经常会面临用户不能使用JavaScript的风险。为了避免这种风险，可以先使用表单构建一个传统的客户端-服务器页面，而在JavaScript可用的情况下再修改表单，提供更有效的交互方式。

下面我们来写一个例子，实现通过表单来查询jQuery API文档。既然jQuery网站上已经有了这么一个表单，那么我们在这里只要照抄过来就好了：

```
<form id="ajax-form" action="http://api.jquery.com/" method="get">
  <fieldset>
    <div class="text">
      <label for="title">Search</label>
      <input type="text" id="title" name="s">
    </div>

    <div class="actions">
      <button type="submit">Request</button>
    </div>
  </fieldset>
</form>
```

下载示例代码

如同本书其他HTML、CSS以及JavaScript示例一样，上面的标记只是完整文档的一个片段。如果读者想试一试这些示例，可以从以下地址下载完整的示例代码：Packt Publishing 网站 http://www.packtpub.com/support，或者本书网站 http://book.learningjquery.com/。

这个搜索表单已经应用了一些CSS样式，但实际上只是一个常规的表单元素，其中包含一个文本输入框和一个提交按钮，如图13-1所示。

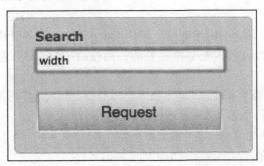

图　13-1

在单击Request按钮后，这个表单照常提交，用户的浏览器会跳转到http://api.jquery.com/，而结果如图13-2所示。

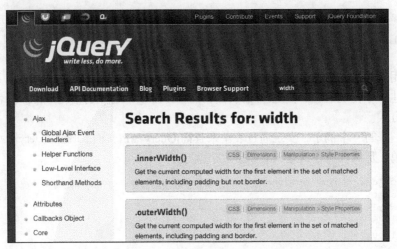

图　13-2

如果JavaScript可用，我们希望把上图中的内容加载到搜索页面的#response容器内，而不是让用户离开当前页面。既然数据和表单在同一个服务器上，那么就可以使用.load()方法取得页面中相关的部分了，参见代码清单13-1。

代码清单13-1

```
$(document).ready(function() {
  var $ajaxForm = $('#ajax-form'),
      $response = $('#response');

  $ajaxForm.on('submit', function(event) {
    event.preventDefault();
    $response.load('http://api.jquery.com/ #content',
      $ajaxForm.serialize());
  });
});
```

可是，这个API站点有一个不同的主机名，浏览器的同源策略不允许这样传输数据。怎么办呢？我们现在需要一个好用的跨域数据传输方案。为此，我们在http://book.learningjquery.com/上以JSONP格式公开它的数据，这种格式很适合跨域使用。

收获 JSONP 数据

第6章曾介绍过，JSONP无非就是简单的JSON加上了服务器支持，让我们能够向不同的站点发送请求。在请求JSONP数据时，需要提供一个特殊的查询字符串参数，发送请求的脚本就是通过该参数来收获数据的。JSONP服务器可以在认为合适的任何时候调用该参数。对于jQuery API站点而言，这个参数（也是默认的名字）是callback。

因为可以使用默认回调函数名，所以通过jQuery发送JSONP请求时，唯一要做的就是说明我们想要的是jsonp类型的数据，参见代码清单13-2。

代码清单13-2

```
$(document).ready(function() {
  var $ajaxForm = $('#ajax-form'),
      $response = $('#response');

  $ajaxForm.on('submit', function(event) {
    event.preventDefault();

    $.ajax({
      url: 'http://book.learningjquery.com/api/',
      dataType: 'jsonp',
      data: {
        title: $('#title').val()
      },
      success: function(data) {
        console.log(data);
      }
    });
  });
});
```

然后，可以从控制台中看到返回的JSONP数据。此时的数据是对象的数组，每个对象描述了一个jQuery方法，数据结构如下：

13

```
{
  "url": "http://api.jquery.com/innerWidth/",
  "name": "innerWidth",
  "title": ".innerWidth()",
  "type": "method",
  "signatures": [
    {
      "added": "1.2.6"
    }
  ],
  "desc": "Get the current computed width for the first element in the set of matched
elements, including padding but not border.",
  "longdesc": "<p>This method returns the width of the element, including left and right
padding, in pixels.</p>\n<p>This method is not applicable to <code>window</code> and
<code>document</code> objects; for these, use <code><a href=\"/width\">.width()</a>
</code> instead.</p>\n<p class=\"image\"><imgsrc=\"/images/0042_04_05.png\"/></p>",
  "categories": [
    "CSS",
    "Dimensions",
    "Manipulation > Style Properties",
    "Version > Version 1.2.6"
  ],
  "download": ""
}
```

　　我们所要显示的关于每个方法的数据都包含在这些对象里了。只要套用适当的格式把它们显示出来就好。为了显示每个方法的说明而创建HTML代码有点麻烦，因此下面就来创建一个辅助函数，参见代码清单13-3。

代码清单13-3

```
var buildItem = function(item) {
  var title = item.name,
      args = [],
      output = '<li>';

  if (item.type == 'method' || !item.type) {
    if (item.signatures[0].params) {
      $.each(item.signatures[0].params, function(index, val) {
        args.push(val.name);
      });
    }
    title = (/^jQuery|deferred/).test(title) ? title : '.' + title;
    title += '(' + args.join(', ') + ')';
  } else if (item.type == 'selector') {
    title += ' selector';
  }
  output += '<h3><a href="' + item.url + '">' + title + '</a></h3>';
  output += '<div>' + item.desc + '</div>';
  output += '</li>';

  return output;
};
```

这个buildItem()函数负责把JSONP对象转换为一个HTML列表项。在此，必须处理多个方法参数和多种函数签名的情况，所以使用了循环并调用了.join()方法。这一步完成后，又创建了一个指向主文档的链接，然后输出当前项的描述。

这样，我们就有一个函数，它可以创建一个列表项的HTML代码。当Ajax调用完成后，可以针对每一个对象来调用这个函数，把得到的结果显示出来，参见代码清单13-4。

代码清单13-4

```
$(document).ready(function() {
  var $ajaxForm = $('#ajax-form'),
      $response = $('#response'),
      noresults = 'There were no search results.';

  var response = function(json) {
    var output = '';
    if (json && json.length) {
      output += '<ol>';
      $.each(json, function(index, val) {
        output += buildItem(val);
      });
      output += '</ol>';
    } else {
      output += noresults;
    }

    $response.html(output);
  };

  $ajaxForm.on('submit', function(event) {
    event.preventDefault();

    $.ajax({
      url: 'http://book.learningjquery.com/api/',
      dataType: 'jsonp',
      data: {
        title: $('#title').val()
      },
      success: response
    });
  });
});
```

因为我们已经在$.ajax()选项的外部定义了成功处理程序，所以可以直接引用它的函数名。即使出现简洁的考虑，也可以在这里使用一个嵌入的匿名函数。但为了保证代码清晰可读，单独定义一个函数显然更好。

定义了这个成功处理程序后，再进行搜索就可以在表单旁边显示出漂亮的结果了，如图13-3所示。

13

图 13-3

13.2 处理 Ajax 错误

在应用中引入任何形式的网络交互，都会同时带来某种不确定因素。用户的连接可能会在中途停止，偶尔的服务器问题可能会中断通信。鉴于这些问题都会影响到通信的可靠性，我们必须时刻做好最坏的打算，甚至要做好处理错误的准备。

$.ajax() 函数可以接收一个名为 error 的回调函数，这个函数可以处理上述这些问题。在这个回调函数中，我们应该向用户提供某种形式的反馈，告知用户发生了错误，参见代码清单 13-5。

代码清单 13-5

```
$(document).ready(function() {
  var $ajaxForm = $('#ajax-form'),
      $response = $('#response'),
      noresults = 'There were no search results.',
      failed = 'Sorry, but the request could not ' +
        'reach its destination. Try again later.';

  $ajaxForm.on('submit', function(event) {
    event.preventDefault();

    $.ajax({
      url: 'http://book.learningjquery.com/api/',
      dataType: 'jsonp',
      data: {
        title: $('#title').val()
      },
      success: response,
      error: function() {
        $response.html(failed);
      }
    });
  });
});
```

触发这个错误回调函数的情况有很多种。下面列出了其中的一些错误。

❑ 服务器返回了错误状态码，例如 403 Forbidden、404 Not Found 或 500 Internet Server Error。

❑ 服务器返回了间接的状态码，例如301 Moved Permanently。状态码为304 Not Modified的
异常不会触发错误，因为浏览器可以正确地处理这种情况。

❑ 服务器返回的数据不能按照指定方式正确解析（例如，在dataType指定为json时，返回
的不是有效的JSON数据）。

❑ XMLHttpRequest对象调用了.abort()方法。

检测这些情况并对它们做出响应是提供最佳用户体验的关键。第6章曾讨论过，如果服务器
返回错误，那么通过传递给错误回调函数的jqXHR对象的.status属性，可以检测到该错误。换
句话说，使用jaXHR.status的值可以对不同的错误给出不同的响应。

然而，服务器错误只有你检测到它的时候才有用。有些错误可以立即检测到，而有些情况则
会导致请求到最终错误响应之间产生很长的时间延迟。

在没有既定的服务器端超时机制的情况下，我们可以在客户端强制设定请求的超时。通过给
timeout选项传递一个以毫秒表示的时间值，就相当于告诉$.ajax()：如果响应在多长时间内没
有返回，那么就调用它自己的.abort()方法，参见代码清单13-6。

代码清单13-6

```
$.ajax({
  url: 'http://book.learningjquery.com/api/',
  dataType: 'jsonp',
  data: {
    title: $('#title').val()
  },
  timeout: 15000,
  success: response,
  error: function() {
    $response.html(failed);
  }
});
```

设置了超时时间后，就可以确保在15秒内，要么正常加载数据，要么用户能看到一条错误
消息。

13.3　jqXHR 对象

在发出Ajax请求时，jQuery会帮我们确定取得数据的最佳方式。可用的方式包括标准的
XMLHttpRequest对象、微软的ActiveX对象XMLHTTP，或者<script>标签。

由于不同请求使用的数据传输方式可能不一样，那我们就需要一个公共的接口与这些通信交
互。为此，jqXHR对象提供了这种接口：在XMLHttpRequest对象可用的情况下，封装该对象的
行为；在XMLHttpRequest对象不可用的情况下，则尽可能模拟它。这个对象提供给我们的属性
和方法包括：

❑ 包含返回数据的.responseText或.responseXML；

❑ 包含状态码和状态描述的.status和.statusText；

❑ 操作与请求一起发送的HTTP头部的`.setRequestHeader()`;

❑ 提早中断通信的`.abort()`。

jQuery的所有Ajax方法都会返回jqXHR对象，只要把这个对象保存起来，随后就可以方便地使用这些属性和方法。

13.3.1 Ajax 承诺

与标准的`XMLHttpRequest`对象相比，jqXHR对象有一点非常值得重视，那就是它也是一个**承诺对象**。在第11章讨论延迟对象时，我们知道可以通过它来设置在某个操作完成后触发的回调函数。Ajax调用就是这样一种操作，而jqXHR对象提供了延迟对象所承诺的方法。

使用这些承诺对象的方法，可以重写`$.ajax()`调用，把`success`和`error`回调函数替换成如下所示，参见代码清单13-7。

代码清单13-7

```
$.ajax({
  url: 'http://book.learningjquery.com/api/',
  dataType: 'jsonp',
  data: {
    title: $('#title').val()
  },
  timeout: 15000
})
.done(response)
.fail(function() {
  $response.html(failed);
});
```

乍一看，调用`.done()`和`.fail()`与之前的写法相比并没有明显的好处。可是，这两个承诺方法的确是有好处的。第一，可以多次调用这两个方法，根据需要添加多个处理程序。第二，如果把调用`$.ajax()`的结果保存在一个变量中，那么就可以考虑代码的可读性，在后面再添加处理程序。第三，如果在添加处理程序的时候Ajax操作已经完成，就会立即调用该处理程序。第四，我们最好采用与jQuery库中其他代码一致的语法，这带来的好处不言而喻。

使用承诺方法的另一个好处是可以在请求期间添加一个加载指示器，然后在请求完成时或在其他情况下隐藏它。这时候，使用`.always()`方法就非常方便，参见代码清单13-8。

代码清单13-8

```
$ajaxForm.on('submit', function(event) {
  event.preventDefault();

  $response.addClass('loading').empty();

  $.ajax({
    url: 'http://book.learningjquery.com/api/',
    dataType: 'jsonp',
    data: {
```

```
    title: $('#title').val()
  },
  timeout: 15000
})
.done(response)
.fail(function() {
  $response.html(failed);
})
.always(function() {
  $response.removeClass('loading');
});
});
```

在发送$.ajax()调用之前，给#response容器添加loading类。而在加载完成时，则删除这个类。这样，就可以进一步增强用户的体验。

接下来，我们把$.ajax()调用的结果保存在变量里，以备将来使用。从中你可以真正理解这种承诺行为带给我们的好处。

13.3.2　缓存响应

如果想重复使用同一段数据，那么重复发送Ajax请求显示是一种浪费。为了避免这样做，可以把返回的数据**缓存**在一个变量中。在需要使用某些数据时，可以检查缓存中是否有这些数据。如果有，就直接拿来用即可。如果没有，则需要发送Ajax请求，并在它的.done()处理程序中将数据保存在缓存里，然后再操作返回的数据。

说起来简单，做起来得需要好几步。不过，要是能够利用承诺对象的属性，那就非常简单了，如代码清单13-9所示。

代码清单13-9

```
var api = {};

$ajaxForm.on('submit', function(event) {
  event.preventDefault();

  $response.empty();

  var search = $('#title').val();
  if (search == '') {
    return;
  }

  $response.addClass('loading');

  if (!api[search]) {
    api[search] = $.ajax({
      url: 'http://book.learningjquery.com/api/',
      dataType: 'jsonp',
      data: {
        title: search
      },
```

13

```
      timeout: 15000
    });
  }
  api[search].done(response).fail(function() {
    $response.html(failed);
  }).always(function() {
    $response.removeClass('loading');
  });
});
```

这里，我们新声明了一个变量，名叫api，用来保存创建的jqXHR对象。这个变量本身是一个对象，它的键对应着执行的搜索关键词。在提交表单时，我们要检查一下jqXHR对象中是否有那个键。如果没有，就像以前一样执行查询，并把结果对象保存在api变量中。

有了jqXHR对象，也就有了.done()、.fail()和.always()处理程序。注意，无论是否发送Ajax请求，jqXHR对象都会存在。现在这里需要考虑两种可能性。

首先，如果以前没有查询过，那么可能会发送Ajax请求。这样的结果跟以前一样：发送请求，然后使用承诺方法给jqXHR对象添加处理程序。当服务器返回响应时，触发适当的回调函数，将结果输出到屏幕上。

另一方面，如果以前执行过这个查询，那么jqXHR对象已经保存在api里面了。这一次不会执行新的查询，但我们仍然可以在保存的对象上调用承诺方法。而这会给该对象添加新的处理程序，由于作为延迟对象它已经被解决了，所以会立即触发相关的处理程序。

jQuery的延迟对象系统会在后台把所以这些工作都替我们做了。我们只要写几行代码，就可以消除应用中不必要的网络请求。

13.4　截流 Ajax 请求

实现搜索功能时，越来越常见的一个功能是在用户输入过程动态地列出搜索结果来。通过给keyup事件绑定一个处理程序，我们也可以在jQuery API搜索中模拟这种实时的搜索功能，参见代码清单13-10。

代码清单13-10

```
$('#title').on('keyup', function(event) {
  $ajaxForm.triggerHandler('submit');
});
```

这样，只要用户在Search字段中输入内容，就会触发表单的submit处理程序。如果用户连续输入的速度很快，那么就会通过网络发送很多请求。结果可能会拖慢JavaScript的运行速度，拖慢网络连接，最后可能连服务器也处理不过来这种请求了。

通过缓存请求的结果，我们已经节省了一些请求了。不过，通过**截流**请求，还能够进一步减少服务器的负担。第10章在创建特殊的throttledScroll事件以减少触发原生sroll事件次数的时候，曾经涉及截流的概念。在这里，我们要考虑类似的减少活动次数的问题，这个活动就是keyup事件，参见代码清单13-11。

代码清单13-11

```
var searchTimeout,
    searchDelay = 300;

$('#title').on('keyup', function(event) {
  clearTimeout(searchTimeout);
  searchTimeout = setTimeout(function() {
    $ajaxForm.triggerHandler('submit');
  }, searchDelay);
});
```

这里使用的技术（有时候了被称为"消除抖动"）与第10章使用的有点不一样。在第10章的例子中，我们需要scroll处理程序随着滚动的继续多次发挥作用。而在这里，我们希望keyup行为在输入完成后只发生一次。为此，我们在用户按下第一个键的时候设置一个JavaScript计时器，然后跟踪该计时器。随后的每一次击键动作都会重置该计时器，只有用户停止击键的时间超过预定的300毫秒后，才会触发submit处理程序并发送Ajax请求。

13.5　扩展 Ajax 功能

jQuery的Ajax框架不可谓不强大，这一点我们已经目睹了。但即便如此，我们仍然会遇到某些情况，希望能够改变这个框架的一些行为。没问题，jQuery为此提供了很多挂钩，可以让插件为它添加各种新功能。

13.5.1　数据类型转换器

第6章在介绍$.ajaxSetup()函数时，我们知道通过它可以修改$.ajax()使用的默认值，只用一条语句就可以影响后续的很多Ajax操作。通过这个函数，也可以为$.ajax()添加它能够请求和解释的各种数据类型。

下面这个例子将创建一个能够解释YAML数据格式的转换器。YAML（http://www.yaml.org/）是一种流行的数据表示格式，很多语言都实现了对这种格式的支持。如果我们的脚本需要准备与这种格式交互，jQuery也可以让我们在原生的Ajax函数中添加对它的支持。

一个包含jQuery方法类别和子类别的YAML文件的示例如下：

```
Ajax:
- Global Ajax Event Handlers
- Helper Functions
- Low-Level Interface
- Shorthand Methods
Effects:
- Basics
- Custom
- Fading
- Sliding
```

13

我们可以给jQuery附加一个已有的YAML解析器，比如Diogo Costa开发的（ http://code.google. com/p/javascript-yaml-parser/ ），从而让$.ajax()能够解析这种格式。

要定义一种新的Ajax数据类型，需要给$.ajaxSetup()传递三个参数：accepts、contents和converters。其中，accepts属性会添加发送到服务器的头部信息，声明我们的脚本可以理解的特定MIME类型；contents属性处理数据交换的另一方，它提供一个与响应的MIME类型进行匹配的正则表达式，以尝试自动检测这个元数据当中的数据类型。最后，converters中包含解析返回数据的函数，参见代码清单13-12。

代码清单13-12

```
$.ajaxSetup({
  accepts: {
    yaml: 'application/x-yaml, text/yaml'
  },
  contents: {
    yaml: /yaml/
  },
  converters: {
    'text yaml': function(textValue) {
      console.log(textValue);
      return '';
    }
  }
});

$.ajax({
  url: 'categories.yml',
  dataType: 'yaml'
});
```

在代码清单13-12中的这个特定的实现中，$.ajax()读取了一个YAML文件并将数据类型声明为yaml。因为到来的数据会按照text格式解析，jQuery需要一种机制能把一种数据类型转换为另一种数据类型。converters的'text yaml'告诉jQuery，这个转换函数以text格式接收数据，然后以yaml格式重新解析。

在转换函数内部，我们把文本内容记录到控制台中，以便验证这个函数能够被正确调用。要实际地执行转换，需要加载第三方的YAML解析库（ yaml.js ）并调用其方法，如代码清单13-13所示。

代码清单13-13

```
$.ajaxSetup({
  accepts: {
    yaml: 'application/x-yaml, text/yaml'
  },
  contents: {
    yaml: /yaml/
  },
  converters: {
    'text yaml': function(textValue) {
      var result = YAML.eval(textValue);
```

```
      var errors = YAML.getErrors();
      if (errors.length) {
        throw errors;
      }
      return result;
    }
  }
});

$.getScript('yaml.js').done(function() {
  $.ajax({
    url: 'categories.yml',
    dataType: 'yaml'
  }).done(function (data) {
    var cats = '';
    $.each(data, function(category, subcategories) {
      cats += '<li><a href="#">' + category + '</a></li>';
    });

    $(document).ready(function() {
      var $cats = $('#categories').removeClass('hide');
      $('<ul></ul>', {
        html: cats
      }).appendTo($cats);
    });
  });
});
```

加载的 `yaml.js` 文件中包含一个 `yaml` 对象，该对象有 `.eval()` 和 `.getErrors()` 方法。我们就使用了这两个方法来解析收到的文本，然后以 JavaScript 对象的形式返回包含 categories.yml 中数据的结果。这个结果中的数据很容易通过遍历取得。因为这个文件中包含 jQuery 方法的类别，所以我们就使用解析后的结构来显示顶级类别，然后让用户通过单击这些顶级类别来筛选搜索结果，如图 13-4 所示。

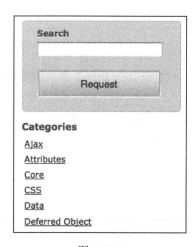

图　13-4

13

　　这里要注意的是，在插入类别名的时候，需要把相应的代码放在$(doucment).ready()调用中。Ajax操作可能会立即运行，无需访问DOM，但当结果返回后，必须等到DOM可用才能继续操作。以这种方式来编写代码，可以让它尽可能早地运行，从而增强用户对页面加载时间的感知速度。

　　接下来，我们处理单击类别链接的操作，如代码清单13-14所示。

代码清单13-14

```
$(document).on('click', '#categories a', function(event) {
  event.preventDefault();
  $(this).parent().toggleClass('active')
    .siblings('.active').removeClass('active');
  $('#ajax-form').triggerHandler('submit');
});
```

　　通过把click处理程序绑定到文档并使用事件委托，可以避免某些耗时的重复性操作。而且，可以马上运行这些代码，而不必等待Ajax调用完成。

　　在这个处理程序中，要确保突出显示正确的类别，然后再触发表单的submit处理程序。虽然突出显示如期生效，但表单还不能就被单击的类别名作出任何反应，如图13-5所示。

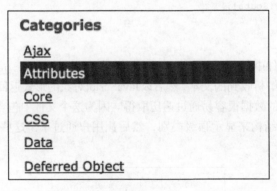

图　13-5

　　最后，就是更新表单的submit处理程序，根据被激活的类别筛选方法，参见代码清单13-15。

代码清单13-15

```
$ajaxForm.on('submit', function(event) {
  event.preventDefault();

  $response.empty();

  var title = $('#title').val(),
      category = $('#categories').find('li.active').text(),
      search = category + '-' + title;
  if (search == '-') {
    return;
```

```
    }

    $response.addClass('loading');

    if (!api[search]) {
      api[search] = $.ajax({
        url: 'http://book.learningjquery.com/api/',
        dataType: 'jsonp',
        data: {
          title: title,
          category: category
        },
        timeout: 15000
      });
    }
    api[search].done(response).fail(function() {
      $response.html(failed);
    }).always(function() {
      $response.removeClass('loading');
    });
  });

  $('#title').on('keyup', function(event) {
    clearTimeout(searchTimeout);
    searchTimeout = setTimeout(function() {
      $ajaxForm.triggerHandler('submit');
    }, searchDelay);
  });
```

这里并没有简单地取得搜索字段的值，而是检索了激活的类别名的文本，然后通过Ajax同时传递这两个信息。而且，我们还修改了search变量，让它既包含category也包含title。这样，搜索结果的缓存就能够正确地区分不同类别下相同文本的搜索。

现在，通过单击类别名称可以看到某个类别下的所有方法，也可以使用类别列表来筛选通过搜索字段搜索到的结果，如图13-6所示。

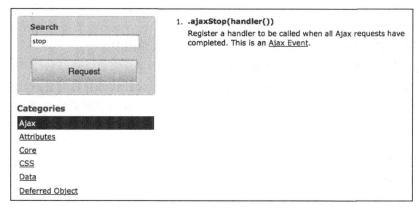

图　13-6

13

其他类似的数据类型也可以像这里定义YAML一样来定义。这样，就可以把jQuery的Ajax库改造成适合我们自己项目需要的得力工具。

13.5.2　Ajax 预过滤器

通过$.ajaxPrefilter()函数可以添加**预过滤器**。所谓预过滤器，就是一些回调函数，它们可以在发送请求之前对请求进行过滤。预过滤器会在$.ajax()修改或使用它的任何选项之前调用，因此通过预过滤器可以修改这些选项或基于新的、自定义选项发送请求。

预过滤器通过返回要使用的数据类型，也可以操作请求的数据类型。前面YAML的例子中将数据类型指定为yaml，是因为我们不想依赖服务器为响应提供正确的MIME类型。不过，我们倒是可以提供一个预过滤器，确保请求URL中包含相应的文件扩展名（.yml），数据类型一定是yaml，参见代码清单13-16。

代码清单13-16

```
$.ajaxPrefilter(function(options) {
  if (/\.yml$/.test(options.url)) {
    return 'yaml';
  }
});
```

这里使用了一个简短的正则表达式测试options.url中是否包含.yml。如果是，则将数据类型定义为yaml。有了这个预过滤器，就不需要给我们取得YAML文档的Ajax调用明确地定义数据类型了。

13.5.3　替代传输方式

我们已经看到jQuery在适当的时候会使用XMLHttpRequest、**ActiveX**或<script>标签来处理Ajax事务。如果我们愿意，也可扩展这种**传输**（transport）机制。

这种传输机制依赖于一个对象来实际地负责Ajax数据的传输。新的传输对象定义为工厂函数，返回一个带有.send()和.abort()方法的对象。其中，.send()方法负责发送请求、处理响应并把数据发送给回调函数。而.abort()方法会立即停止请求。

比如说，可以创建一个自定义的传输对象，使用<img>元素来取得外部数据。也就是说，加载图像的处理方式会与其他Ajax请求的处理方式相同，这样会让代码在内部更好地保持一致。创建这个新传输对象的JavaScript代码并不那么简单，因此我们直接看完成后的结果，然后再分析关键代码的作用，参见代码清单13-17。

代码清单13-17

```
$.ajaxTransport('img', function(settings) {
  var $img, img, prop;
  return {
    send: function(headers, complete) {
      function callback(success) {
```

```
        if (success) {
          complete(200, 'OK', {img: img});
        } else {
          $img.remove();
          complete(404, 'Not Found');
        }
      }

      $img = $('<img>', {
        src: settings.url
      });
      img = $img[0];
      prop = typeof img.naturalWidth === 'undefined' ? 'width' : 'naturalWidth';
      if (img.complete) {
        callback( !!img[prop] );
      } else {
        $img.on('load error', function(event) {
          callback(event.type == 'load');
        });
      }

    },
    abort: function() {
      if ($img) {
        $img.remove();
      }
    }
  };
});
```

在定义传输对象时，首先需要向$.ajaxTransport()传入一个数据类型。这是告诉jQuery什么时候该使用我们的传输方式，而不是使用内置的机制。然后，再提供一个函数，该函数能够返回带有相应的.send()和.abort()方法的新传输对象。

对这个img传输对象，.send()方法需要创建一个新的<img>元素，并为它设置src特性。这个特性的值来自settings.url，是由jQuery通过$.ajax()调用传入的。浏览器在创建这个<img>元素时，会加载引用的图像文件，因此在这里需要检查什么时候加载完成，然后触发完成回调函数。

如果想适应不同浏览器及不同版本，那就需要一些技巧才能正确地检测图像是否加载完成。在某些浏览器中，可以简单地给图像元素添加load和error事件处理程序。而在另一些浏览器中，当图像被缓存的时候，load和error不会像我们想象的那样被触发。

 　　要了解浏览器加载图片时不一致的行为，读者可以参考Lucas Smith的博客文章"我的图片加载了吗？"（Is My Image Loaded?），地址是：http://www.verious.com/tool/is-my-image-loaded/。

代码清单13-17中的代码可视情况通过检测.complete、.width和.naturalWidth属性来解决这个问题。在检测到图像加载完成后（可能成功、完成，也可能出错），调用callback()

13

函数，`callback()`函数再调用传递给`.send()`的`complete()`函数。这样，`$.ajax()`就能对图像的加载给出响应。

对于停止加载的处理就要简单多了。这里的`.abort()`方法要做的就是一些清理工作，它只需要在创建了`<img>`元素的情况下把该元素删除即可。

接下来，我们就写一个`$.ajax()`调用来使用这个新的传输机制，参见代码清单13-18。

代码清单13-18

```
$(document).ready(function() {
  $.ajax({
    url: 'missing.jpg',
    dataType: 'img'
  }).done(function(img) {
    $('<div></div>', {
      id: 'picture',
      html: img
    }).appendTo('body');
  }).fail(function(xhr, textStatus, msg) {
    $('<div></div>', {
      id: 'picture',
      html: textStatus + ': ' + msg
    }).appendTo('body');
  });
});
```

要使用自定义的传输机制，需要给`$.ajax()`提供一个对应的`dataType`值。然后，成功及失败处理程序要分别处理好各自接收到的数据。我们的`img`传入机制在成功的时候返回一个`<img>`DOM元素，所以`.done()`处理程序就以这个元素作为新创建的`<div>`元素的HTML内容，然后再将`<div>`元素插入到文档中。

不过，在我的例子中，指定的文件（missing.jpg）并不存在；这就需要通过`.fail()`处理程序来处理了。`.fail()`处理程序会在`<div>`元素中本应插入图像的地方插入一条错误消息，如图13-7所示。

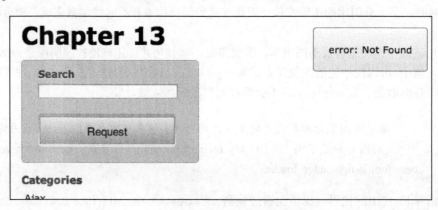

图　13-7

只要引用一幅实际存在的图像，就可以避免出错，如代码清单13-19所示。

代码清单13-19

```
$(document).ready(function() {
  $.ajax({
    url: 'sunset.jpg',
    dataType: 'img'
  }).done(function(img) {
    $('<div></div>', {
      id: 'picture',
      html: img
    }).appendTo('body');
  }).fail(function(xhr, textStatus, msg) {
    $('<div></div>', {
      id: 'picture',
      html: textStatus + ': ' + msg
    }).appendTo('body');
  });
});
```

现在，我们定义的新的传输机制成功地加载了图像，可以在页面上看到图像了，如图13-8所示。

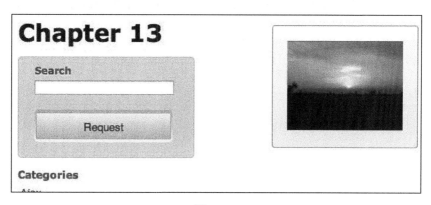

图　13-8

创建新的传输机制是一种不常见的需求，但即使是在这种情况下，jQuery的Ajax功能仍然能够满足我们的需要。

13.6　小结

在本书这最后一章里，我们进一步探索了jQuery的Ajax框架。我们学习了如何在页面中营造更加流畅的用户体验，如何根据需要获取外部资源，同时也关注了错误处理、缓存以及截流等技术。随后，我们又学习了Ajax框架的内部运行机制，包括承诺、传输、预先筛选和转换器。最后还学习了如何根据我们的需求扩展传输机制。

13

延伸阅读

要了解有关选择符与遍历方法的完整介绍，请参考本书附录 C 或 jQuery 官方文档：http://api.jquery.com/。

13.7　练习

要完成以下练习，读者需要本章的 index.html 文件，以及 complete.js 中包含的已经完成的 JavaScript 代码。可以从 Packt Publishing 网站 http://www.packtpub.com/support 下载这些文件。

"挑战"练习有一些难度，完成这些练习的过程中可能需要参考 jQuery 官方文档：http://api.jquery.com/。

(1) 修改 buildItem() 函数，以便包含它显示的每个 jQuery 方法的较长篇幅的说明。

(2) **挑战**：在页面中添加一个表单，指向 Flickr 的公开图片搜索（http://www.flickr.com/search），其中包含一个 `<input name="q">` 和一个提交按钮。基于渐进增强的原则从 Flickr 的 JSONP 数据源服务（http://api.flickr.com/services/feeds/photos_public.gne）取得照片，然后把照片插入到页面的内容区域。在向该服务发送 data 时，使用 tags 而不是 q，把 format 设置为 json。还要注意的是，这个服务要求的 JSONP 回调函数名是 jsoncallback，而不是 callback。

(3) **挑战**：向 Flickr 请求添加错误处理程序，以防它返回 parsererror。为了测试这个错误处理程序，把 JSONP 回调函数名修改为 callback，然后测试一下。

JavaScript闭包

在本书中，我们看到过很多以函数作为参数的jQuery方法。在我们所举的例子中，也曾经反复地创建、调用和传递函数。虽然我们平时只需粗略地了解JavaScript的内部工作机制，就可以这样使用函数，但是，如果缺乏对这个语言特性的深入理解，那么这些操作的负面作用也会时不时给我们带来意想不到的结果。

在本附录中，我们将探讨如下内容：

- JavaScript在其他函数中定义函数的能力；
- 传递函数对象的方式；
- 在函数内部和外部定义的变量的作用域；
- 由变量作用域及闭包导致的常见问题；
- 在jQuery中使用函数；
- 函数交互导致的内存问题。

A.1 创建内部函数

能够跻身支持**内部函数**声明的编程语言行列，对JavaScript来说应该算是一种幸运。许多传统的编程语言（例如C），都会把全部函数集中在顶级作用域中。而支持内部函数的语言，则允许开发者在必要的地方集合小型实用函数，以避免**污染命名空间**。

所谓内部函数，就是定义在另一个函数中的函数。

代码清单A-1

```
function outerFn() {
  function innerFn() {
  }
}
```

innerFn()就是一个被包含在outerFn()作用域中的内部函数。这意味着，在outerFn()内部调用innerFn()是有效的，而在outerFn()外部调用innerFn()则是无效的。下列代码会导致一个JavaScript错误。

代码清单A-2

```
function outerFn() {
  console.log('Outer function');
  function innerFn() {
    console.log('Inner Function');
  }
}
console.log('innerFn():');
innerFn();
```

不过，通过在outerFn()内部调用innerFn()，则可以成功地运行：

代码清单A-3

```
function outerFn() {
  console.log('Outer function');
  function innerFn() {
    console.log('Inner function');
  }
  innerFn();
}
console.log('outerFn():');
outerFn();
```

结果会产生如下输出：

```
outerFn():
Outer function
Inner function
```

这种技术特别适合于小型、单用途的函数。例如，**递归但却带有非递归API包装**的算法通常最适合通过内部函数来表达。

A.1.1　在任何地方调用内部函数

在**函数引用**参与进来之后，问题就变得复杂了。有些语言，比如Pascal，只允许通过内部函数实现代码隐藏，而且这些函数因此也会永远被埋没在它们的父函数中。然而，JavaScript则允许开发人员像传递任何类型的数据一样传递函数。也就是说，JavaScript中的内部函数能够逃脱定义它们的外部函数。

逃脱的方式有很多种。例如，可以将内部函数指定给一个**全局变量**：

代码清单A-4

```
var globalVar;

function outerFn() {
  console.log('Outer function');
  function innerFn() {
    console.log('Inner function');
  }
  globalVar = innerFn;
```

```
}
console.log('outerFn():');
outerFn();
```
console.log('globalVar():');
globalVar();

在函数定义之后调用outerFn()会修改全局变量globalVar，此时它引用的是innerFn()。这意味着，后面调用globalVar()的操作就如同调用innerFn()一样，也会执行输出消息的语句：

```
outerFn():
Outer function
globalVar():
Inner function
```

注意，此时在outerFn()外部直接调用innerFn()仍然会导致错误！这是因为虽然内部函数通过把引用保存在全局变量中实现了逃脱，但这个函数的名字仍然被截留在outerFn()的作用域中。

另外，也可以通过在父函数中**返回值**来"营救出"内部函数的引用：

代码清单A-5

```
function outerFn() {
  console.log('Outer function');
  function innerFn() {
    console.log('Inner function');
  }
  return innerFn;
}
console.log('var fnRef = outerFn():');
var fnRef = outerFn();
console.log('fnRef():');
fnRef();
```

这里，并没有在outerFn()内部修改全局变量，而是从outerFn()中返回了一个对innerFn()的引用。通过调用outerFn()能够取得这个引用，而且，这个引用可以保存在变量中，也可以自己调用自己，从而触发消息输出：

```
var fnRef = outerFn():
Outer function
fnRef():
Inner function
```

这种即使在离开函数作用域的情况下仍然能够通过引用调用内部函数的事实，意味着只要存在调用这些内部函数的可能，JavaScript就需要保留被引用的函数。而且，JavaScript运行时需要跟踪引用这个内部函数的所有变量，直至最后一个变量废弃，JavaScript的垃圾收集器才能出面释放相应的内存空间。

A.1.2　理解变量作用域

内部函数当然也可以拥有自己的变量，只不过这些变量都被限制在内部函数的作用域中：

代码清单A-6

```
function outerFn() {
  function innerFn() {
    var innerVar = 0;
    innerVar++;
    console.log('innerVar = ' + innerVar);
  }
  return innerFn;
}
var fnRef = outerFn();
fnRef();
fnRef();
var fnRef2 = outerFn();
fnRef2();
fnRef2();
```

每当通过引用或其他方式调用这个内部函数时，都会创建一个新的innerVar变量，然后递增，最后显示：

```
innerVar = 1
innerVar = 1
innerVar = 1
innerVar = 1
```

内部函数可以像其他函数一样引用全局变量：

代码清单A-7

```
var globalVar = 0;
function outerFn() {
  function innerFn() {
    globalVar++;
    console.log('globalVar = ' + globalVar);
  }
  return innerFn;
}
var fnRef = outerFn();
fnRef();
fnRef();
var fnRef2 = outerFn();
fnRef2();
fnRef2();
```

现在，每次调用内部函数都会持续地递增这个全局变量的值：

```
globalVar = 1
globalVar = 2
globalVar = 3
globalVar = 4
```

但是，如果这个变量是父函数的局部变量又会怎样呢？因为内部函数会继承父函数的作用域，所以内部函数也可以引用这个变量：

代码清单A-8

```
function outerFn() {
  var outerVar = 0;
  function innerFn() {
    outerVar++;
    console.log('outerVar = ' + outerVar);
  }
  return innerFn;
}
var fnRef = outerFn();
fnRef();
fnRef();
var fnRef2 = outerFn();
fnRef2();
fnRef2();
```

这一次，对内部函数的调用会产生有意思的行为：

```
outerVar = 1
outerVar = 2
outerVar = 1
outerVar = 2
```

我们看到了前面两种情况合成的效果。通过每个引用调用innerFn()都会独立地递增outerVar。也就是说，第二次调用outerFn()没有继续沿用outerVar的值，而是在第二次函数调用的作用域中创建并绑定了一个新的outerVar的**实例**。结果，就造成了在上面的代码中调用两次fnRef()之后，再调用fnRef2()会输出1。这两个计数器完全是无关的。

当内部函数在定义它的作用域的外部被引用时，就创建了该内部函数的一个**闭包**。在这种情况下，我们称既不是内部函数局部变量，也不是其参数的变量为**自由变量**，称外部函数的调用环境为**封闭闭包**的环境。从本质上讲，如果内部函数引用了位于外部函数中的变量，相当于授权该变量能够被延迟使用。因此，当外部函数调用完成后，这些变量的内存不会被释放，因为闭包仍然需要使用它们。

A.2　处理闭包之间的交互

当存在多个内部函数时，很可能会出现意料之外的闭包。假设我们又定义了一个递增函数，这个函数中的增量为2：

代码清单A-9

```
function outerFn() {
  var outerVar = 0;
  function innerFn1() {
    outerVar++;
    console.log('(1) outerVar = ' + outerVar);
  }
  function innerFn2() {
    outerVar += 2;
```

```
    console.log('(2) outerVar = ' + outerVar);
  }
  return {'fn1': innerFn1, 'fn2': innerFn2};
}
var fnRef = outerFn();
fnRef.fn1();
fnRef.fn2();
fnRef.fn1();
var fnRef2 = outerFn();
fnRef2.fn1();
fnRef2.fn2();
fnRef2.fn1();
```

这里，我们通过对象返回两个内部函数的引用（这也示范了内部函数的引用逃脱父函数的另一种方式）。可以通过返回的引用调用任何一个内部函数：

```
(1) outerVar = 1
(2) outerVar = 3
(1) outerVar = 4
(1) outerVar = 1
(2) outerVar = 3
(1) outerVar = 4
```

这两个内部函数引用了同一个局部变量，因此它们共享同一个**封闭环境**。当innerFn1()为outerVar递增1时，就为调用innerFn2()设置了outerVar的新的起点值，反之亦然。同样，我们也看到对outerFn()的后续调用还会创建这些闭包的新实例，同时也会创建相应的新封闭环境。**面向对象编程**的爱好者们会注意到，这在本质上是创建了一个新**对象**，自由变量就是这个对象的**实例变量**，而闭包就是这个对象的**实例方法**。而且，这些变量也是**私有**的，因为不能在封装它们的作用域外部直接引用这些变量，从而确保了面向对象的数据专有特性。

A.3　在 jQuery 中创建闭包

我们曾经介绍过的jQuery库中的许多方法都至少要接收一个函数作为参数。为方便起见，我们通常都在这种情况下使用**匿名函数**，以便在必需时再定义函数的行为。但是，这也意味着我们很少在顶级命名空间中定义函数；也就是说，这些函数都是内部函数，而内部函数很容易就会变成闭包。

A.3.1　$(document).ready()的参数

我们使用jQuery编写的几乎全部代码都要放在作为$(document).ready()参数的一个函数内部。这样做是为了保证在代码运行之前DOM已经就绪，而DOM就绪通常是运行jQuery代码的一个必要条件。当创建了一个函数并把它传递给.ready()之后，这个函数的引用就会被保存为全局jQuery对象的一部分。在稍后的某个时间——当DOM就绪时，这个引用就会被调用。

由于我们通常把$(document).ready()放在代码结构的顶层，因而这个函数不会成为闭包。但是，我们的代码通常都是在这个函数内部编写的，所以这些代码都处于一个内部函数中：

代码清单A-10

```
$(document).ready(function() {
  var readyVar = 0;
  function innerFn() {
    readyVar++;
    console.log('readyVar = ' + readyVar);
  }
  innerFn();
  innerFn();
});
```

这看上去同前面的很多例子都差不多，只不过外部函数是传入到`$(document).ready()`中的一个回调函数。由于`innerFn()`定义在这个回调函数中，而且引用了位于回调函数作用域中的`readyVar`，因此`innerFn()`及其环境就创建了一个闭包。我们两次调用这个内部函数，通过观察两次输出之间保持的`readyVar`的值，就可以证明这一点：

```
readyVar = 1
readyVar = 2
```

把大多数jQuery代码都放在一个函数体中是很有用的，因为这样可以避免某些**命名空间冲突**。例如，正是这个特性可以使我们通过调用`jQuery.noConflict()`为其他库释放简写方式`$`，但我们仍然能够定义在`$(document).ready()`中使用的局部简写方式。

A.3.2　绑定事件处理程序

`.ready()`结构通常用于包装其他的jQuery代码，包括**事件处理程序**的赋值。因为处理程序是函数，它们也就变成了内部函数；而且，因为这些内部函数会被保存并在以后调用，于是它们也会创建闭包。以一个简单的单击处理程序为例：

代码清单A-11

```
$(document).ready(function() {
  var counter = 0;
  $('#button-1').click(function(event) {
    event.preventDefault();
    counter++;
    console.log('counter = ' + counter);
  });
});
```

由于变量`counter`是在`.ready()`处理程序中声明的，所以它只对位于这个块中的jQuery代码有效，对`.ready()`处理程序外部的代码无效。然而，这个变量可以被`.click()`处理程序中的代码引用，在这个例子中`.click()`应用程序会递增并显示该变量的值。由于创建了闭包，每次单击按钮都会引用`counter`的同一个实例。也就是说，消息会持续显示一组递增的值，而不是每次都显示1。

```
counter = 1
counter = 2
counter = 3
```

事件处理程序同其他函数一样，也能够共享它们的封闭环境：

代码清单A-12

```
$(document).ready(function() {
  var counter = 0;
  $('#button-1').click(function(event) {
    event.preventDefault();
    counter++;
    console.log('counter = ' + counter);
  });
  $('#button-2').click(function(event) {
    event.preventDefault();
    counter--;
    console.log('counter = ' + counter);
  });
});
```

因为这两个函数引用的是同一个变量counter，所以两个链接的递增和递减操作会影响同一个值，而不是各自独立的值。

```
counter = 1
counter = 2
counter = 1
counter = 0
```

A.3.3　在循环中绑定处理程序

鉴于闭包的独特运行方式，在循环中绑定处理程序需要一些特殊的技巧。假设我们想在一个循环中创建多个元素，然后基于循环的索引为这些元素绑定行为：

代码清单A-13

```
$(document).ready(function() {
  for (var i = 0; i < 5; i++) {
    $('<div>Print ' + i + '</div>')
      .click(function() {
        console.log(i);
      }).insertBefore('#results');
  }
});
```

变量i依次被设置为0～4，而每次循环都会创建一个新的<div>元素。每个新元素都有一个不同的文本标签：

```
Print 0
Print 1
Print 2
Print 3
Print 4
```

你可能会认为单击其中一项会看到相应的编号出现在控制台中。可是，单击页面中的任何一个元素都会显示数值5。换句话说，即使在绑定处理程序时i的值每次都不一样，每个click处理程序最终引用的i都相同，都等于单击事件实际发生时i的最终值（5）。

解决这个问题的方式有很多。首先，可以使用jQuery的$.each()函数来代替for循环：

代码清单A-14

```javascript
$(document).ready(function() {
  $.each([0, 1, 2, 3, 4], function(index, value) {
    $('<div>Print ' + value + '</div>')
      .click(function() {
        console.log(value);
      }).insertBefore('#results');
  });
});
```

因为函数的参数类似于在函数中定义的变量，所以每次循环的value实际上都是不同的变量。结果，每个click处理程序都指向一个不同的value变量，因而每次单击输出的值会与元素的标签文本匹配。

同样利用函数参数的这个特性，不必使用$.each()也可以解决这个问题。在for循环内部，可以定义并执行一个新函数，让它负责把变量i的值分配到不同的变量中去：

代码清单A-15

```javascript
$(document).ready(function() {
  for (var i = 0; i < 5; i++) {
    (function(value) {
      $('<div>Print ' + value + '</div>')
        .click(function() {
          console.log(value);
        }).insertBefore('#results');
    })(i);
  }
});
```

这种结构我们在第8章看到过，它的名字叫**立即调用的函数表达式**（IIFE），前面曾在调用$.noConflict()之后利用它为jQuery对象重新定义别名$。在这里，我们利用它将i传给变量value，以便value在每个单击处理程序中都有不同的值。

最后，还可以使用jQuery的事件系统换个角度来解决这个问题。我们知道，.on()方法接受一个对象参数，该参数以event.data的形式传入事件处理程序中：

代码清单A-16

```javascript
$(document).ready(function() {
  for (var i = 0; i < 5; i++) {
    $('<div>Print ' + i + '</div>')
      .on('click', {value: i}, function(event) {
        console.log(event.data.value);
      }).insertBefore('#results');
  }
});
```

在这里，我们将i作为.on()方法的数据，而在事件处理程序内部，能够通过event.data.value取得它的值。同样，因为event是函数的参数，每次调用处理程序时它都是一个独立的实例，而不是在所有调用中共享的一个值。

A.3.4 命名及匿名函数

这些例子都和我们常规的jQuery代码一样使用了**匿名函数**。但是，这不会影响到闭包的创建。换句话说，无论命名函数还是匿名函数，都可以用来创建闭包。例如，我们可以编写一个匿名函数，报告jQuery对象中每个\<input\>按钮的索引：

代码清单A-17

```
$(document).ready(function() {
  $('input').each(function(index) {
    $(this).click(function(event) {
      event.preventDefault();
      console.log('index = ' + index);
    });
  });
});
```

由于最里面的函数是在.each()回调函数中定义的，因而以上代码实际上创建了同存在的按钮一样多的函数。这些函数分别作为一个单击处理程序被添加给了相应的按钮。而且，由于.each()回调函数拥有参数index，所以在这些函数的封闭环境中都有各自的index变量。这就如同把单击处理程序的代码写成一个命名函数：

代码清单A-18

```
$(document).ready(function() {
  $('input').each(function(index) {
    function clickHandler(event) {
      event.preventDefault();
      console.log('index = ' + index);
    }

    $(this).click(clickHandler);
  });
});
```

只不过使用匿名函数的版本更短一些而已。然而，这个命名函数的位置也是很重要的。比如，以下代码会在按钮被单击时触发JavaScript错误：

代码清单A-19

```
$(document).ready(function() {
  function clickHandler(event) {
    event.preventDefault();
    console.log('index = ' + index);
  }
```

```
$('input').each(function(index) {
    $(this).click(clickHandler);
});
});
```

之所以会触发JavaScript错误，是因为在clickHandler()的封闭环境中找不到index。此时，index仍然是一个自由变量，但它在这个环境中没有定义。

A.4 应对内存泄漏的风险

JavaScript使用一种称为**垃圾收集**的技术来管理分配给它的内存。这与C这样的低级语言不同，C要求程序员明确地**预定**内存空间，并在这些内存不再使用时释放它们。其他语言，比如Objective-C，实现了一个引用计数系统来辅助程序员完成这些工作。通过这个引用计数系统，程序员能够了解到有多少个程序块使用了一个特定的内存段，因而可以在不需要时清除这些内存段。另一方面，JavaScript是一种高级语言，它一般是通过后台来维护这种计数系统。

当JavaScript代码生成一个新的内存驻留项时（比如一个对象或函数），系统就会为这个项留出一块内存空间。因为这个对象可能会被传递给很多函数，并且会被指定给很多变量，所以很多代码都会指向这个对象的内存空间。JavaScript会跟踪这些**指针**，当最后一个指针废弃不用时，这个对象占用的内存会被释放。以图A-1中的指针链接为例。

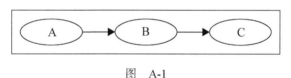

图 A-1

图中的对象A有一个属性指向B，而B也有一个属性指向C。即使当前作用域中只有对象A有效，但由于指针的关系所有3个对象都必须保留在内存中。当离开A的当前作用域时（例如代码执行到声明A的函数的末尾处），垃圾收集器就可以释放A占用的内存。此时，由于没有什么指向B，因此B可以释放，最后，C也可以释放。

然而，当对象间的引用关系变得复杂（如图A-2所示）时，处理起来也会更加困难。

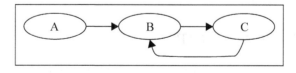

图 A-2

这里，我们又为对象C添加了一个引用B的属性。在这种情况下，当A释放时，仍然有来自C的指针指向B。这种**引用循环**需要由JavaScript进行特殊的处理，但必须考虑到整个循环与作用域中的其他变量已经处于隔离状态。

A.4.1 避免意外的引用循环

闭包可能会导致在不经意间创建引用循环。因为函数是必须保存在内存中的对象,所以位于函数封闭环境中的所有变量也需要保存在内存中:

代码清单A-20

```
function outerFn() {
  var outerVar = {};
  function innerFn() {
    console.log(outerVar);
  }
  outerVar.fn = innerFn;
  return innerFn;
};
```

这里创建了一个名为outerVar的对象,该对象在内部函数innerFn()中被引用。然后,为outerVar创建了一个指向innerFn()的属性,之后返回了innerFn()。这样就在innerFn()上创建了一个引用outerVar的闭包,而outerVar又引用了innerFn()。

这会导致变量在内存中存在的时间比想象得还要长,而且又不容易被发现。但是,也可能会出现比这种情况更隐蔽的引用循环:

代码清单A-21

```
function outerFn() {
  var outerVar = {};
  function innerFn() {
    console.log('hello');
  }
  outerVar.fn = innerFn;
  return innerFn;
};
```

这里我们修改了innerFn(),使它不再引用outerVar。但是,这样做仍然没有断开循环。即使innerFn()不再引用outerVar,outerVar也仍然位于innerFn()的**封闭环境**中。由于闭包的原因,位于outerFn()中的所有变量都隐含地被innerFn()所引用。因此,闭包会使意外地创建这些引用循环变得易如反掌。

A.4.2 控制 DOM 与 JavaScript 的循环

上述这些情况通常不是什么问题,因为JavaScript能够检测到这些情况并在它们孤立时将其清除。然而,旧版本IE中存在一种难以处理的引用循环问题。当一个循环中同时包含DOM元素和常规JavaScript对象时,IE无法释放任何一个对象——因为这两类对象是由不同的内存管理程序负责管理的。换句话说,除非关闭浏览器,否则这种循环在IE中永远得不到释放。为此,随着时间的推移,这可能会导致大量内存被无效地占用。导致这种循环的一个常见原因是简单的事件处理程序:

代码清单A-22

```
$(document).ready(function() {
  var button = document.getElementById('button-1');
  button.onclick = function() {
    console.log('hello');
    return false;
  };
});
```

当指定单击事件处理程序时，就创建了一个在其封闭的环境中包含button变量的闭包。而且，现在的button也包含一个指向闭包（onclick属性自身）的引用。这样，就导致了在IE中即使离开当前页面也不会释放这个循环。

为了释放内存，就需要断开循环引用，例如在关闭窗口前删除onclick属性（此时必须注意不要在window及其onunload处理程序间引入新的循环）。另外，也可以像下面这样重写代码来避免这种闭包：

代码清单A-23

```
function hello() {
  console.log('hello');
  return false;
}
$(document).ready(function() {
  var button = document.getElementById('button-1');
  button.onclick = hello;
});
```

因为hello()函数不再包含button，引用就成了单向的（从button到hello）、不存在的循环，所以就不会造成内存泄漏了。

用jQuery化解引用循环

下面，我们通过常规的jQuery结构来编写同样的代码：

代码清单A-24

```
$(document).ready(function() {
  var $button = $('#button-1');
  $button.click(function(event) {
    event.preventDefault();
    console.log('hello');
  });
});
```

即使此时仍然会创建一个闭包，并且也会导致同前面一样的循环，但这里的代码却不会使IE发生内存泄漏。由于jQuery考虑到了内存泄漏的潜在危害，所以它会手动释放自己指定的所有事件处理程序。只要坚持使用jQuery的事件绑定方法，就无需为这种特定的常见原因导致的内存泄漏而担心。

但是，这并不意味着我们完全脱离了险境。当对DOM元素进行其他操作时，仍然要处处留心。只要是将JavaScript对象指定给DOM元素，就可能在旧版本IE中导致内存泄漏。jQuery只是有助于减少发生这种情况的可能性。

有鉴于此，jQuery为我们提供了另一个避免这种泄漏的工具。在第12章中我们曾看到过，使用.data()方法可以像使用**扩展属性**（expando）一样，将信息附加到DOM元素。由于这里的数据并非直接保存在扩展属性中（jQuery使用一个内部对象并通过它创建的ID来保存这里所说的数据），因此永远也不会构成引用循环，从而有效回避了内存泄漏问题。无论什么时候，当我们觉得扩展属性好像是一种方便的数据存储机制时，都应该首选.data()这种更安全可靠的替代方案。

A.5　小结

JavaScript闭包是一种强大的语言特性。通过使用这个语言特性来隐藏变量，可以避免覆盖其他地方使用的同名变量。由于jQuery经常依赖于把函数作为方法的参数，所以在编写jQuery代码时也会经常在不经意间创建闭包。理解闭包有助于编写出更有效也更简洁的代码，如果再加上一些小心并利用好jQuery内置的安全措施，则可以有效地防止闭包可能引发的内存泄漏问题。

使用QUnit测试JavaScript

本书包含了很多JavaScript代码，也展示了使用jQuery简化代码编写工作的各种方式。可是，在添加了新功能之后，就必须手工检测网页，以验证一切都按照预期运行。虽然这种方式对于简单的任务来说没有问题，但随着项目规模的增大以及复杂性的增加，手工测试就会暴露出诸多不足。新的需求可能会引入"回归bug"，从而让之前工作得好好的脚本发生中断。由于这些bug并不都跟最后一次修改有关，所以查找起来可不是件容易的事儿，毕竟我们一般只会测试刚刚写过的代码。

实际上，在这种情况下我们就需要一个自动化的系统，让它来帮我们运行测试。本附录要介绍的QUnit就是这样一个测试框架。虽然也有很多其他各具特色的测试框架，但我们还是推荐大家在自己的项目中使用QUnit，因为这个框架是由jQuery团队编写和维护的。事实上，jQuery本身也是使用QUnit来测试的（差不多要执行6500个测试！）。

本附录将介绍如下内容：

❑ 如何在项目中配置QUnit测试框架；
❑ 组织单元测试以提高覆盖率和可维护性；
❑ QUnit中不同类型的测试；
❑ 确保有效测试的最佳实践；
❑ QUnit之外的其他测试。

B.1 下载 QUnit

可以在官方网站下载QUnit框架，地址为：http://qunitjs.com/。网站上有稳定版（当前版本号为1.11.0）和开发版（qunit-git）可供下载。这两个版本除JavaScript文件外，都包含一个用于格式化输出的样式表。

B.2 设置文档

下载了QUnit文件之后，接下来要设置HTML测试文档。在典型的项目中，这个文件叫index.html，而且与qunit.js和qunit.css放在相同的测试文件夹中。不过，我们这里把这个测试文件放在一个父目录中。

这个文档的<head>元素中包含一个<link>标签，用于链接CSS文件；还包含几个
<script>标签，用于加载jQuery、QUnit、要测试的JavaScript文件（B.js），以及测试文件
（test/test.js）。文档的<body>标签中包含两个主要元素，每个元素的ID将由QUnit用来运行测试
和显示结果。

为了演示QUnit，我们会使用第2章和第6章中的一些例子。

```html
<!DOCTYPE html>
<html>
<head>
  <meta charset="utf-8">
  <title>Appendix B Tests</title>
  <link rel="stylesheet" href="qunit.css" media="screen">
  <script src="jquery.js"></script>
  <script src="test/qunit.js"></script>
  <script src="B.js"></script>
  <script src="test/test.js"></script>
</head>
<body>
  <div id="qunit"></div>
  <div id="qunit-fixture">
    <!--要测试的标记放在这里-->
  </div>
</body>
</html>
```

因为第2章的代码要根据相应的DOM进行测试，所以测试文档中的标记应该与实际页面中的
标记符合。可以从第2章中使用的HTML文档中把相应标记复制过来，替换掉这里的注释
"<!--要测试的标记放在这里-->"。

B.3　组织测试

QUnit提供两个级别的分组，分别以它们的函数调用命名：module()和test()。其中，module
类似于通用的类别，测试将在该类别下运行；而test实际上是一组接收回调函数的测试，在这些
回调函数中运行相应测试的特定**单元测试**。在这里，我们要把测试按照每一章的主题组织起来，
把代码放到test/test.js文件中：

代码清单B-1

```javascript
module('Selecting');
test('Child Selector', function() {
  ok(true, 'Placeholder is entered');
});
test('Attribute Selectors', function() {
  ok(true, 'Placeholder is entered');
});
module('Ajax');
```

虽然不一定非要把测试文件按照这个测试结构来组织，但最好还是对整个结构有一个大致的

概念。除了module()和test()之外，我们还在每个测试中插入了一个断言占位语句。即便有一个断言测试失败，QUnit都会抛出错误。

　　因为QUnit默认会在文档加载完成之后才会运行测试，所以我们的模块还有测试都不需要放在$(document).ready()调用中。经过这一步简单的设置，然后加载测试用的HTML页面，就会得到图B-1所示的结果。

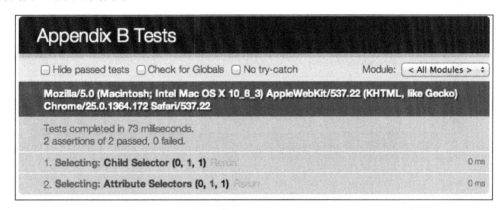

图　B-1

　　图中的模块名是以浅蓝色突出显示的，而测试名则以深蓝色显示。单击任何一个测试都会展示该组测试的结果；这些结果在全部通过（或在这里并没有测试）的情况下，默认是折叠起来的。没有出现Ajax模块是因为还没有给它写测试呢。

B.4　添加和运行测试

　　在测试驱动的开发中，需要在编写代码之前编写测试。这样一来，在看到测试失败之后，开始添加新的代码，然后再让测试通过，验证新代码实现了应有的功能。

　　首先，我们来测试第2章用到的子选择符，为`<ul id="selected-plays">`的所有子元素`<li>`添加horizontal类：

代码清单B-2

```
test('Child Selector', function() {
  expect(1);
  var topLis = $('#selected-plays > li.horizontal');
  equal(topLis.length, 3, 'Top LIs have horizontal class');
});
```

　　这里实际上加入了两个测试。第一个是expect()测试，它告诉QUnit我们想在这个测试集中运行多少个测试。然后，因为我们想要测试在页面中选择元素的能力，所以使用equal()测试来比较顶级`<li>`元素与数值3。如果这两个值相等，测试通过且通过的次数会加1，如图B-2所示。

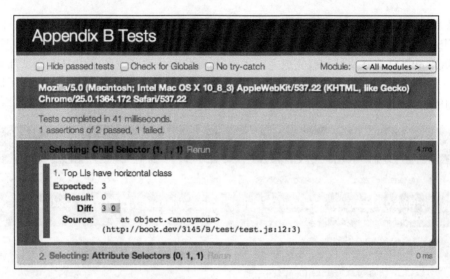

图 B-2

之所以这个测试失败，是因为我们还没有编写代码去添加horizontal类。添加这个类的代码很简单，我们把它写在页面中包含的名为B.js的主脚本文件中：

代码清单B-3

```
$(document).ready(function() {
  $('#selected-plays > li').addClass('horizontal');
});
```

再次运行测试，就通过了，如图B-3所示。

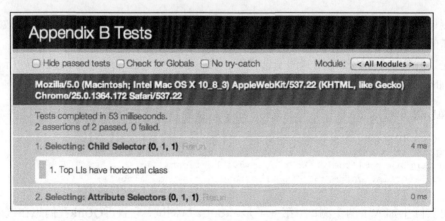

图 B-3

现在，Selecting:Child Selector测试在括号里显示数字0,1,1，表示没有失败，总共1个测试，通过了1个测试。下面我们再添加两个对属性选择符的测试：

代码清单B-4

```
module('Selecting', {
  setup: function() {
    this.topLis = $('#selected-plays > li.horizontal');
  }
});
test('Child Selector', function() {
  expect(1);
  equal(this.topLis.length, 3,
    'Top LIs have horizontal class');
});
test('Attribute Selectors', function() {
  expect(2);
  ok(this.topLis.find('.mailto').length == 1, 'a.mailto');
  equal(this.topLis.find('.pdflink').length, 1, 'a.pdflink');
});
```

这里又引入了另一种测试方式：ok()。这个测试接收两个参数：一个应该被求值为true的表达式和一个描述。同样，注意我们已经把topLis变量从代码清单B-2中的Child Selector测试转移到了模块的setup()回调函数中。module()接收可选的第二个参数，这个参数是一个对象，可以包含setup()和teardown()函数。在这两个函数中，可以使用this关键字为模块中的所有测试一次性地指定变量。

同样，由于没有编写相应的代码，新测试也会失败：

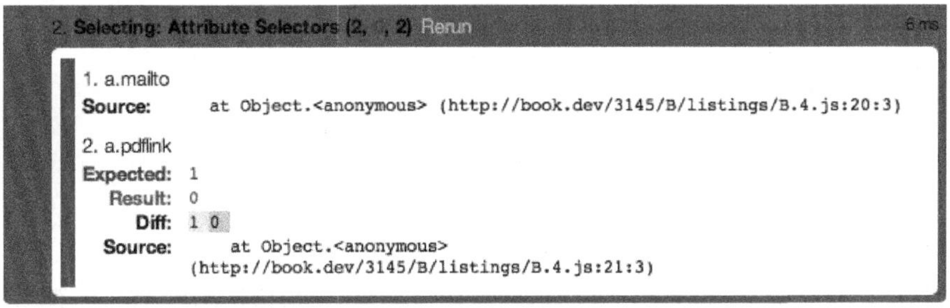

图　B-4

在此，我们看到了ok()测试和equal()测试失败时不同的输出。前者只显示测试的标签（a.mailto）和来源，后者还会详细列出期待的结果。鉴于equal()比ok()提供的测试失败的细节更多，因此应该优先使用它。

下面我们要在脚本中添加必要的代码：

代码清单B-5

```
$(document).ready(function() {
  $('#selected-plays > li').addClass('horizontal');
  $('a[href^="mailto:"]').addClass('mailto');
  $('a[href$=".pdf"]').addClass('pdflink');
});
```

如图B-5所示，这两个测试都通过了：

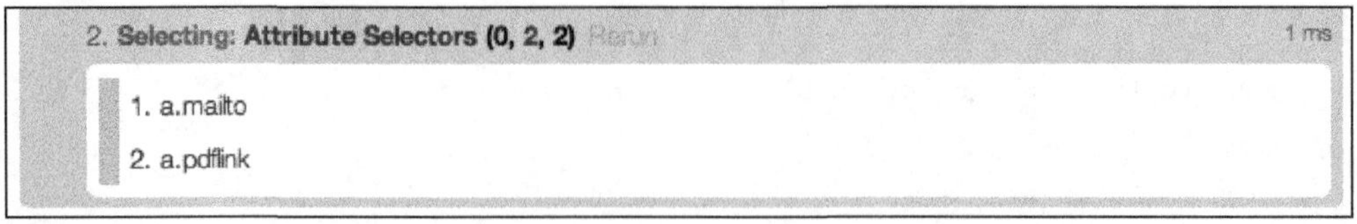

图 B-5

虽然失败的equal()测试比失败的ok()测试提供的信息更详尽，但测试通过后两者都只显示测试标签。

异步测试

测试异步JavaScript，比如Ajax请求，对我们来说又是一个挑战。挑战的核心在于当异步测试开始时，测试必须暂停；而当异步请求完成时，测试必须恢复。这种情况我们还是比较熟悉的，在效果队列、Ajax回调函数以及承诺对象中，都存在这种异步操作。在QUnit中，我们要使用一个特殊的测试集，它的名字叫asyncTest()。这个测试集与常规的test()测试集很相似；不同的是，在我们调用一个特殊的start()函数恢复它们之前，它们会暂停运行：

代码清单B-6

```
asyncTest('JSON', function() {
  $.getJSON('b.json', function(json, textStatus) {
    //在这里添加测试
  )).always(function() {
    start();
  });
});
```

这里只是简单地在B.js中请求了JSON数据，并在请求完成——无论成功还是失败时继续进行测试（通过在.always()回调函数中调用start()）。在实际的测试中，需要检测textStatus以确定请求成功，然后像下面这样检查响应的JSON数组中的一个对象的值：

代码清单B-7

```
asyncTest('JSON', function() {
  expect(2);
  var backbite = {
    "term": "BACKBITE",
    "part": "v.t.",
    "definition": "To speak of a man as you find him when he can't find you."
  };
  $.getJSON('b.json', function(json, textStatus) {
    equal(textStatus, 'success', 'Request successful');
    deepEqual(json[1], backbite,
      'result array matches "backbite" map');
```

```
    }).always(function() {
      start();
    });
});
```

为了测试响应的值，这里又使用了一个函数：`deepEqual()`。正常情况下，在比较两个对象时，除非它们引用的是相同的内存地址，否则不会判定它们相等。但如果我们想比较的是它们的内容，那么使用`deepEqual()`很合适。这个函数会遍历两个对象，确保它们拥有相同的属性，而且每个属性都有相同的值。

B.5　其他测试类型

QUnit也提供了其他一些测试函数。有一些函数，比如`notEqual()`和`notDeepEqual()`只不过是我们用过的函数的逆运算，而另外一些函数，比如`strictEqual()`和`throws()`则具有更加特定的用途。有关这些函数的更多信息，以及有关QUnit的更多细节和示例，请参考QUnit网站（http://qunitjs.com/）以及QUnit API网站（http://api.qunitjs.com/）。

B.6　最佳实践

本附录中展示的示例都非常简单，这一点相信读者是可以理解的。但在实际测试当中，有可能要编写测试代码来验证一些非常复杂的行为是否正确。

理想情况下，应该尽量保持测试代码简单，即便是要测试的行为比较复杂，也要尽力把代码写得简单明了。通过针对少量特定的情况编写测试，可以在不考虑所有输入的情况下，得到对要测试行为的相对合理的确定性结果。

不过，即使针对某个行为编写了测试，代码中也有可能会出现错误。在测试通过但仍然出现错误的情况下，正确的反应不是立即修复问题，而是首先针对失败的行为编写一个新测试。这样一来，不仅可以验证在修复代码之后是否解决了问题，而且也添加了一个可以在将来避免回归的测试。

除了进行**单元测试**之外，QUnit还可以用于**功能测试**。单元测试主要是为了验证代码单元（方法和函数）的操作是否正确，而功能测试则是为了确保用户输入能够在界面上得到响应。比如说，第12章实现了一个表格排序功能。我们可以针对排序方法编写一个单元测试，验证调用该方法后表格确实进行了排序。另外，还可以编写一个功能测试，模拟用户单击表格的表头，然后观察结果以确定表格确实被排序过了。

　可以将 dominator.js（http://mwbrooks.github.io/dominator.js/）和 FuncUnit（http://funcunit.com/）等功能测试框架与QUnit一起使用，从而简化编写功能测试和模拟事件的工作。如果想在不同浏览器中实现自动化测试，可以再选择Selenium（http://seleniumhq.org）等专用的功能测试框架。

　　为了确保测试中得到一致的结果，需要使用可靠的且未经修改的采样数据。在测试应用到动态站点的jQuery代码时，如果能捕获并存储相应页面的一个静态版本，然后基于该版本来运行测试就比较好。这样也可以隔离代码的组件，从而更容易判断出错误是由服务器端代码还是由客户端代码导致的。

延伸阅读

　　这些注意事项并没有包含所有情况。测试驱动开发这个主题本身很庞大，短短的一个附录不可能涵盖它的全部内容。以下给出一些有关这方面的在线资源，读者朋友可以自行参考学习。
- ❏ QUnit的文档站点（http://qunitjs.com/intro/）
- ❏ *QUnit Cookbook*（http://qunitjs.com/cookbook/）
- ❏ Elijah Manor的“jQuery测试驱动开发”（jQuery Test-Driven Development，http://msdn.microsoft.com/en-us/scriptjunkie/ff452703.aspx）
- ❏ Bob McCune的“单元测试最佳实践”（Unit Testing Best Practices，http://www.bobmccune.com/2006/12/09/unit-testing-best-practices/）

　　这方面的图书也有很多，比如Kent Beck的Test Driven Development: By Example和Christian Johansen的Test-Driven JavaScript Development。

B.7　小结

　　使用QUnit来编写测试对保证jQuery代码的清晰和可维护很有用。本附录介绍了几种在项目中经常用到的测试方式，可以使用这些测试来确保代码实现了相应的功能。通过测试小型、具体的代码单元，可以在项目变复杂的时候减少很多问题。与此同时，还可以更加有效地对整个项目进行回归测试，从而节省大量宝贵的开发时间。

简明参考

本附录提供了jQuery API的简明参考，包括选择符表达式和方法。有关jQuery API参考的更详细内容，请读者参考jQuery文档站点（http://api.jquery.com）。

C.1 选择符表达式

jQuery的工厂函数$()用于在页面中查找要操作的元素。这个函数接收一个按照类似CSS语法构成的字符串作为参数，这个字符串参数就叫选择符表达式。本书第2章详细讨论了选择符表达式。

C.1.1 简单的 CSS 选择符

表 C-1

选 择 符	匹 配
*	所有元素
#id	带有给定ID的元素
element	给定类型的所有元素
.class	带有给定类的所有元素
a, b	与a或b匹配的元素
a b	作为a后代的b匹配的元素
a > b	作为a子元素的b匹配的元素
a + b	作为a后面直接同辈元素的b匹配的元素
a ~ b	作为a后面同辈的b匹配的元素

C.1.2 在同辈元素间定位

表 C-2

选 择 符	匹 配
:nth-child(index)	作为其父元素第index个子元素的元素（从1开始计数）
:nth-child(even)	作为其父元素第偶数个子元素的元素（从1开始计数）

（续）

选 择 符	匹 配
:nth-child(odd)	作为其父元素第奇数个子元素的元素（从1开始计数）
:nth-child(formula)	作为其父元素第n个子元素的元素（从1开始计数）。formula（公式）的格式为an+b，a、b为整数
:nth-last-child()	与:nth-child()相同，只不过是从最后一个元素开始倒计数
:first-child	作为其父元素第一个子元素的元素
:last-child	作为其父元素最后一个子元素的元素
:only-child	作为其父元素唯一一个子元素的元素
:nth-of-type()	与:nth-child()相同，只不过只计相同元素
:nth-last-of-type()	与:nth-of-type()相同，只不过是从最后一个元素开始倒计数
:first-of-type	同名的同辈元素中的第一个元素
:last-of-type	同名的同辈元素中的最后一个元素
:only-of-type	没有同名的同辈元素的元素

C.1.3 在匹配的元素间定位

表 C-3

选 择 符	匹 配
:first	结果集中的第一个元素
:last	结果集中的最后一个元素
:not(a)	结果集中与a不匹配的所有元素
:even	结果集中的偶数元素（从0开始计数）
:odd	结果集中的奇数元素（从0开始计数）
:eq(index)	结果集中索引为index的元素（从0开始计数）
:gt(index)	结果集中所有位于给定索引之后（大于该索引）的元素（从0开始计数）
:lt(index)	结果集中所有位于给定索引之前（小于该索引）的元素（从0开始计数）

C.1.4 属性

表 C-4

选 择 符	匹 配
[attr]	带有属性attr的元素
[attr="value"]	attr属性的值为value的元素
[attr!="value"]	attr属性的值不为value的元素
[attr^="value"]	attr属性的值以value开头的元素

（续）

选　择　符	匹　　配
[attr$="value"]	attr属性的值以value结尾的元素
[attr*="value"]	attr属性的值包含子字符串value的元素
[attr~="value"]	attr属性的值是空格分隔的多个字符串，其中一个字符串的值为value的元素
[attr|="value"]	attr属性的值等于value或者以value开头后跟一个连字符的元素

C.1.5　表单

表　C-5

选　择　符	匹　　配
:input	所有<input>、<select>、<textarea>和<button>元素
:text	type="text"的<input>元素
:password	type="password"的<input>元素
:file	type="file"的<input>元素
:radio	type="radio"的<input>元素
:checkbox	type="checkbox"的<input>元素
:submit	type="submit"的<input>元素
:image	type="image"的<input>元素
:reset	type="reset"的<input>元素
:button	type="button"的<input>元素及<button>元素
:enabled	启用的表单元素
:disabled	禁用的表单元素
:checked	选中的复选框和单选按钮元素
:selected	选中的<option>元素

C.1.6　其他自定义选择符

表　C-6

选　择　符	匹　　配
:root	文档的根元素
:header	标题元素（如<h1>、<h2>）
:animated	其动画正在播放的元素
:contains(text)	包含给定文本text的元素
:empty	不包含子节点的元素
:has(a)	后代元素中至少有一个与a匹配的元素
:parent	包含子节点的元素

（续）

选　择　符	匹　　配
`:hidden`	隐藏的元素，包括通过CSS隐藏的元素及`<input type="hidden" />`
`:visible`	与`:hidden`匹配的元素相反
`:focus`	获得键盘焦点的元素
`:lang(language)`	具有给定（在元素的`lang`属性或`<meta>`标签中声明的）语言代码的元素
`:target`	URI标识符指向的目标元素

C.2　DOM 遍历方法

在使用`$()`创建了jQuery对象之后，通过调用下列DOM遍历方法，可以修改其中匹配的元素，以便将来操作。本书第2章讨论了DOM遍历方法。

C.2.1　筛选元素

表　C-7

遍历方法	返回的jQuery对象中包含
`.filter(selector)`	与给定的选择符`selector`匹配的选中元素
`.filter(callback)`	回调函数`callback`返回`true`的选中元素
`.eq(index)`	从0开始计数的第`index`个选中元素
`.first()`	选中元素中的第一个元素
`.last()`	选中元素中的最后一个元素
`.slice(start, [end])`	从0开始计数的给定范围内的选中元素
`.not(selector)`	选中元素中与给定选择符不匹配的元素
`.has(selector)`	选中元素中有后代匹配给定选择符的元素

C.2.2　后代元素

表　C-8

遍历方法	返回的jQuery对象中包含
`.find(selector)`	与给定选择符`selector`匹配的后代元素
`.contents()`	子节点（包括文本节点）
`.children([selector])`	子节点，可以传入可选的选择符`selector`进一步筛选

C.2.3　同辈元素

表　C-9

遍历方法	返回的jQuery对象中包含
`.next([selector])`	每个选中元素紧邻的下一个同辈元素，可以传入可选的选择符`selector`进一步筛选

（续）

遍历方法	返回的 jQuery 对象中包含
.nextAll([selector])	每个选中元素之后的所有同辈元素，可以传入可选的选择符 selector 进一步筛选
.nextUntil([selector],[filter])	每个选中元素之后、直至但不包含第一个匹配 selector 元素的同辈元素，可以传入可选的选择符 filter 进一步筛选
.prev([selector])	每个选中元素紧邻的上一个同辈元素，可以传入可选的选择符 selector 进一步筛选
.prevAll([selector])	每个选中元素之前的所有同辈元素，可以传入可选的选择符 selector 进一步筛选
.prevUntil([selector],[filter])	每个选中元素之前、直至但不包含第一个匹配 selector 元素的同辈元素，可以传入可选的选择符 filter 进一步筛选
.siblings([selector])	所有同辈元素，可以传入可选的选择符 selector 进一步筛选

C.2.4　祖先元素

表　C-10

遍历方法	返回的 jQuery 对象中包含
.parent([selector])	每个选中元素的父元素，可以传入可选的选择符 selector 进一步筛选
.parents([selector])	每个选中元素的所有祖先元素，可以传入可选的选择符 selector 进一步筛选
.parentsUntil([selector],[filter])	每个选中元素的所有祖先元素，直至但不包含第一个匹配 selector 的祖先元素，可以传入可选的选择符 filter 进一步筛选
.closest(selector)	与选择符 selector 匹配的第一个元素，遍历路径从选中元素开始，沿 DOM 树向上在其中祖先节点中的查找
.offsetParent()	第一个选中元素被定位的父元素（如，通过 relative 或 absolute 定位）

C.2.5　集合操作

表　C-11

遍历方法	返回的 jQuery 对象中包含
.add(selector)	选中的元素，加上与给定选择符匹配的元素
.addBack()	选中的元素，加上内部 jQuery 栈中之前选中的那一组元素
.end()	内部 jQuery 栈中之前选中的元素
.map(callback)	对每个选中元素调用回调函数 callback 之后的结果
.pushStack(elements)	指定的元素

C.2.6　操作选中的元素

表　C-12

遍历方法	说　明
.is(selector)	确定匹配的元素中是否有传入的选择符匹配的元素
.index()	取得匹配元素相对于其同辈元素的索引
.index(element)	取得匹配元素中与指定元素对应的DOM节点的索引
$.contains(a,b)	确定DOM节点a是否包含DOM节点b
.each(callback)	迭代匹配的元素，针对每个元素执行callback函数
.length	取得匹配元素的数量
.get()	取得与匹配元素对应的DOM节点的列表
.get(index)	取得匹配元素中与指定索引对应的DOM节点
.toArray()	取得与匹配元素对应的DOM节点的列表

C.3　事件方法

为了对用户的行为作出反应，需要使用下面给出的**事件方法**来注册处理程序。注意，许多DOM元素仅适用于特定的元素类型，本附录没有给出相关的细节。本书第3章详细讨论了事件方法。

C.3.1　绑定

表　C-13

事件方法	说　明
.ready(handler)	绑定在DOM和CSS完全加载后调用的处理程序handler
.on(type, [selector],[data], handler)	绑定在给定类型的事件type发送到元素时调用的处理程序handler；如果提供了selector则执行事件委托
.on(events, [selector] , [data])	根据events对象中的事件绑定多个事件处理程序
.off(type, [selector], [handler])	解除元素上绑定的处理程序
.bind(type, [data], handler)	绑定在给定类型的事件type发送到元素时调用的处理程序handler；一般都用.on()代替
.one(type, [data], handler)	绑定在给定类型的事件type发送到元素时调用的处理程序handler，并在handler被调用后立即解除绑定
.unbind([type], [handler])	解除元素上绑定的处理程序（可以指定事件类型或处理程序，不指定则解除所有绑定）
.delegate(selector, type, [data], handler)	绑定当给定事件发送到与selector匹配的后代元素后调用的处理程序
.delegate(selector, handlers)	绑定当给定事件发送到与selector匹配的后代元素后调用的处理程序
.undelegate(selector, type, [handler])	解除之前通过.delegate()绑定的到元素上的处理程序

C.3.2　简写绑定

表　C-14

事件方法	说　明
.blur(handler)	绑定当元素失去键盘焦点时调用的处理程序
.change(handler)	绑定当元素的值改变时调用的处理程序
.click(handler)	绑定当元素被单击时调用的处理程序
.dblclick(handler)	绑定当元素被双击时调用的处理程序
.error(handler)	绑定当元素接收到错误事件（取决于浏览器）时调用的处理程序
.focus(handler)	绑定当元素获得键盘焦点时调用的处理程序
.focusin(handler)	绑定当元素或后代元素获得键盘焦点时调用的处理程序
.focusout(handler)	绑定当元素或后代元素失去键盘焦点时调用的处理程序
.keydown(handler)	绑定当元素拥有键盘焦点且有键被按下时调用的处理程序
.keypress(handler)	绑定当元素拥有键盘焦点且有按键事件发生时调用的处理程序
.keyup(handler)	绑定当元素拥有键盘焦点且有键被释放时调用的处理程序
.load(handler)	绑定当元素加载完成时调用的处理程序
.mousedown(handler)	绑定当在元素中按下鼠标键时调用的处理程序
.mouseenter(handler)	绑定当鼠标指针进入元素时调用的处理程序。不受事件冒泡影响
.mouseleave(handler)	绑定当鼠标指针离开元素时调用的处理程序。不受事件冒泡影响
.mousemove(handler)	绑定当在元素中移动鼠标指针时调用的处理程序
.mouseout(handler)	绑定当鼠标指针离开元素时调用的处理程序
.mouseover(handler)	绑定当鼠标指针进入元素时调用的处理程序
.mouseup(handler)	绑定当在元素中释放鼠标键时调用的处理程序
.resize(handler)	绑定当调整元素大小时调用的处理程序
.scroll(handler)	绑定当元素的滚动位置改变时调用的处理程序
.select(handler)	绑定当元素中的文本被选中时调用的处理程序
.submit(handler)	绑定当表单元素被提交后调用的处理程序
.unload(handler)	绑定当元素从内存中被卸载后调用的处理程序
.hover(enter, leave)	绑定在鼠标进入元素时调用的enter和鼠标离开元素时调用的leave

C.3.3　触发事件

表　C-15

事件方法	说　明
.trigger(type, [data])	触发元素上的事件并执行该事件的默认操作
.triggerHandler(type, [data])	触发元素上的事件，但不执行任何默认操作

C.3.4 简写触发方法

表 C-16

事件方法	说　明
.blur()	触发blur事件
.change()	触发change事件
.click()	触发click事件
.dblclick()	触发dblclick事件
.error()	触发error事件
.focus()	触发focus事件
.keydown()	触发keydown事件
.keypress()	触发keypress事件
.keyup()	触发keyup事件
.select()	触发select事件
.submit()	触发submit事件

C.3.5 实用方法

表 C-17

事件方法	说　明
$.proxy(fn,context)	创建一个新的在指定上下文中执行的函数

C.4 效果方法

可以使用效果方法为DOM元素应用动画。第4章详细讨论了效果方法。

C.4.1 预定义效果

表 C-18

效果方法	说　明
.show()	显示匹配的元素
.hide()	隐藏匹配的元素
.show(speed, [callback])	通过高度、宽度及透明度动画显示匹配的元素
.hide(speed, [callback])	通过高度、宽度及透明度动画隐藏匹配的元素
.toggle([speed], [callback])	显示或隐藏匹配的元素

（续）

效果方法	说　明
.slideDown([speed], [callback])	以滑入方式显示匹配的元素
.slideUp([speed], [callback])	以滑出方式隐藏匹配的元素
.slideToggle([speed], [callback])	以滑动方式显示或隐藏匹配的元素
.fadeIn([speed], [callback])	以淡入方式显示匹配的元素
.fadeOut([speed], [callback])	以淡出方式隐藏匹配的元素
.fadeToggle([speed], [callback])	以淡入淡出方式显示或隐藏匹配的元素
.fadeTo(speed, opacity, [callback])	调整匹配元素的不透明度

C.4.2　自定义动画

表　C-19

效果方法	说　明
.animate(attributes, [speed], [easing], [callback])	针对指定的CSS属性执行自定义动画
.animate(attributes, options)	.animate()的底层接口，支持对动画队列的控制

C.4.3　队列操作

表　C-20

效果方法	说　明
.queue([queueName])	取得第一个匹配元素上的动画队列
.queue([queueName],callback)	在动画队列的最后添加回调函数
.queue([queueName],newQueue)	以新队列替换原队列
.dequeue([queueName])	执行队列中的下一个动画
.clearQueue([queueName])	清除所有未执行的函数
.stop([clearQueue], [jumpToEnd])	停止当前播放的动画，然后启动排列的动画（如果有）
.finish([queueName])	停止当前播放的动画并将所有排队的动画立即提前到它们的目标值
.delay(duration, [queueName])	在执行队列中的下一项前等待duration毫秒
.promise([queueName],[target])	在集合中所有排队的操作完成后返回一个待解决的承诺对象

C.5　DOM 操作方法

第5章详细介绍了DOM操作方法。

C.5.1 特性与属性

表 C-21

DOM操作方法	说明
.attr(key)	取得特性key的值
.attr(key, value)	设置特性key的值为value
.attr(key, fn)	设置特性key的值为fn（基于每个匹配的元素单独调用）返回的结果
.attr(obj)	根据传入的键–值对参数设置属性的值
.removeAttr(key)	删除特性key
.prop(key)	取得属性key的值
.prop(key,value)	设置属性key的值为value
.prop(key,fn)	将设置属性key的值为fn（基于每个匹配的元素单独调用）返回的结果
.prop(obj)	设置属性值，以键值对形式传入
.removeProp(key)	删除属性key
.addClass(class)	为每个匹配的元素添加传入的类
.removeClass(class)	从每个匹配的元素中删除传入的类
.toggleClass(class)	（针对每个匹配的元素）如果传入的类存在则删除该类，否则添加该类
.hasClass(class)	如果匹配的元素中至少有一个包含传入的类，则返回true
.val()	取得第一个匹配元素的value属性的值
.val(value)	设置每个匹配元素的value属性的值为传入的value

C.5.2 内容

表 C-22

DOM操作方法	说明
.html()	取得第一个匹配元素的HTML内容
.html(value)	将每个匹配元素的HTML内容设置为传入的value
.text()	取得所有匹配元素的文本内容，返回一个字符串
.text(value)	设置每个匹配元素的文本内容为传入的value

C.5.3 CSS

表 C-23

DOM操作方法	说明
.css(key)	取得CSS属性key的值
.css(key, value)	设置CSS属性key的值为传入的value
.css(obj)	根据传入的键–值对参数设置CSS属性的值

C.5.4　尺寸

表　C-24

DOM操作方法	说　　明
`.offset()`	取得第一个匹配元素相对于视口的上、左坐标值（单位：像素）
`.position()`	取得第一个匹配元素相对于`.offsetParent()`返回元素的上、左坐标值（单位：像素）
`.scrollTop()`	取得第一个匹配元素的垂直滚动位置
`.scrollTop(value)`	设置每个匹配元素的垂直滚动位置为传入的`value`
`.scrollLeft()`	取得第一个匹配元素的水平滚动位置
`.scrollLeft(value)`	设置每个匹配元素的水平滚动位置为传入的`value`
`.height()`	取得第一个匹配元素的高度
`.height(value)`	设置每个匹配元素的高度为传入的`value`
`.width()`	取得第一个匹配元素的宽度
`.width(value)`	设置每个匹配元素的宽度为传入的`value`
`.innerHeight()`	取得第一个匹配元素的包含内边距但不包含边框的高度
`.innerWidth()`	取得第一个匹配元素的包含内边距但不包含边框的宽度
`.outerHeight(includeMargin)`	取得第一个匹配元素的包含内边距、边框及可选的外边距的高度
`.outerWidth(includeMargin)`	取得第一个匹配元素的包含内边距、边框及可选的外边距的宽度

C.5.5　插入

表　C-25

DOM操作方法	说　　明
`.append(content)`	在每个匹配元素内部的末尾插入`content`
`.appendTo(selector)`	将匹配的元素插入到`selector`选择符匹配的元素内部的末尾
`.prepend(content)`	在每个匹配元素内部的开头插入`content`
`.prependTo(selector)`	将匹配的元素插入到`selector`选择符匹配的元素内部的开头
`.after(content)`	在每个匹配元素的后面插入`content`
`.insertAfter(selector)`	将匹配的元素插入到`selector`选择符匹配的元素的后面
`.before(content)`	在每个匹配元素的前面插入`content`
`.insertBefore(selector)`	将匹配的元素插入到`selector`选择符匹配的元素的前面
`.wrap(content)`	将匹配的每个元素包装在`content`中
`.wrapAll(content)`	将匹配的每个元素作为一个单元包装在`content`中
`.wrapInner(content)`	将匹配的每个元素内部的内容包装在`content`中

C.5.6　替换

表　C-26

DOM操作方法	说　　明
.replaceWith(content)	将匹配的元素替换为content
.replaceAll(selector)	将selector选择符匹配的元素替换为匹配的元素

C.5.7　删除

表　C-27

DOM操作方法	说　　明
.empty()	删除每个匹配元素的子节点
.remove([selector])	从DOM中删除匹配的节点，也可以通过selector选择符筛选
.detach([selector])	从DOM中删除匹配的节点，也可以通过selector选择符筛选，但保留jQuery给它们添加的数据
.unwrap()	删除元素的父元素

C.5.8　复制

表　C-28

DOM操作方法	说　　明
.clone([withHandlers],[deepWithHandlers])	返回所有匹配元素的副本，也可以复制事件处理程序

C.5.9　数据

表　C-29

DOM操作方法	说　　明
.data(key)	取得与第一个匹配元素关联的key键的数据项
.data(key, value)	设置与每个匹配元素关联的key键的数据项为value
.removeData(key)	移除与每个匹配元素关联的key键的数据项

C.6　Ajax 方法

　　使用Ajax方法可以不刷新页面就从服务器取得信息。第6章详细讨论了Ajax方法。

C.6.1　发送请求

表　C-30

Ajax方法	说　　明
`$.ajax([url], options)`	使用传入的`options`生成一次Ajax请求。这是一个通常由其他便捷方法调用的底层方法
`.load(url, [data], [callback])`	向传入的`url`生成一次Ajax请求，然后将响应放在匹配的元素中
`$.get(url, [data], [callback], [returnType])`	使用`GET`方法向传入的`url`生成一次Ajax请求
`$.getJSON(url, [data], [callback])`	向传入的`url`生成一次Ajax请求，并且将响应作为JSON数据结构解析
`$.getScript(url, [callback])`	向传入的`url`生成一次Ajax请求，并且将响应作为JavaScript脚本执行
`$.post(url, [data], [callback], [returnType])`	使用`POST`方法向传入的`url`生成一次Ajax请求

C.6.2　监视请求

表　C-31

Ajax方法	说　　明
`.ajaxComplete(handler)`	绑定当任意Ajax事务完成后调用的处理程序
`.ajaxError(handler)`	绑定当任意Ajax事务发生错误时调用的处理程序
`.ajaxSend(handler)`	绑定当任意Ajax事务开始时调用的处理程序
`.ajaxStart(handler)`	绑定当任意Ajax事务开始但没有其他Ajax事务活动时调用的处理程序
`.ajaxStop(handler)`	绑定当任意Ajax事务结束但没有其他Ajax事务还在活动时调用的处理程序
`.ajaxSuccess(handler)`	绑定当任意Ajax事务成功完成时调用的处理程序

C.6.3　配置

表　C-32

Ajax方法	说　　明
`$.ajaxSetup(options)`	为后续的Ajax事务设置默认选项
`$.ajaxPrefilter([dataTypes], handler)`	在`$.Ajax()`处理每个请求之前，修改每个Ajax请求的选项
`$.ajaxTransport(transportFunction)`	为Ajax事务定义一个新的传输机制

C.6.4 实用方法

表 C-33

Ajax方法	说　明
.serialize()	将一组表单控件的值编码为一个查询字符串
.serializeArray()	将一组表单控件的值编码为一个JSON数据结构
$.param(obj)	将任意值的对象编码为一个查询字符串
$.globalEval(code)	在全局上下文中求值给定的JavaScript字符串
$.parseJSON(json)	将给定的JSON字符串转换为JavaScript对象
$.parseXML(xml)	将给定的XML字符串转换为XML文档
$.parseHTML(html)	将给定的HTML字符串转换为DOM元素

C.7 延迟方法

延迟对象及其承诺可以让我们使用方便的语法在长时间运行的任务完成后作出响应。相关内容在第11章有详细的讨论。

C.7.1 创建对象

表 C-34

函　数	说　明
$.Deferred([setupFunction])	返回一个新的延迟对象
$.when(deferreds)	在给定的延迟对象解决了之后返回一个待解决的承诺对象

C.7.2 延迟对象的方法

表 C-35

方　法	说　明
.resolve([args])	解决延迟对象并使用给定的参数调用完成回调函数
.resolveWith(context,[args])	解决延迟对象并使用给定的参数调用完成回调函数，同时让关键字this引用回调函数中的context
.reject([args])	拒绝延迟对象并使用给定的参数调用失败回调函数
.rejectWith(context,[args])	拒绝延迟对象并使用给定的参数调用失败回调函数，同时让关键字this引用回调函数中的context
.notify([args])	执行progress回调
.notifyWith(context, [args])	执行progress回调并将关键字this设定为引用context
.promise([target])	返回与当前延迟对象对应的承诺对象

C.7.3 承诺对象的方法

表 C-36

方 法	说 明
`.done(callback)`	当对象被解决之后调用`callback`
`.fail(callback)`	当对象被拒绝之后调用`callback`
`.always([callback])`	当对象被解决或被拒绝之后调用`callback`
`.then(doneCallbacks,failCallbacks)`	当对象被解决之后调用`doneCallbacks`，或在对象被拒绝之后调用`failCallbacks`
`.progress(callback)`	当对象每次接收到进度通知时就执行`callback`
`.isRejected()`	如果对象被拒绝了，返回`true`
`.isResolved()`	如果对象被解决了，返回`true`
`.state()`	根据当前状态运行 `'pending'`、`'resolved'`或`'rejected'`
`.pipe([doneFilter],[failFilter])`	返回一个新的承诺对象，该对象在原始承诺对象被解决时也会被解决，可选地通过一个函数来进行筛选

C.8 其他方法

以下实用方法不能归入前面的几类中，但在使用jQuery编写脚本时仍然是非常有用的。

C.8.1 jQuery 对象的属性

表 C-37

属 性	说 明
`$.support`	返回一个属性对象，表示浏览器是否支持各种特性和标准

C.8.2 数组和对象

表 C-38

函 数	说 明
`$.each(collection, callback)`	迭代遍历集合，针对集合中的每一项执行回调函数
`$.extend(target, addition, ...)`	扩展`target`对象，即将后面传入对象的属性添加到这个对象中
`$.grep(array, callback, [invert])`	通过使用回调函数测试来筛选数组
`$.makeArray(object)`	将对象转换为一个数组
`$.map(array, callback)`	针对数组中每一项执行回调函数，将返回的结果组织成一个新数组返回
`$.inArray(value, array)`	确定数组`array`中是否包含值`value`；如果`value`没有包含在`array`中，则返回–1
`$.merge(array1, array2)`	合并数组`array1`和`array2`
`$.unique(array)`	从数组中移除重复的DOM元素

C.8.3 对象内省

表 C-39

函 数	说 明
$.isArray(object)	确定object是不是一个数组
$.isEmptyObject(object)	确定object是不是空的
$.isFunction(object)	确定object是不是一个函数
$.isPlainObject(object)	确定object是不是通过对象字面量或new Object创建的
$.isNumeric(object)	确定object是不是数值
$.isWindow(object)	确定object是不是浏览器窗口
$.isXMLDoc(object)	确定object是不是XML节点
$.type(object)	取得object的JavaScript类

C.8.4 其他

表 C-40

函 数	说 明
$.trim(string)	从字符串前后移除空白符
$.noConflict([removeALL])	向其他库让渡$标识符使用权，恢复使用jQuery标识符
$.noop()	一个什么也不做的函数
$.now()	返回当前时间，以自纪元时间戳开始到现在的秒数表示
$.holdReady(hold)	防止触发ready事件或者释放当前的保留